鱼类和甲壳动物健康养殖技术与模式

主 编 ◈ 丁 君 韩雨哲

大连海事大学出版社
DALIAN MARITIME UNIVERSITY PRESS

图书在版编目(CIP)数据

鱼类和甲壳动物健康养殖技术与模式／丁君,韩雨哲主编. — 大连：大连海事大学出版社,2023.4
ISBN 978-7-5632-4354-9

Ⅰ. ①鱼…　Ⅱ. ①丁…②韩…Ⅲ. ①鱼类养殖②贝类养殖　Ⅳ. ①S965②S968.3

中国国家版本馆 CIP 数据核字(2023)第 055955 号

大连海事大学出版社出版

地址:大连市黄浦路523号　邮编:116026　电话:0411-84729665(营销部)　84729480(总编室)
http://press.dlmu.edu.cn　E-mail:dmupress@dlmu.edu.cn
大连天骄彩色印刷有限公司印装　　　　　　大连海事大学出版社发行

2023 年 4 月第 1 版　　　　　　　　　　2023 年 4 月第 1 次印刷
幅面尺寸:184 mm×260 mm　　　　　　　　　　　　　　印张:17
字数:402 千　　　　　　　　　　　　　　　　印数:1~1200 册

出版人:刘明凯

责任编辑:张　冰　　　　　　　　责任校对:宋彩霞　刘宝龙
封面设计:张爱妮　　　　　　　　版式设计:张爱妮

ISBN 978-7-5632-4354-9　　　　定价:51.00 元

《鱼类和甲壳动物健康养殖技术与模式》
编审委员会

序

乡村振兴，人才先行。2019 年 9 月，习近平总书记在给全国涉农高校的书记、校长和专家代表的回信中指出："中国现代化离不开农业农村现代化，农业农村现代化关键在科技、在人才。"教育培训作为高校服务社会的重要桥梁与纽带，始终坚持以服务"三农"为己任，主动适应国家战略和经济社会发展需要，积极发挥高校优势，在促进农业农村发展、服务乡村振兴战略中发挥了重要的作用。

"辽宁省农民技术员培养工程"项目从 2007 年开始至今已成功实施 15 年。大连海洋大学在省科学技术厅的正确领导下，先后举办了 24 期培训班，共计培训学员 2 400 余人。多年来，学校积极响应国家脱贫攻坚和乡村振兴战略，深入推进高等学校供给侧结构性改革，充分发挥农业高校育才优势，踏踏实实办好培训，为辽宁水产养殖行业培养了一批"有文化、懂技术、会经营、善管理"的农村新型实用技术人才，使他们成为现代先进水产养殖技术的示范者和传播者，带动周边农民共同致富，为促进农民增收、农业增效、农村振兴做出了积极贡献。

大连海洋大学高度重视农民技术员培训工作，始终坚持以需求为导向，认真做好农民技术员培训工作。学校根据辽宁水产养殖行业生产实际和优势特色产业发展需求，依托学校优质资源，精心制定培训方案，采取理论与实践并重、校内与校外结合的方式，聘请校内外具有丰富的理论知识和实践经验的优秀专家担任培训教师，联系行业特色企业共建现场教学基地，积极创新培训思路和模式，圆满完成各期培训工作。通过培训，学员学到了先进生产技术和经营管理理念，开阔了视野，提高了素质，为日后的发展打下了坚实的基础，产生了广泛的社会效益。

为了做好农民技术员培训工作，2009 年，在省科学技术厅的支持下，学校组织编写了《水产养殖基础》《海水养殖应用技术》《淡水养殖应用技术》3 本教材，使用效果良好。但是近年来，随着水产养殖技术的发展进步，尤其是生态养殖、健康养殖理念的建立与完善，原有教材已经不适应现阶段行业和社会的需求。在省科学技术厅的大力支持下，学校组织本领域具有丰富的实践经验和深厚理论功底的优秀专家，完成了《鱼类和甲壳动物健康养殖技术与模式》的编写工作。本教材汇集了专家多年的生产实践心得和最新的研究成果，体现了实用性、适用性与前沿性，通俗易懂，可操作性强，为此我们将其付梓出版，以供学员学习参考。

习近平总书记在《依靠学习走向未来》一文中强调："学习的目的全在于运用，根本目的是增强工作本领、提高解决实际问题的水平。"希望各位学员好好利用这本教材，勤于思考，勇于提问，善于把生产实际与理论学习相结合，逐步提升自己的专业技术水平和经营管理能力，为辽宁社会主义新农村建设增光添彩。

李智平

2022 年 10 月

前　言

　　水产养殖是大农业的重要组成部分,已被联合国粮食及农业组织推介为最有效保障食物安全和动物蛋白高效供给的生产方式,同时在实现全球"碳达峰、碳中和"战略目标中,水产养殖也发挥着重要作用,受到各国的高度重视。2021 年中央一号文件指出"要打好种业翻身仗",为我国水产种业和养殖业的发展指明了方向和目标,而树立大食物观,充分发挥渔业特点优势,为保障粮食安全提供了更多纵深选择和有益补充。

　　《鱼类和甲壳动物健康养殖技术与模式》是为适应"辽宁省农民技术员培养工程"中淡水养殖和海水养殖专业教学需要而编写的。

　　本教材概述了水产养殖专业的基础理论和基本技能,包括淡水鱼类健康养殖技术与模式,海水鱼类健康养殖技术与模式,虾、蟹类健康养殖技术与模式。本教材适合从事水产养殖生产的技术员和管理人员使用,也可作为水产养殖专业本、专科学生和水产养殖科技人员的参考用书。

　　本教材在编写过程中,得到了辽宁省科学技术厅和大连海洋大学有关领导的大力支持,也得到了同行的支持与帮助,在此深表诚挚的谢意。由于编者水平有限,书中难免有不足之处,竭诚希望广大读者提出宝贵意见。

编　者

2022 年 10 月

目　录

第一章

淡水鱼类
健康养殖技术与模式

淡水鱼类苗种培育技术

在我国淡水鱼类养殖生产中,鱼苗(Fry)、鱼种(Fingerling)的培育,就是将孵化后 3～4 天的鱼苗,养成供池塘、湖泊、水库、河沟等水体放养的鱼种。鱼苗指孵化后的仔鱼。鱼种指养成食用鱼的幼鱼。鱼苗、鱼种的培育就是将鱼苗培育成鱼种的生产过程,一般分为鱼苗培育和鱼种培育两个阶段。

一、鱼类早期发育阶段

(一)鱼类生活史生物学分类

鱼类个体发育可划分为 4 个时期:

(1)仔鱼期(Larva):当鱼苗从卵膜孵出,开始在卵膜外生长和发育,就进入了仔鱼期,即从胚胎孵出至奇鳍鳍条形成时的鱼类早期发育个体。此时期鱼体具有卵黄囊、鳍褶等仔鱼器官;其生长发育是由内源营养转变为外源营养的时期,包括仔鱼前期和仔鱼后期。前期仔鱼是从仔鱼孵出至卵黄基本吸收完毕时的仔鱼,其生长发育是以卵黄为营养。后期仔鱼是从卵黄基本吸收完、开始主动摄食至奇鳍鳍条基本形成的仔鱼;奇鳍鳍褶分化为背鳍、臀鳍和尾鳍,腹鳍出现。

(2)稚鱼期(Juvenile):稚鱼期是指奇鳍鳍褶消失、各鳍鳍条形成,具备游泳和运动功能;具有鳞片的鱼开始出现鳞片至全身被鳞;稚鱼的体型、体色与成鱼基本相似。

(3)幼鱼期(Young fish):具有与成鱼相同的形态特征,但性腺尚未发育成熟;全身被鳞、侧线明显、胸鳍鳍条末端分支,体色和斑纹与成鱼相似,处于性未成熟期(Premature fish)。

(4)成鱼期(Adult):成鱼期是指从性腺初次发育成熟到性机能衰退的个体。

鱼类早期生活史(Early life history of fishes,ELHF)阶段与鱼类早期发育阶段在涵义上基本相同。而对此阶段的界定,不同研究者有着不同的看法。部分研究者将未进入繁殖群体(性腺未发育成熟)的鱼类个体均视为处于早期生活史阶段。而接受较为广泛的观点是指鱼类个体从受精开始,经过胚胎和仔鱼期,一直延伸到稚鱼的早期阶段。这一阶段一般分为胚胎(Embryo)、仔鱼、稚鱼三个基本发育期,有时也包括当年幼鱼,重点是仔鱼。鱼苗刚从卵膜中孵出,卵黄囊较大,眼无色素,身体具有鳍褶(仔鱼器官)属于仔鱼期。该期又分为卵黄囊仔鱼(Yolk-sac larva)或前期仔鱼(Prelarva)和晚期仔鱼(Late-stage larva)或后期仔鱼(Post larva)。前期仔鱼以卵黄为营养,后期仔鱼卵黄囊消失,开始摄食外界食物,身体背腹部尚残存鳍褶,又称初次摄食仔鱼(First feeding larva)。摄食外界食物的仔鱼,经过变态期(Transformation stage),鳍褶完全消失,体侧开始出现鳞片至全身被鳞,属于稚鱼。稚鱼侧线明显,胸鳍条末端分支,体色和斑纹与成鱼相似,只是性腺尚未成熟时,属于幼鱼期。

(二)鱼类早期生活史养殖阶段分类

我国淡水养殖历史悠久,勤劳、智慧的劳动人民积累了丰富的养鱼经验,形成了具有我国特色的养殖方式和技术。一些养鱼发达地区,鱼苗、鱼种分阶段饲养,人们也对各阶段苗种有一些习惯称谓。水花(鱼苗)是指孵出仔鱼发育至鳔充气、能水平游泳、卵黄囊尚未完全消失、口张开、消化道贯通、能主动摄食的仔鱼。水花(鱼苗)经 8~10 天的饲养和生长,长成全长达 15~22 mm 的仔鱼(或稚鱼),称为乌仔头(Cucumber seeds fry)。水花(鱼苗)经 15~20 天的饲养和生长,长成全长达 25~30 mm 的稚鱼,习惯上称为夏花鱼种(Summer fingerlings),又称为火片。再继续生长至一寸(33 mm)左右的稚鱼,习惯上称为寸片鱼种。夏花鱼种经几个月饲养,到了秋天出池的幼鱼,一般全长达 10~20 cm,习惯上称为秋片鱼种(Autumn fingerlings)。在冬天出池的幼鱼,称为冬片鱼种(Winter fingerlings)。秋片和冬片鱼种经过了越冬期,在春季出池的幼鱼(未满周岁的幼鱼),称为春片鱼种(Spring fingerlings)。通常人们把 1 龄鱼种称为仔口鱼种,把 2 龄鱼种称为老口鱼种。1 龄的草鱼、青鱼鱼种等需再养一年,成为 2 龄鱼种(规格因种类而不同),一些地区称为老口鱼种。

二、静水土池塘培育鱼苗(鱼苗养成夏花)

目前,鱼苗培育方式主要有三种:静水土池塘培育、室内流水培育和网箱培育。一般来说,大多数淡水鱼类的苗种培育采用第一种方式,大多数海水鱼类采用第二种方式。这里着重介绍静水土池塘培育鱼苗。

(一)鱼苗池的选择

鱼苗池条件的好坏直接影响鱼苗培育的效果。鱼苗池应有利于鱼苗的生长、成活、管理和捕捞。标准的鱼苗培育池通常应具备下列条件。

1. 靠近水源,注、排水方便。在鱼苗培育过程中,根据鱼苗的生长和水质变化等情况,需要经常加注新水,以逐步加深水位,调节池水肥度,改善水质理化状况,增加鱼的活动空间。这对促进天然饵料生物的繁殖,提高鱼苗的生长率和成活率有很重要的作用。因此,鱼苗池要靠近充足的水源,注、排水方便。

2. 池形整齐,面积和水深适宜。鱼苗池最好为长方形,便于饲养管理和拉网等操作。面积一般为 1 500~3 000 m²,太大则投饲和管理不便,水质肥度较难调节和控制,且易受风力的作用形成波浪,拍击堤岸,损伤游泳能力尚弱的鱼苗。池塘面积太小则水温、水质易受外界条件的影响,变化大,较难控制。池水深度一般前期保持在 0.5~0.7 m,后期保持在 1.0~1.2 m 较适宜。

3. 土质好,池堤牢固,不漏水。鱼苗池以壤土为好,砂土和黏土均不适宜。砂砾质的池塘池堤不牢、漏水、水质不肥,不利于鱼苗的生活和生长。黏土虽不漏水,保肥力也强,但池水易混浊,对浮游生物的繁殖和鱼苗的生长均不利。

4. 池底平坦,淤泥适量。无水草丛生,池底平坦。池塘淤泥中含有较多的有机质和氮、磷等营养物质,池底保持 10~15 cm 厚的淤泥层,有利于池塘水质肥度;但淤泥过多对拉网操作不利,起网时会使鱼体沾泥,引起死亡,而且增加了池塘的耗氧因子,容易造成缺氧。如果有机质发生厌氧分解,产生氨和硫化氢等有害气体,还会妨碍鱼苗的生活和生长,甚至导致死亡,池中如丛生水草,会大量消耗水中的营养盐类,影响浮游生物的繁殖,并成为害虫窝藏的处所,因此,必须彻底清除。

5.池塘避风向阳,光照充足。这种条件的池塘水温易升高,浮游植物的光合作用较好,浮游生物繁殖较多,有利于鱼苗生长。

(二)鱼苗池的清理和修整

鱼苗身体纤细,取食能力低,饵料范围狭窄,对水质的要求较严格,对外界条件的变化和敌害侵袭抵抗力差,新陈代谢水平高。因此,彻底清整池塘能为鱼苗创造适宜的环境条件,是提高鱼苗的生长速度和成活率的重要措施之一。

1.修整池塘

池塘经过一段时期的养鱼后,残剩的饵料、肥料、鱼的粪便和其他动植物的尸体等沉积池底,加上泥沙混合而形成的淤泥逐渐增多,同时池堤受风浪冲击而倒塌,这些都需要进行清理和修整。池塘清理和修整前先将池水排干,一般在鱼苗下塘前一个月左右进行。如能在冬季排水,至放养前一个月再排第二次水则更好。这样池底经较长时间的冰冻和日晒,可减少病虫害的发生,并使土质疏松,加速土壤中有机质的分解,达到改良底质和提高池塘肥力的效果。

池水排干后,挖出过量的淤泥,将池底整平,修好池堤和进、排水口,填好漏洞裂缝,清除杂草和砖石等。经曝晒数日后,即可用药物清塘。

2.药物清塘

药物清塘是利用药物杀灭池中危害鱼苗的各种凶猛鱼、野杂鱼和其他敌害生物,为鱼苗创造一个安全的环境条件。清塘药物的种类很多,生产中常用和效果好的有以下几种。

(1)生石灰清塘

生石灰遇水后产生氢氧化钙,并放出大量热能。氢氧化钙为强碱,其氢氧根离子在短时间内能使池水的 pH 值提高到 11 以上,伴着局部水温升高,从而杀死杂鱼和其他敌害生物。

$$CaO+H_2O \rightarrow Ca(OH)_2$$
$$Ca(OH)_2 \leftrightarrow Ca^{2+}+2OH^-$$

生石灰清塘分干池清塘和带水清塘两种方法。一般是采用干池清塘法,若排水或水源有困难可带水清塘。

干池清塘是先将池水排至 5~10 cm 深,然后在池底四周挖几个小坑,将生石灰倒入坑内,加水溶化,不待冷却即将石灰浆向池中均匀泼洒。如有条件可将生石灰放入大锅中溶化后泼洒。最好第二天再用长柄泥耙在塘底推耙一遍,使石灰浆与塘泥充分混合,以提高清塘的效果。干池清塘生石灰的用量为每 667 m² 用 60~75 kg,如淤泥较多可酌量增加(10%左右)。

带水清塘就是不排水即将溶化的石灰水趁热全池均匀泼洒。生石灰用量:水深 1 m 的池塘每 667 m² 用 125~150 kg。

池水的硬度,特别是 Mg^{2+} 和 HCO_3^- 与 OH^- 的结合,能够降低生石灰清塘的效果:

$$Mg^{2+}+2OH^- \rightarrow Mg(OH)_2$$
$$Ca^{2+}+HCO_3^-+OH^- \rightarrow CaCO_3+H_2O$$

从理论上讲,1 克当量的 Mg^{2+} 和 HCO_3^- 要消耗 1 克当量的 CaO,即 28 g 生石灰,也就是说

池水 Mg^{2+} 和 HCO_3^- 的浓度，每增高 1 毫克当量，每吨水就多消耗 28 g 生石灰，如硬度较大，镁盐等含量较高，需相应地增加生石灰用量。海水池塘用生石灰量大，且不常用此法，原因即如此。

生石灰质量直接影响清塘效果。生石灰必须是刚出窑、呈块状的，重量较轻，一敲声音响亮。吸收水和二氧化碳而逐渐变成粉粒状的碳酸钙则已经失效了。

生石灰清塘除了劳动强度大外，还具有以下几方面的优点：

①能杀死害鱼、蛙卵、蝌蚪、水生昆虫等动物，以及一些水生植物、鱼类寄生虫和病原菌等敌害生物，减少鱼病发生。

②能提高池水的碱度和硬度，增强缓冲能力，起到改良水质的作用。

③生石灰遇水产生氢氧化钙，吸收二氧化碳生成碳酸钙沉淀。碳酸钙能疏松淤泥，改善底泥的通气性，加速细菌分解有机质；并能释放出被淤泥吸附的氮、磷、钾等营养盐，同时钙本身也是浮游植物和水生动物不可缺少的营养元素。因此，生石灰清塘可起到改良底质和施肥的作用。

④施用生石灰还可提高草碳土池塘的 pH 值，改善水质，有利于浮游生物繁殖。碱土浑浊的池水，施用生石灰可降低池水浑浊度，有利于浮游植物繁殖。

生石灰清塘后池水的 pH 值变化情况与池水的化学成分有关。硬度大和镁盐多的半咸水，清塘后 pH 值下降速度快；硬度小和镁盐少的淡水，pH 值下降速度慢。一般采用生石灰干池清塘，半咸水 5~7 天、淡水 7~10 天，pH 值才能稳定在 8.5 左右（带水清塘时间更长些）。

（2）漂白粉清塘

漂白粉一般含 30% 左右的有效氯，经水解产生次氯酸和碱性氯化钙，次氯酸立刻释放出新生态氧和新生态氯，有强烈的杀菌和杀死敌害的作用。

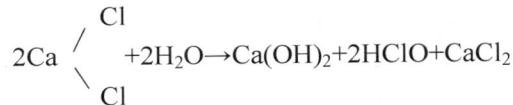

$$2Ca\diagup^{Cl}_{\diagdown Cl} + 2H_2O \rightarrow Ca(OH)_2 + 2HClO + CaCl_2$$

$$或\ 2Ca(OCl)Cl + CO_2 + H_2O \rightarrow CaCO_3 + CaCl_2 + 2HClO$$

$$HClO \rightarrow [O] + HClHClO + HCl \rightarrow H_2O + 2[Cl]$$

平均水深 1 m 的池塘每 667 m^2 用漂白粉 13.5 kg，相当于漂白粉的浓度是 20 mg/L。施用方法是：将漂白粉加水溶解后，立即在上风处洒遍全池。操作人员应戴口罩，以防中毒和沾染后腐蚀衣服。漂白粉易吸湿分解，应密封储藏。使用前须测定有效氯的含量，根据有效氯推算实际用量。另外，肥水清塘要增加漂白粉用量。漂白粉杀死野杂鱼和其他敌害生物的效果与生石灰无异，但是不具有生石灰改良水质、底质和施肥等作用。漂白粉清塘药性消失较快，3~5 天后便可放养鱼苗，对急于使用的鱼池更为适宜。

（3）茶粕清塘

茶粕（茶饼）是山茶科植物油茶、茶梅或广宁茶的果实榨油后所剩余的渣滓。广东、广西、福建、湖南等地常用茶粕作为清塘药物。茶粕含有茶皂素，是一种溶血性毒素，可使动物的血红素分解。

清塘方法：将茶粕捣碎，放在缸内或锅内用热水浸泡，取出后连渣带水均匀泼入池塘内即可,也可粉碎后直接撒入池中。前一种方法效果更好,茶皂素对鱼类和水生动物的致死浓度为 10 mg/L。

茶粕用量:平均水深 15 cm 的池塘每 667 m^2 用量为 10~12 kg,水深 1 m 的池塘每 667 m^2 用量为 40~50 kg。

清塘效果:能杀死野杂鱼、蛙卵、蝌蚪、螺蛳、蚂蟥和一部分水生昆虫,毒杀力较生石灰、漂白粉稍差。对细菌没有杀灭作用,相反,能促进水中细菌和绿藻等的繁殖。茶粕清塘药性消失的时间为 5~7 天。

(4)鱼藤酮清塘

鱼藤酮是从豆科植物鱼藤及毛鱼藤的根部提取的物质,内含 25% 的鱼藤酮,是一种黄色结晶体,能溶解于有机溶剂,对鱼类和水生昆虫有杀灭作用。

鱼藤酮清塘的有效浓度为 2 mg/L。1 m 水深的池塘每 667 m^2 需投鱼藤酮 1.3 kg 左右,用法是将鱼藤酮加水 10~15 倍,装入喷雾器中遍池喷洒。鱼藤酮对浮游生物、致病细菌和寄生虫及其休眠孢子等无作用。鱼藤酮清塘毒性 7 天左右才能消失。

近年来全国各地研制出了许多用量少、效果好、毒性消失快的清塘药物,有些效果较好。

(三)鱼池清塘后浮游生物的演替规律

在鱼苗放养前,我们有必要清楚鱼池清塘后浮游生物的演替规律,以使鱼苗适时下塘,从而大大提高苗种成活率及其质量。养鱼池底蕴藏着一定数量藻类休眠孢子和浮游动物的休眠卵。鱼池清塘注水后,作为一个独立的人工生态系统便开始了它生物群落的自然演替过程:首先出现的是那些个体小、繁殖速度快的硅藻和绿球藻类。此时,群落内部极不稳定,种群频繁更替;除各种小型藻类外,还间生着一些鞭毛藻类、浮游丝状藻类和浮游细菌。随后,原生动物和轮虫开始滋生;它们以小型藻类和细菌为食,池塘中既有足够数量的原始生产者又有较多的消费者,生态系统中生境与群落间以及浮游生物群落内部趋于暂时的平衡。几天后一些滤食性的小型枝角类(裸腹溞)和大型枝角类溞(隆线溞等)先后出现。它们与轮虫同处一营养生态位,但由于枝角类的滤食能力强,处于竞争劣势的轮虫种群数量下降,枝角类居优势地位。枝角类种群密度的增大,代谢产物积累使本身生活条件(食物缺乏和溶解氧不足)恶化,加上捕食性桡足类剑水溞的繁衍和摄食,枝角类的数量逐渐下降。最后,一个由各类浮游植物和桡足类组成的比较稳定的浮游生物新群落形成。由此可见,鱼池清塘后浮游生物群落演替的主要过程是:清塘→浮游植物→轮虫→枝角类→桡足类。当水温为 20~25 ℃时,完成这一过程需 15~20 天。

鱼苗从下塘到全长 15~20 mm,适口饵料生物大小的变化一般是:轮虫和无节幼体→小型枝角类→大型枝角类和桡足类。这同鱼池清塘后浮游生物群落演替的顺序是一致的。使鱼苗正值池塘轮虫繁殖的高峰期下塘,不但刚下塘的鱼苗有充足的适口饵料,而且以后各个发育阶段也都有丰富的适口饵料。这种利用下塘鱼苗食物转化与鱼池清塘后浮游生物群落演替规律二者的一致性,即在轮虫繁殖的高峰期鱼苗下塘的下苗方式称为生态(池塘)适时下塘。

（四）适时下塘

1. 适口下塘时机

同一批夏花鱼苗培育生产中成活率高低差异显著，有的池塘成活率高达90%以上，有的池塘成活率低于10%。虽然放养密度、水温、饵料和敌害生物等是影响鱼苗成活率的重要因素，但决定鱼苗成活率的关键因素往往是在下塘后开口摄食的前三天，把握住鱼苗下塘时机是提高成活率和生长率的重要保障。根据养殖鱼类人工催产和孵化时间，确定鱼苗培育池塘清塘和注水时间，合理采取饵料生物培育、水温和水质调控措施，才能保证水花鱼苗的适时下塘，从而大幅度提高鱼苗的成活率。因此，研究鱼苗适时下塘能为提高鱼苗成活率和生长率奠定坚实的基础。

鱼苗适时下塘包括两层含义：生理适时下塘和生态适时下塘。其中生理适时下塘是指鱼苗本身生理发育适时，即功能器官发育逐步完善，鳔充气，能水平游泳，口张开，消化道贯通，能摄食，卵黄囊未完全消失，鱼苗处于混合营养阶段；生态适时下塘是针对鱼苗下塘或者下池的生态环境而言，指池塘中有适宜的饵料生物并且有合适的饵料密度，同时还有非常好的生长环境条件，包括适宜的水温、溶解氧（DO）、pH值等。

2. 适口饵料生物培养

鱼苗培育阶段饵料的好坏，应从其营养价值、适口性、可得性、对水质的影响以及饲养效果等方面衡量和评价。在鱼苗的池塘培育生产中，常用的饵料主要有大豆、微颗粒饲料、卤虫幼虫和轮虫等。

养殖鱼类刚下塘水花全长只有6~7 mm，口径220~290 μm，只能吞食150~220 μm的饵料。轮虫与其他鱼苗开口饵料相比，其粗蛋白、粗脂肪含量均属上等（见表1-1），大多数种类体长166~300 μm，游泳速度慢，种群数量大，分布均匀。所以，轮虫是仔鱼培育较为理想的开口饵料。下面简要介绍轮虫的池塘培养方法和技术。

表1-1　几种饵料营养成分（占干物质的百分比）

饵料	大豆	微颗粒饲料	卤虫幼虫	轮虫
粗蛋白	37.0	47.14	57.38	58.2
粗脂肪	16.2	3.7	7.38	14.2
灰分	4.6	11.98	21.15	14.9

资料来源：赵兴文. 鱼类增养殖学实习实践指导. 北京：中国农业出版社，2018.

（1）轮虫休眠卵萌发条件

轮虫休眠卵有圆球形、椭圆形和肾形等，直径70~200 μm，其比重略大于淡水，通常被泥沙掩埋，池塘表层淤泥（5 cm）中数量最多，大约占总量的90%。轮虫休眠卵休眠期少则几个星期，多则几年，当休眠卵内出现"气室"、悬浮水层或暴露于淤泥表面时其才能萌发。多数淡水种类休眠卵萌发的最低温度为10 ℃，在10~40 ℃，萌发时间随着温度的升高而缩短。轮虫休眠卵萌发的最低溶解氧为0.5 mg/L，适宜pH值为6~10，盐度为8‰以下。另外，干燥和冷冻也是促进轮虫休眠卵的萌发手段。

（2）池塘培养和延长轮虫高峰期的方法及技术措施

①选择具有足够数量休眠卵的池塘

轮虫休眠卵埋在淤泥中，取一定深度（≥5 cm）和面积的淤泥，经过分离处理后，用显微镜观察计数。鱼苗培育池轮虫休眠卵数量应超过100万个/m²。养鱼池轮虫休眠卵数量与养殖时间和种类有一定关系，一般养鱼时间较长，休眠卵数量也较多；养殖鲤、鲫、草鱼等吞食鱼类的池塘休眠卵较多，养殖鲢、鳙的池塘休眠卵较少。

轮虫休眠卵的数量与轮虫培养达到高峰期的时间有密切关系，休眠卵越多，培养出的轮虫也越多，达到高峰期所需要的时间越短（见表1-2）。

表1-2　池塘淤泥中轮虫休眠卵数量与培养达到高峰期的时间

淤泥中休眠卵数量（万个/m²）	≤100	100~200	200~400	≥500
培养轮虫达到高峰期时间（天）（水温20 ℃）	≥10	8~10	5~7	3~5

资料来源：赵兴文. 鱼类增养殖学实习实践指导. 北京：中国农业出版社，2018.

②排干池水和用生石灰彻底清塘

在养鱼的空闲季节，要把池水排干，使池底淤泥经过风吹、日晒和冰冻，有利于轮虫休眠卵的萌发和有机物的分解。在放养鱼苗前，也要排干池水并用生石灰彻底清塘。生石灰遇水放出热量，也是促使休眠卵萌发的重要手段。

③适时注水和搅动淤泥

根据水温、轮虫休眠卵数量与轮虫达到高峰期时间的关系，确定注水和搅动淤泥的时间，以便保证鱼苗在轮虫高峰期时下塘。鱼苗培育池初次注水深度以30~40 cm为宜，浅水有利于水温的升高。注入的河水和池塘水要经过过滤，防止敌害和野杂鱼的进入。注水后，可用大拉网、铁链、铁耙等工具搅动淤泥，促使轮虫休眠卵上浮到水层中和萌发。

④适当施肥和加注新水

轮虫的主要食物是细菌、腐屑和藻类等，施粪肥可带入大量细菌、腐屑和培养藻类。所以，鱼苗培育池清塘后每667 m²应施粪肥（鸡粪）100~200 kg，为轮虫的大量繁殖和生长奠定饵料基础。

当轮虫大量繁殖后，藻类被滤食，池水变清；同时，代谢产物积累，水质恶化。所以，还应根据池塘水色和藻类情况适当追肥和加注新水，以保障轮虫繁殖和生长所需饵料和水质条件。

⑤控制敌害和竞争生物

池塘淤泥中不仅有轮虫休眠卵，还有枝角类、桡足类等浮游动物休眠卵存在，它们也会在清塘注水后萌发、繁殖；如果加注河水和池塘水，也会带入上述浮游动物的成体、幼体或休眠卵。桡足类摄食轮虫，是轮虫的天敌。枝角类虽然不摄食轮虫，但它们与轮虫生态位相同，与轮虫争夺空间和饵料。所以，培养和延长轮虫高峰期，必须控制枝角类和桡足类的数量。实践证明，用晶体敌百虫可有效控制池塘中枝角类和桡足类的数量。表1-3是晶体敌百虫杀死几种枝角类、桡足类和轮虫的用量，供参考。

表 1-3　晶体敌百虫杀死几种枝角类、桡足类和轮虫的用量

浮游动物种类	大型枝角类 （隆线溞、大型溞等）	小型枝角类 （裸腹溞等）	桡足类 （剑水溞）	轮虫 （萼花臂尾轮虫）
敌百虫浓度（mg/L）	0.05	0.3~0.5	0.5~0.7	1.0~1.2

资料来源：赵兴文. 鱼类增养殖学实习实践指导. 北京：中国农业出版社，2018.

必须指出，随着养殖鱼类水花鱼苗的生长和口径增大，枝角类和桡足类也将成为重要的饵料。所以，杀死枝角类和桡足类应视其危害程度和时机。

⑥控制轮虫种群数量

池塘中轮虫数量达 1 万~2 万个/L（20~40 mg/L）时就是高峰期了；这时如不采取措施，就会因种群密度过大、饵料匮乏和水质恶化等原因造成轮虫数量急剧下降。所以，应将轮虫种群数量控制在适宜范围，以维持和延长轮虫高峰期。池塘中轮虫种群密度可采取用药物在局部泼洒和用水泵、筛绢网抽滤等方法控制。

（五）鱼苗放养

鱼苗池放养的密度对鱼苗的生长速度和成活率有很大的影响。一般来讲，在合理的放养密度下，鱼苗的生长率和成活率都较高；密度过大，则鱼苗生长缓慢，成活率也低；密度过小，虽然鱼苗生长快，成活率高，但是浪费水面，肥料和饵料的利用率低，使成本增高（见表 1-4）。生产上也形成了从水花、夏花到秋片的二级培育法和从水花、乌仔头、夏花再到秋片的三级培育法。不论采取何种方式和方法，鱼苗的放养密度与其成活率和生长率都密切相关，即放养密度过大，成活率和生长率都下降。表 1-5 是辽宁中部地区几种养殖鱼类水花至夏花培育阶段的放养密度，供参考。

表 1-4　几种养殖鱼类鱼苗在不同放养密度下的生长情况

种类	每 667 m² 放养数（尾）	培育天数（天）	育成规格（cm）	每 667 m² 出塘数（尾）	成活率（%）
鲢	99 000	10	3	96 300	97.1
	225 000	16	2.5~3	166 500	74
鳙	96 000	12	2.5	85 000	87.8
	180 000	23	3	135 000	75
鳜	8 000~10 000	15~25	6~8	6 000~8 000	80
花鲈	10 000~20 000	20~40	6~8	8 000~16 000	80
美国红鱼	20 000~27 000	35~40	3	16 000~21 000	80
	47 000	35~40	5	38 000	80
大口鲇	40 000~70 000	15~20	2~3	32 000~56 000	80
革胡子鲇	200 000	15~20	3	160 000	80
长吻鮠	30 000~40 000	15~20	3	240 000~320 000	80
短盖巨脂鲤	100 000~200 000	20	2~3	80 000~160 000	80~85
斑点叉尾鮰	20 000~25 000	25~30	4~5	16 000~20 000	80~85

资料来源：王吉桥，赵兴文. 鱼类增养殖学. 大连：大连理工大学出版社，2000.

表1-5　辽宁中部地区几种养殖鱼类水花至夏花培育阶段的放养密度

鱼类	鲤	鲢、鳙	草鱼	黄颡鱼	鲶
每667 m² 水花放养（万尾）	10	15～20	10～15	10	5～8
饲养时间（天）	20	15	15	15	10～15

资料来源：1. 赵兴文. 鱼类增养殖学实习实践指导. 北京：中国农业出版社, 2018。

2. 上述鱼类水花至夏花采用中期乌仔头分塘方法培育，水花放养密度可适当增大。

由表1-4可见，鲢、鳙、鲤等草食性和杂食性鱼类鱼苗的放养密度较鳜、鲈、鲇等肉食性鱼类鱼苗的放养密度高；同种鱼类鱼苗的放养密度较高时成活率低，育成相似规格夏花所需的天数多；而夏花的出塘数量则以密度高的池塘较多。

目前，鱼苗培育都采取单养，大多数鱼类鱼苗适宜的放养密度一般为每667 m² 10万～20万尾。草鱼、青鱼、鲤的密度应较鲢、鳙、鲫、鳊、鲂等的密度稍小些，因为在培育的中后期，草鱼、青鱼和鲤转向吃较大型的浮游动物和底栖动物，而鱼苗池中这些生物的繁殖量相对较少，如密度较大、天然饵料不足，就会影响其生长。鲮鱼苗生长速度较慢，放养密度一般较高，每667 m² 30万尾左右。鳜、鲈、鲷、鲇、石斑鱼、鳗鲡等应适时过筛，大小分养。

放养密度对鱼苗生长和成活率的影响，实质上是食物、活动空间和水质对鱼苗的影响。鱼苗密度过大，食料往往不足，活动空间（特别是培育后期鱼体长大时）小，水质条件较差，溶解氧量低，因此，鱼苗的生长就较慢，体质较弱，致使成活率降低。

在确定放养密度时，还应根据鱼苗、水源、肥料与饲料来源、鱼池条件和饲养技术水平等情况灵活调整。鱼苗体质好，水源方便，肥料和饵料充足，鱼池条件好，饲养技术水平高，放养密度就可适当大一些；反之，放养密度应小些。近年来，北方地区为了提早将鱼苗培育成夏花，当年养大规格鱼种或食用鱼，鱼苗放养的密度小些，每667 m² 5万～8万尾左右。也有些地区掌握好鱼苗的适时下塘（即在轮虫繁殖的高峰期下塘），鱼苗放养密度较一般鱼苗池的密度大些，每667 m² 达20万～40万尾；当鱼苗长到全长15～20 mm（乌仔头）时拉网分塘，密度减小，再育成较大规格的夏花。这样鱼苗生长快、成活率高，提高了鱼苗培育的生产效率。

鱼苗放养前1天必须检查鱼苗培育池中是否有敌害生物，如蛙卵、蝌蚪、有害昆虫、野杂鱼等，如有，需用密眼网拉1～2遍以上加以清除。

鱼苗原来所处容器的水温与培育池水温差值不可过大。温差一般不超过3 ℃以上，若温差超过5 ℃，必须缓慢调节鱼苗所处容器的水温使之接近于池水温度。用塑料袋充氧运输的鱼苗，须先将鱼苗放入较大容器或网箱内，调节好水温和溶解氧量，待鱼苗正常游动后方可放入鱼池。

必须待清塘药物的药效消失后方可放养鱼苗。一般清塘后7天左右药效基本消失。为保安全，最好取一些池水，先放入少量鱼苗，经7～8 h无异状，证明药性已过，再放养鱼苗。

同一池塘应放同批鱼苗，如个体大小差异过大，游泳和摄食能力不同，会影响出塘成活率，规格也不整齐。

有风天应在鱼池的上风处放鱼苗。在下风处放鱼苗，鱼苗易被风吹到池边致死。放养鱼苗最好在晴天无风的上午进行。

(六) 鱼苗饲养方法

我国各地区养鲤科鱼类鱼苗的自然条件和历史不同,饲养方法也不尽相同。下面介绍几种有代表性的鲤科鱼类鱼苗饲养方法。

1. 有机肥料饲养法

有机肥料饲养法是主要以施肥培养轮虫和枝角类等浮游动物为主,后期适当补充投喂人工饲料的鱼苗培育方法。必须指出,在整个培育期,不论何种鱼类,如天然饵料不足,均需补充投喂人工饲料。该饲养方式有粪肥、绿肥(大草)和粪肥与绿肥混合施用三种方法。

粪肥一般以使用猪、马、牛粪尿和人粪尿较多。粪肥以预先经过充分发酵腐熟,滤去肥渣后使用较好。这样肥效发挥快且稳定,可避免生鲜粪在分解过程中大量耗氧,还可杀死粪中的病菌、寄生虫及其卵等,防止或减少疾病的传播。

鱼苗下塘前 8~10 天每 667 m^2 施基肥 300~400 kg。鱼苗下塘后一般每天施肥 1 次,每 667 m^2 施肥 250 kg 左右,将粪肥加水稀释后向全池均匀泼洒。施肥量和间隔时间必须视水色、溶解氧量和天气等情况灵活掌握。培育鲢、鳙的鱼苗池,水色以褐绿或油绿色为好,草鱼池应呈茶褐色,肥而带爽,施肥量较鲢、鳙池少些,阴雨天或天气突然变化时不施肥。施粪肥应掌握勤施少施的原则。

大草施肥的方法是在池边浅水处堆施,以 150 kg 左右为一堆。晴日 2~3 天后,草料腐烂分解,水色渐呈褐绿色;每隔 1~2 天翻动 1 次草堆,促使养分向池中扩散,7~10 天后将不易腐烂的残渣捞出。

培育鲢、鳙鱼苗的池塘,水质要求较肥,施用大草的数量较多些,一般每 667 m^2 每 3~4 天施 200~250 kg。培育草鱼苗的池塘,水质要求稍淡,投草量可少些,鱼苗下塘后每 667 m^2 每 3 天施 150~200 kg。如大草不足或饵料生物缺乏时,可投米糠或豆饼糊等精料,每 667 m^2 每天 1.5~2.5 kg。

池塘投放大草后有机物耗氧量增高,池水的溶解氧量迅速下降,所以在追肥时必须采取少量多次、均匀投放的方法。

混合堆肥的施用是在池塘边挖好肥料发酵坑,要求不渗漏。将青草和粪肥按 2:1 或 1:1 的比例层层相间放入坑内,用占肥料总量 1% 的生石灰,加水成石灰乳,泼洒在每层青草上(其作用为促进青草发酵腐熟)。肥料堆好后,加水至全部肥料浸没水中,然后用塑料布或泥封闭,让其腐烂分解,待腐熟后即可使用。堆肥发酵的时间随气温而不同,20~30 ℃ 时 10~20 天即可取用。在使用过程中,开坑时间不能过久,否则氮肥会挥发损失,影响肥效。在鱼苗培育过程中如天然饵料不足,可适量投喂人工饲料。

2. 豆浆饲养法

豆浆饲养法是用黄豆或豆饼磨成豆浆泼入池中饲养鲤科鱼类鱼苗的方法。豆浆一部分直接被鱼苗摄食,而大部分则起到肥料的作用。所以,目前一般都改为豆浆和有机肥料相结合的培育方法。

黄豆磨浆前须先加水浸泡,至两片子叶间微凹时,出浆率最高,水温 25 ℃ 左右时浸泡 5~

7 h。冷榨豆饼也要完全泡开。一般 1.5 kg 黄豆可磨成 25 kg 豆浆。豆浆磨好后滤出豆渣,立即投喂,若停留时间过久会产生沉淀。鱼苗下塘最初几天的吃食和生长情况是决定出塘率高低的关键,豆浆必须泼洒均匀,少量多次,尽量使鱼苗都吃到豆浆。一般每天泼洒 2～3 次,每 667 m² 每天需用黄豆 3～4 kg 磨成的浆,5 天后增至 5～6 kg,以后根据水质肥度再适量增加。鱼苗下塘 10 天后,全长达 15 mm 左右时,池中枝角类等大型浮游动物已剩余不多,不能满足鱼苗的需要,除了泼浆外,还需投豆饼糊或颗粒饲料,或将糊状饵料成小堆地沿池边浅水处投放(供草鱼、青鱼食用)。草鱼长至 20 mm 以后,可投喂芜萍,如饵料不足,鱼苗会发生跑马病,成群沿池边狂游,严重时可引起鱼体消瘦而死亡。制止的方法通常是沿池边投喂酒糟、豆饼糊等饵料。一般养成 1 万尾夏花需用黄豆或豆饼 7～8 kg。

3. 肉食性鱼类鱼苗的培育

与鲤科鱼类有所不同,鲈、鲷和石斑鱼苗下池初期主要以糠虾、桡足类、枝角类、沙蚕幼体等浮游动物为食,少量投喂冰冻或新鲜杂鱼虾肉糜,之后逐渐增加。这些饵料以新鲜的杂鱼为佳,投喂前先用淡水冲洗干净,再绞成肉糜。投喂多在白天,日投 3～4 次,日投喂量为其体重的 10%～15%。随着鱼苗的生长,饵料逐渐由鱼糜转为小碎块,投喂量增加。

鮎等鱼类鱼苗下塘当天每万尾投喂 2 个熟鸡蛋黄。投喂时应在池塘四周多泼些蛋黄浆。从第二天起,投喂经 30～40 目筛绢过滤的水溞,每天 2～3 次,饵料密度 15～20 个/mL。几天后捞来的饵料可不必过滤,但应除去杂物和敌害生物,再用 2% 的食盐水或低浓度的杀菌剂消毒处理后才能投喂。当鱼苗全长达 1.5～2.0 cm 时,可投喂用硫酸铜溶液浸泡消毒过的水蚯蚓或无菌蝇蛆。用这些饵料培育的鮎苗生长快,培育期短,体质健壮,规格整齐,不破坏水质,少生疾病,成活率高,只是这些饵料不易获得,成本高。用熟蛋黄浆作开口饵料,之后投喂豆浆、奶粉浆、鲜猪血、鱼肉浆、干蚕蛹粉、鱼粉、碎动物内脏(鸡内脏等)、人工混合饲料,也能将水花养成 3～10 cm 的鱼种,不过所培育出的鱼种规格不整齐,体质较弱,成活率也较低。

天然采捕的鱼苗,尤其是海水鱼苗,一般要经过驯食或领食。鳗鲡的驯食从夜间开始,驯食前 2～3 天,沿池边、饵料台上方泼洒碾碎的水蚯蚓。投喂量为其体重的 10%～15%,投喂量宁多勿少,让其摄食均匀、吃饱。投喂后及时捞去剩饵,换水排污要彻底。诱食时关闭增氧机 30～40 min,随后打开饵料台上方的灯光。从夜间依次往后推迟 1～2 h 重复驯食,使鳗鲡苗在白天定时趋食,集中摄食。白仔投喂 20～35 天水蚯蚓之后,逐渐转食配合饲料。转食时采取逐渐调整水蚯蚓与白仔饲料比例(3∶1,2∶1,1∶1,1∶2,1∶3,1∶4……)的方法,逐渐过渡到全部用配合饲料。全部投喂白仔配合饲料时,日投饲率应降为 5%～8%,日投喂两次:6:00 和 18:00,以 30 min 内吃光为宜。

鳜鱼苗摄食的最主要特点是专食活鱼。鳜鱼苗开口摄食的头 1～3 天,应投喂未平游的鱼苗,投喂量为鳜鱼苗密度的 4～5 倍,以保证饵料的可得性。开口几天后每天的饵料鱼数按日粮来投喂(见表 1-6),以第二次投喂时略有剩余为宜。

表 1-6　鳜鱼苗的饵料鱼规格与日粮

苗种规格(cm)	饵料鱼规格(cm)	鳜的日粮(尾)
0.5～1.0	0.4～0.6	2～5

（续表）

苗种规格(cm)	饵料鱼规格(cm)	鳜的日粮(尾)
1.0~1.7	0.7~1.0	8~12
1.7~3.4	1.0~1.2	5~8
3.4~6.6	1.6~2.1	5~8
6.6~10	3.4~6.7	4~6

资料来源：王吉桥，赵兴文. 鱼类增养殖学. 大连：大连理工大学出版社，2000.

（七）饲养管理

鱼苗培育中饲养管理工作内容主要包括巡塘、定期注水、适当投喂和鱼病防治等。

1. 巡塘

巡塘是指在特定时间到池塘巡视，以便及时发现问题和解决问题。鱼苗培育中的巡塘一般选择在凌晨和傍晚，此时池塘的水温和溶解氧为一天的极值，也容易观察到鱼苗和其他生物对池塘水温、水质变化的适应活动。巡塘除了观察水色、水位及其变化、浮游生物和鱼苗活动情况和测定水温、溶解氧 pH 值、氨氮等水质指标外，还应随时检查和维修注排水口（或管道）、清除蛙卵和杂草等。

2. 定期注水

鱼苗培育池加注新水的目的是扩大水体空间、冲淡代谢产物、改善水质、促进鱼苗和饵料生物的生长、繁殖。一般每 2~3 天加水 1 次，每次使池水深度增加 10 cm 左右。鱼苗池加水应在晴天上午进行，注水水流适宜（不能过大或过小）。加注河水或池塘水时，应用筛绢网过滤，切勿带入野杂鱼及其鱼卵。

3. 适当投喂

鱼苗培育采用彻底清塘、培养饵料生物和适时下塘方法，池塘中饵料生物发生、发展与鱼苗适口饵料及食性转化相一致，天然饵料一般可以满足鱼苗生长的需要，不必投饵。如果池塘中天然饵料不足，特别是当鱼苗全长 15 mm 以上，生物量满足不了鱼苗的生长需要时，应适当投饵。鱼苗培育中投喂饵料及其方法有：

（1）生物饵料

专池培养生物饵料（轮虫培养方法同上），采取水泵和筛绢网抽滤方法获得轮虫、枝角类和桡足类等生物饵料；然后，按一定密度投喂。

（2）人工饲料

鱼苗培育中投喂的人工饲料主要有大豆浆、草浆、鱼糜浆或配合饲料面团等。一般仔鱼和早期稚鱼阶段投喂大豆浆、草浆或鱼糜浆等。如大豆浆，用大豆量每 667 m² 每天 3~5 kg，按 1∶7~1∶8 加水浸泡 4~5 h，用磨磨浆、80~100 目筛绢网过滤，去除残渣；现用现磨，每天在 9:00、15:00 和 18:00 时分三次追鱼（距池边 1~2 m 处）泼洒投喂。

鱼苗全长 15 mm 左右,可投喂鱼糜或配合饲料面团。一般将上述饲料揉成小面团,在池边水中每隔 2~3 m 投放 1 团;或将鱼糜冷冻呈鱼丸子或饼状,在适宜时间(鲶形目鱼类在傍晚)投放到饵料台附近。

4. 鱼病防治

鱼病防治应遵循以防为主、积极治疗的基本原则。用生石灰彻底清塘,加注洁净水源;鱼苗下塘时做鱼体消毒处理,如寄生虫(纤毛虫)病使用硫酸铜和硫酸亚铁防治,细菌病使用氯制剂、碘制剂、抗生素等防治。

(八)拉网锻炼

在彻底清塘、饵料生物培养和适时下塘、巡塘、定期注水、适当投喂和鱼病防治等管理措施下,鱼苗是在饵料丰富、水质良好的舒适环境中经人们的精心照料下长大的,其如同温室中的花朵,经不住像拉网、过数、运输这样的操作。因此鱼苗经过 20 天左右的培育,长至夏花 2.5~3 cm(或乌仔头 1.5~2.0 cm)即将出塘时,需进行拉网锻炼,以增强鱼苗的体质。

1. 拉网锻炼的目的和作用

拉网锻炼的目的和作用如下:

(1)拉网会使鱼苗受惊,增大活动量,排出粪便,分泌黏液,降低身体组织含水量,使肌肉更加结实,能经得起拉网分塘操作和运输中的颠簸。

(2)将鱼苗拉到一起密集,适应低氧环境,以增强其对高密度和低氧的忍受能力。

(3)拉网有促进生长的作用。拉网使鱼苗代谢水平提高,摄食量增大,消化能力提高,生长加快。俗话说"拉一网,长一节"。

(4)通过拉网可以估计鱼苗数量,便于安排销售和下一步生产;也可以及时发现病情,淘汰病苗和弱苗;还可清除敌害,如松藻虫、华蝽、蜻蜓幼虫等。

(5)拉网能搅动淤泥,起到施肥的作用。

2. 拉网锻炼的方法

鱼苗夏花网应为尼龙或聚乙烯筛绢网片,网目 2~5 mm。上纲装浮子,下纲装沉子。网苗(高):2~4 m,网长:大于池宽 2 倍。拉网锻炼方法:在池塘一端下网,另一端收网。将鱼苗集中(或放网箱中),时间长短视鱼苗的体质而定,然后再放回池塘。拉网时移动速度要慢,操作要轻,网后需有专人看鱼苗是否贴网。若发现鱼苗体质弱,个体小,游动慢,贴在网上,应停止拉网,待鱼体较大、体质较强时再拉网。鱼苗池拉网的注意事项:

(1)天气状况

选择晴天、无风的上午拉网,阴雨天和大风天一般不拉网。

(2)鱼苗体质

鱼苗体质不好,拉网速度要慢,防止鱼苗贴网。

(3)池塘淤泥

防止拉起淤泥和使淤泥进入网内,以免造成鱼苗窒息死亡。

（4）锻炼时间

一般隔 1 天拉网 1 次。

（九）乌仔头和夏花出塘

乌仔头和夏花出塘操作，与拉网锻炼基本相同，将乌仔头和夏花集中在网箱中。夏花出塘过数的方法有两种：体积法和重量法。体积法是用抄网捞取夏花，放入底部有孔的小杯中，计量鱼的杯数，再任选几杯过数，求出每杯的平均尾数，然后推算出总尾数。重量法是抄网捞取夏花，放筛网中，用秤称，称量单位质量，查尾数，然后推算出总尾数。

夏花出塘时最好用高锰酸钾和食盐消毒。

可用竹篾编制成大小不同规格的鱼筛，快速地把不同大小的鱼分开。夏花鱼种质量的鉴定指标是规格大小、整齐度和体质强弱。具体鉴别指标如下：

优良夏花：

（1）规格大且整齐，头小背厚，体色光亮，肌肉润泽，无寄生虫。

（2）行动活泼，集群游泳，受惊时迅速成群潜入水底，抢食能力强；在容器中喜欢在水下活动，并逆水游泳。

（3）身上和各鳍不带泥。

劣等夏花：

（1）规格小且不整齐，头大背狭尾柄细，体色暗淡，鳞片残缺。

（2）行动缓慢，分散游动，受惊时反应不敏捷；在容器中逆水不前。

（3）身上或鳍上拖泥。

三、鱼种的培育（夏花养成 1 龄鱼种）

鱼苗养成夏花后，体重增长了数十倍乃至百余倍，如果仍在原池继续培育，密度就会显得过大，影响鱼体的生长。因此，需要减小密度分塘饲养。由于夏花身体尚小，逃避敌害侵袭和觅食的能力都还较弱，仍不宜直接向大池塘、湖泊或水库放养，否则将会降低成活率。因此，还必须将夏花再经过一段时间的精心饲养，培育成较大规格的 1 龄（当年）鱼种，才可供养食用鱼之用。绝大部分的养殖鱼类在池塘中培育鱼种，池塘养殖、大水面网箱养殖、室内水泥池养殖、稻田养殖等都可以进行鱼种的培育。当然，一些鱼类生长速度较快而且出塘市场规格要求较小，当年即可长至商品鱼，如怀头鲇、鲇、台湾泥鳅、杂交黄颡鱼（瓦氏黄颡鱼♂×黄颡鱼♀）等，一般当年即可上市，但也有一些鱼类的养殖存在 2 龄鱼种，即三年才能长成商品规格，如草鱼、唇𩽾等的养殖。

土池塘因为分布广泛，管理方便，是主要的鱼种培育方式，如青鱼、草鱼、鲢、鳙、鲤、鲫、鲂、鲇、黄颡鱼等。鱼种培育和鱼苗培育的不同点在于：

（1）池塘面积大

由于个体的增大，鱼种需要有更大的空间。鱼种培育池的面积要大些，水要深些，放养密度要相对小些。

（2）一般采用混养方式

夏花以后，因其食性、摄食方式、栖息习性发生了变化，为了充分利用水体空间和饲料资源，夏花以后一般采用混养方式。

（3）追求目标不同

鱼种培育要达到一定规格，以满足商品鱼饲养的需要。在达到规格的前提下，数量也是追求的目标之一。

（4）培育时间长

夏花养到秋片，一般需要几个月，天然饵料一般满足不了需要，投喂人工饲料在鱼种培育过程中是非常重要的。

（一）夏花放养前的准备工作

鱼种池的条件与鱼苗池相似，但鲤科和大多数鱼类鱼种池的面积要求较大，一般为 2 000~6 700 m^2，池水要求较深，一般为 1.5~2.5 m。近年来一些地区加大鱼种池的面积和水深，配以其他措施，可使鱼种池的产量提高到接近食用鱼池塘的水平。实践证明，池小水浅的鱼种池，产量是不可能提高的，必须加以改造，适当加大面积和水深，创造良好的生态条件，才能提高产量。但是，鲴、鳗鲡、鲈等在培育过程中需不断过筛，分级饲养的肉食性鱼类鱼种池，一定要比家鱼鱼种培育池小一些，池壁也要尽量光滑一些。鱼种池的清整方法和鱼苗池相同。如青鱼、草鱼、鲢、鳙、鲤、鲫、鲂等。

夏花放养前鱼种池需施基肥（粪肥、绿肥等有机肥料），培养饲料生物，实行肥水下塘，使夏花一下塘就获得充足的适口天然饵料而加速生长。施基肥的时间视水温而定，一般在夏花放养前 10 天左右。基肥的数量则依池塘肥力和放养夏花的种类等确定，一般每 667 m^2 池塘施有机肥料 200~400 kg。绿肥和粪肥可在池中堆施，施基肥后大型浮游动物出现高峰时放养夏花；枝角类成群，水质较清，对放养肉食性鱼类特别有利，可提高生长率和成活率。以草鱼为主的池塘，夏花下塘前还可在池中培养芜萍或小浮萍，作为下塘草鱼夏花的适口饵料。近年来在北方地区用配合饲料主养鲤等吃食性鱼类的高产池塘，一般不施有机肥料。

（二）夏花放养

1. 搭配混养

主要养殖鱼类在鱼种培育阶段，各种鱼的活动水层、食性和生活习性已明显分化。因此，可以进行适当的搭配混养，以充分利用池塘的空间和饵料资源，发挥池塘的生产潜力。混养还能做到不同鱼类之间的彼此互利。但是，鱼种阶段，鱼的食性和生活习性的分化程度还不如成体；鱼种培育要求生产规格整齐、体质健壮的鱼种，如混养种类过多，往往会造成各种鱼对所投的人工饲料争食，而较难达到出塘规格和均匀健壮，食用鱼池塘则主要是提高鱼产量，只要养成的鱼达到上市规格，不求整齐，混养种类多对高产有利。所以，鱼种池一般以两三种或四五种鱼混养；以一种鱼为主养鱼（主体鱼），其比例较大。

鱼类和甲壳动物健康养殖技术与模式

鱼种池搭配混养时,须注意鲢与鳙,草鱼与鲤、青鱼,草鱼、鲢与鲮之间的关系。

鲢与鳙,在不投喂人工饲料的情况下,可以根据池中浮游生物繁殖的情况进行适当的混养,在食料上没有多大矛盾;但是,在放养密度较大、以投喂人工饲料为主、天然饵料为辅的情况下,它们之间在取食人工饲料上就会发生矛盾。因鲢的争食力强,鳙的争食力弱,鲢、鳙混养,鳙会因得不到足够的饵料而成长不良。故以鲢为主的池塘少量配养鳙(一般20%以下),若鳙吃到的人工饲料不足,还可依靠天然饵料维持其正常的生长。而在以鳙为主的池塘一般不混养鲢,以免影响鳙的摄食和生长。如果以鳙为主的池塘搭养鲢,可采取推迟放养鲢的方法,即待鳙较大,同时池中大量繁殖浮游植物时才放养鲢(先将鲢夏花囤养在其他池塘中),也有的是放养大规格的鳙鱼种同时配以小规格的鲢鱼种,这样鳙可不致受鲢的影响。

草鱼和鲤的活动水层大致相同,它们之间的关系和鲢、鳙的关系相类似,在自然状况下食料矛盾不大,但投喂人工饵料时,草鱼的争食力强,鲤的争食力弱,故草鱼、鲤一般不混养。如果混养,只可在以草鱼为主的池塘中配养少量的鲤,让其摄取底栖生物而生长。草鱼和青鱼的关系及混养原则和草鱼、鲤的类似。

草鱼、鲢与鲮的关系亦有相似之处:鲮争食力强,且习惯上鲮的放养密度大,争食现象更显著,故鲮、鲢绝少混养;在投喂青饲料的条件下,以鲮为主的池塘可混养少量草鱼。

鱼种池的主养鱼应根据生产条件和市场需要来确定,混养比例则按鱼的习性、投饲施肥情况以及各种鱼的出塘规格等来决定。各种鱼出塘规格大致相同时,以鲢为主的池塘,一般鲢的放养量可占60%~65%,混养鳙10%,草鱼30%;或混养鳙10%,草鱼10%,鲤20%;或混养鳙15%,草鱼20%;或混养青鱼35%~40%。以鲤为主的池塘,鲤可放养65%~70%,混养鲢20%~25%,鳙10%。以草鱼为主的池塘,草鱼占60%,混养鲢或鳙30%,鲤10%;或混养鲢30%,鳙、鲤各5%。以鳙为主的池塘,鳙可放养60%,混养草鱼20%,鲤20%;或混养青鱼40%。以青鱼为主的池塘,青鱼占60%,鲢或鳙占40%。以鲫为主的池塘,鲫可放养70%~80%,混养鲢20%,鳙10%。鲤、草鱼、团头鲂、鲫与其他鱼的混养情况参见表1-7、表1-8。

肉食性鱼类的苗种培育多采用单养,密度也低于家鱼,而且要根据规格不断过筛(见表1-9)。

表1-7 华中地区夏花鱼种放养和出塘参考表

主养鱼			配养鱼			放养总数
种类	每667 m²尾数密度	出塘规格	种类	每667 m²尾数密度	出塘规格	
草鱼	2 000	50~100 g	鲢	1 000	100~125 g	4 000
			鲤	1 000	13~15 cm	
	5 000	15 cm	鲢	2 000	50 g	8 000
			鲤	1 000	12~13 cm	
	8 000	13 cm	鲢	3 000	13~16 cm	11 000
	10 000	12 cm		5 000	12~13 cm	15 000

18

（续表）

种类	主养鱼		配养鱼			放养总数
	每667 m²尾数密度	出塘规格	种类	每667 m²尾数密度	出塘规格	
青鱼	2 000	50~100 g	鲢	2 500	13~15 cm	4 500
	6 000	13 cm		800	125~150 g	6 800
	10 000	10~12 cm		4 000	12~13 cm	14 000
鲢	5 000	13~15 cm	草鱼	1 500	50~100 g	7 000
			鳙	500	15~16 cm	
	10 000	12~13 cm	团头鲂	2 000	12~13	12 000
	15 000	10~12 cm	草鱼	5 000	15 cm	20 000
鳙	4 000	13~15 cm	草鱼	2 000	50~100 g	6 000
	8 000	12~13 cm		3 000	17 cm	11 000
	12 000	10~12 cm		5 000	15 cm	17 000
鲤	5 000	12 cm	鳙	4 000	12~13 cm	10 000
			草鱼	1 000	50 g	
团头鲂	5 000	12~13 cm	鲢	4 000	13 cm	9 000
	10 000	10 cm	鳙	1 000	13~15 cm	11 000
	20 000	3 cm		100	500 g	20 100

资料来源：王吉桥，赵兴文.鱼类增养殖学.大连：大连理工大学出版社，2000.

表1-8　北方地区夏花鱼种放养和出塘参考表（辽宁灯塔地区）

种类	主养鱼		配养鱼			放养总数（尾）
	每667 m²尾数密度	出塘规格	种类	每667 m²尾数密度	出塘规格	
鲤	20 000~30 000	50~100 g	鲢	3 000~4 000	50~60 g	24 000~35 000
			鳙	1 000~1 500	50~60 g	
	10 000~18 000	100~150 g	鲢	3 000	50~60 g	14 000~22 000
			鳙	1 000	50~60 g	
鲫	30 000~40 000	50~100 g	鲢	1 000~1 500	100~150 g	30 000~42 000
			鳙			
			团头鲂	500 或 1 000	100~150 g	
				1 000	20~25 g	

（续表）

主养鱼			配养鱼			放养总数（尾）
种类	每 667 m² 尾数密度	出塘规格	种类	每 667 m² 尾数密度	出塘规格	
草鱼	80 000~150 000	8~25 g	鲢	3 000	50~60 g	85 000~155 000
			鳙	1 000	50~60 g	
			鲤	1 000	50~75 g	
德国镜鲤	10 000~20 000	150~250 g	鲢	3 000~4 000	50~100 g	34 000~45 000
			鳙	1 000~1 500	50~100 g	
鲇	10 000~12 000	300~400 g	鲢	3 000~4 000	50~100 g	14 000~17 000
			鳙	1 000~1 500	50~100 g	
鲇怀（鲇♂ ×怀头鲇♀）	8 000~9 000	650~900 g	鲢	3 000~4 000	50~100 g	84 000~95 500
			鳙	1 000~1 500	50~100 g	
黄颡鱼	30 000~40 000	25~50 g	鲢	3 000~4 000	50~100 g	33 000~44 000
拉氏鲅	20 000~30 000	5~10g	鲢	3 000~4 000	50~100 g	23 000~34 000
鲢	3 000~4 000	40~50 g	鳙	1 000	50~60 g	6 000~7 000
			鲤	1 000	50~60 g	
			草鱼	1 000	50~60 g	

表 1-9　大口鲇、乌鳢、鳜和鲈鱼种培育阶段的放养密度与筛分时间

种类	全长 cm	密度（尾/m²）	出池规格（cm）	成活率（%）	培育天数
大口鲇	2.7~3.3	13 600	20	87.6	10
	2.7~3.3	10 000	15	49.4	第 1 次筛分
	4.7~5.5	5 336	40	77.3	14
	4.7~5.6	3 335	25	78.8	第 2 次筛分
	7.8~8.3	2 668	20	89.7	11
	7.9~8.8	2 000	15	92.4	11
乌鳢	3~4	30 000~40 000	10	80	20~30
鳜	3	3~5	6~8	80~90	20~30
鲈鱼	2~3	2~3	5~8	95	不筛分

资料来源：王吉桥，赵兴文. 鱼类增养殖学. 大连：大连理工大学出版社，2000.

2. 放养密度

夏花放养的密度主要依据计划养成鱼种的规格来确定，养成鱼种规格应符合商品鱼饲养

的要求。如鱼种运销外地,为了便于运输和提高运输成活率,培养鱼种的规格一般宜小些,因此放养密度可大些;如供就近食用鱼池塘放养,一般要求较大的鱼种,夏花放养的密度就需小些。池塘养鱼、网箱养鱼(周期短)需要大规格鱼种。大水面放养(周期长)只需小规格鱼种,成本低,如表1-10所示。放养密度还随鱼的种类、池塘条件、饲料与肥料供应情况和饲养管理措施等而异。在一定范围内,放养密度越大,产量越高,但出塘规格越小;放养密度越小,虽然生长速度加快,出塘规格较大,但产量较低。同样的出塘规格,鲢的放养密度可较鳙的大些;池塘面积大,水较深,可加大放养密度;一般在7 000 m²以内的鱼池,随面积增大,密度可适当增加;若设备(如增氧机、水泵等)和技术条件较好,可增加放养密度,以提高单位面积池塘鱼产量,反之则应降低放养密度。各种鱼的生长速度,既受池鱼总密度的影响,又受本身群体密度的影响。因此,总密度相同,而混养比例不同时则鱼的生长状况也不一样,通过调节混养比例,可以控制鱼的出塘规格。

单养公式:

$$667 \text{ m}^2 \text{放养量}(\rho) = \frac{\text{单位面积净产量(g)}}{\text{计划养成鱼种的平均体质量(g)} - \text{放养时鱼种的平均体质量(g)} \times \text{估计成活率(\%)}}$$

由于放养时夏花鱼种的体质量可忽略不计,公式还可以简化如下:

$$667 \text{ m}^2 \text{放养量}(\rho) = \frac{\text{估计单位面积产量(g)}}{\text{计划养成鱼种的平均体质量(g)} \times \text{估计成活率(\%)}}$$

混养公式:

$$667 \text{ m}^2 \text{放养量}(\rho) = \frac{\text{总估计产量(g)} \times \text{按计划该鱼在总产中应占百分数(\%)}}{[\text{该种鱼计划养成规格} - \text{放养时鱼种规格(g)}] \times \text{估计成活率(\%)}}$$

由于我国各地区的自然条件和养鱼历史的不同,放养和培育方式也不尽相同,现将我国不同地区鱼种放养和出塘的一些数据列于表1-7至表1-11,供参考。

表1-10　池塘培育夏花放养密度与出塘规格(辽宁地区)

种类	放养密度	池塘规格(g/尾)	用途
鲢	4 000~5 000	30~40	大水面放养4周年
	2 000~3 000	50~100	池塘饲养2周年
鳙	1 500~2 000	30~40	大水面放养4周年
	1 000	50~100	池塘饲养2周年

表1-11　不同规格鳗鲡鱼种的放养密度

规格(尾/kg)	放养密度(尾/m²)		放养重量(kg/m²)	
	水泥池	砂石底土池	水泥池	砂石底土池
800~1 200	300~400	400~500	0.3~0.4	0.4~0.5
500~800	>250~300	300~400	0.4~0.5	0.5~0.6
300~500	200~250	250~300	0.6~0.8	0.8~1.0
200~300	150~200	200~250	0.8~1.2	1.2~1.5
100~200	100~150	150~200	1.5~2.0	1.8~2.5

（续表）

规格（尾/kg）	放养密度（尾/m²）		放养重量（kg/m²）	
	水泥池	砂石底土池	水泥池	砂石底土池
50~100	60~100	100~150	2.0~2.5	2.5~3.5
30~50	50~80	80~100	2.5~3.0	3.0~4.0
10~30	40~60	50~80	4.0~6.0	5.0~8.0

近几年，随着鱼苗早繁技术和应用配合饲料高密度主养鲤技术的普及，北方地区苗种生产水平提高较快。鱼种培育池每 667 m² 产量 2 000~3 000 kg，属中等产量水平。高密度主养鲤的池塘，鱼种产量每 667 m² 可达 3 500 kg 以上。

近些年，广东推广多级轮养法，即在鱼种二级饲养的基础上增加饲养级数（特别是鳙），使各级鱼种池的密度更为合理；克服了过去一般在放养初期因密度小而浪费水体和饵料，后期因密度过大而抑制鱼类生长的缺点。多级轮养法既提高了鱼种池的利用率，又增大了培育鱼种的规格，缩短了鱼种培育的时间，为食用鱼高产创造了有利条件。

（三）鱼种的饲养管理

鱼种饲养的方法依鱼的种类、放养密度、饲料与肥料供应情况等而不同，一般可分为投饲为主饲养法和施肥为主饲养法两类。后一种方法主要以养殖鲢、鳙为主。这里主要介绍前一种方法。

鱼种的食性有了明显分化，而且摄食量大，放养密度大，饲养时间长（3~5 个月），天然饵料一般不能满足鱼类快速生长的需要。因此，科学配制、合理投喂人工饲料，加强水质管理是培育大规格鱼种、提高养鱼效益的最重要手段。

鱼种的营养生理学和对各种营养素的需求是投饲养鱼种的基础理论之一；而投喂的生物学技术则是使饲（饵）料转化为高质鱼产品的桥梁。投喂的生物学技术主要包括最适投饲量、投喂次数、投喂方法、不同鱼类的投饲、日常管理等。

1. 投饲量

投饲量通常用投喂的饲（饵）料重量占鱼体湿重（生物量）的百分数来表示，又称投饲率（Feeding rate）。投喂量过少，鱼处于饥饿或半饥饿状态，生长发育缓慢；投喂量过多，不但饲（饵）料利用率低，还会败坏水质，滋生病害，造成鱼死亡。因此，适宜投饲量是提高饲料利用率、降低养鱼成本的关键。所谓最适投饲量就是饲料转化效率最高、鱼类生长速度较快和群体产量最高时的投饲量。

确定最适投饲量的方法有三种：投饲率表法、投饲量全年分配法和定额投饲法。投饲率法就是预先试验测出不同种类、规格鱼类摄食各种饲料时的最适量，制成日投饲率表，以此为主要依据，再结合饲料种类和质量、鱼的摄食状况和生物量及环境条件等因素来决定日投喂量。目前已制定出了鲤的投饲率表（见表 1-12、表 1-13）。

表 1-12　不同规格鲤鱼种（g/尾）投饲率表（%）

水温（℃）	2~5	5~10	10~20	20~30	30~40	40~50
15	4.9	4.1	3.3	3.1	2.7	2.2
16	5.2	4.4	3.5	3.3	2.9	2.3
17	5.5	4.7	3.7	3.6	3.1	2.5
18	5.8	5	4	3.9	3.4	2.7
19	6.3	5.4	4.4	4.2	3.7	2.9
20	6.9	5.9	4.9	4.6	4	3.2
21	7.5	6.4	5.2	4.9	4.3	3.4
22	8.1	6.9	5.6	5.3	4.5	3.6
23	8.7	7.4	6	5.6	4.9	3.9
24	9.2	7.9	6.4	6	5.1	4.1
25	9.8	8.2	6.7	6.2	5.4	4.4
26	10.4	8.8	7	6.6	5.8	4.6
27	11	9.4	7.5	7.2	6.2	5
28	11.6	10	8.1	7.8	6.8	5.4
29	12.6	10.8	8.9	8.4	7.4	5.8
30	13.8	11.8	9.8	9.2	8	6.4

资料来源：王吉桥，赵兴文.鱼类增养殖学.大连：大连理工大学出版社，2000.

表 1-13　不同规格鲤食用鱼（g/尾）投饲率表（%）

水温（℃）	50~100	100~200	200~300	300~700	700~800	800~900
15	2.4	1.9	1.6	1.3	1.1	0.8
16	2.6	2	1.7	1.4	1.1	0.8
17	2.8	2.2	1.8	1.5	1.2	0.9
18	3	2.3	1.9	1.7	1.3	1
19	3.2	2.5	2	1.8	1.4	1
20	3.4	2.7	2.2	1.9	1.5	1
21	3.6	2.9	2.3	2	1.6	1.2
22	3.9	3.1	2.5	2.2	1.7	1.3
23	4.2	3.3	2.7	2.3	1.8	1.4
24	4.5	3.5	2.9	2.5	2	1.5
25	4.8	3.8	3.1	2.7	2.1	1.6
26	5.2	4.1	3.3	2.9	2.3	1.7
27	5.5	4.4	3.5	3.1	2.4	1.8
28	5.9	4.7	3.8	3.3	2.6	1.9
29	6.3	5	4.1	3.5	2.8	2.1
30	6.8	5.4	4.4	3.8	3	2.2

资料来源：王吉桥，赵兴文.鱼类增养殖学.大连：大连理工大学出版社，2000.

投饲率全年分配法是根据鱼类养殖理论和实践经验,首先预定饲养对象的生长率和饲料系数,再按载鱼量、鱼的增长倍数和预计的净产量,算出饲料的需要量,然后根据水温和鱼类的生长特点,逐月、逐旬分配饲料量。表1-14为淡水食用鱼精养池塘中全年投饲量分配计划参考表。

表1-14 淡水食用鱼精养池塘中全年投饲量分配计划参考表(%)

地区	项目	3月	4月	5月	6月	7月	8月	9月	10月	11月
华中	日投饲率占全年的百分比	0.6 0.3	0.8~1.6 1.3	2~2.8 5.3	3.2~3.7 11.5	3.8~4 19.8	3.8~3.4 24.7	3~2.2 20.8	1.8~1 11.1	0.8~0.6 5.2
华北	日投饲率占全年的百分比		0.5~1 2	1~1.5 8	2~3 20	3~4 24	4~5 26	2~1 17	0.3~0.5 3	
东北	日投饲率占全年的百分比		0.2~0.3 1	0.6~1.5 9	2~3 22	3~4 28	4~5 26	2~1 14		

资料来源:王吉桥,赵兴文.鱼类增养殖学.大连:大连理工大学出版社,2000。

常用的投饲率表法没有考虑饲料投喂后的残饵和营养损失及天然饵料的存在。将这些因素考虑在内,用系数来修正的定额方法就是定额投饲法。一般认为,若颗粒饲料粉化率高,应增加10%;若饲料在水中的保形性在30 min以上,额定量降低10%,反之,不得降低;若昼夜溶解氧降低到1~3 mg/L,额定量减少65%;水浅、无充气时适量减少。

影响投饲率的因素主要有鱼的摄食量、水质、水温等环境条件和饲料的营养价值和加工方法等。鱼类的摄食行为包括食欲的唤起、寻食、定位、识别、捕捉、口咽处理、饱食等一系列正、负反馈行为。食物的物理性(形状、大小、颜色或行为状态)、化学性(气味、信息物质)和辐射(如食物的光、声、信号)等外界刺激为鱼类的感觉器官所感知,唤起食欲,加之饥饿时空腹的刺激,共同作用于视丘脑的摄食中枢,再通过神经和体液传导至摄食器官引发一系列摄食行为。肠充满后使食欲减退,引起摄食的负反馈,即减少或停止摄食。鲤由食欲旺盛到饱食的过程中表现为:由激烈抢食到缓慢摄食,甚至停食;由大鱼先抢食到小鱼再争食;由集中于水面争食,溅起水花到分散水下摄食,水面仅出现水波纹;由池或箱中央抢食到边缘抢食。实践证明,投饲量在八成饱(即只喂到鱼饱食量的80%;且80%的鱼能吃饱)时,饲料效率最高。据吴遵霖1990年测定,在网箱养鲤中,八成饱投饲率的饲料损失率(指除鱼粪外的收集物占投饲量的百分比)为13.87%~16.47%,而饱食时的饲料损失率为23.09%。

食物在消化道中消化和移动的时间依鱼的种类、水温、投饲量、投喂次数及饲料质量、加工方法等而异。在15 ℃时,虹鳟摄食到开始排粪的时间间隔为9~10 h;在10 ℃、15 ℃、20 ℃、25 ℃时,食物通过鲤消化道的时间(h)分别为16~18、10、6.5和4.5,即温度越高,时间越短。食物在肠管各段中的移动速度是不同的:在1~5肠襻的移动速度(cm/h)分别为2.5、1.8、1.0、1.2、0.5,即在消化道前段移动得快。所以,投喂量过大、过频,势必加快食物的移动,降低消化利用率。投饲率依水温等条件而变化原因亦在于此。

以溶解氧为代表的水质直接影响鱼的新陈代谢。当水中溶解氧量在 5 mg/L 以上时,鲤的摄食量最大;水温低于 20 ℃,溶解氧低于 3 mg/L 时,摄食量明显下降。草鱼种在 9‰ 盐度下的摄食量(137.0%)为淡水中(23%~24%)的 5 倍。

2. 投喂次数

投喂次数是指投喂量确定之后,一天之中分几次来投喂。这同样关系到饲料的利用率和鱼类的生长速度。投喂过频,不仅劳动强度大,而且会因每次投喂量过少而加剧鱼规格的分化;投喂次数太少,每次投喂量必然加大而增加饲料损失率。投喂次数主要取决于鱼类消化器官的发育特征和摄食习性及环境条件。一般来说,有胃鱼类投喂次数可适当少些,无胃鱼类可适当多些;同种鱼类,鱼苗阶段投喂次数适当多些,鱼种次之,成鱼少些;饲料营养价值高可适当少些,反之多些;水温和溶解氧高时可适当多些,反之,少些或停食。如鲤鱼种投喂颗粒饲料,水温 15~20 ℃,日投 2 次(9:00、15:00);水温 20~25 ℃,日投 3~4 次(8:00、11:00、15:00、18:00),各次分别喂日饲量的 20%、25%、30% 和 25%。考虑到鲤摄食后耗氧量增加,故傍晚最后一次投饲量不宜太大,时间一般不应超过 20:00,以免造成池水缺氧。水温 25 ℃ 以上,日投 5~6 次(7:30、10:30、13:30、15:00、17:00、19:00)。

3. 投喂方法

养鱼生产中的"三看"(看天气、看水质、看鱼的活动)和"四定"(定时、定位、定质、定量)投喂的核心就是根据各种因子综合考虑的投喂量和投饲方法。

(1)定时

投饵必须定时进行,以便养成鱼类按时吃食的习惯,提高饵料利用率;同时选择水温较适宜、溶解氧较高的时间投饵,可以提高鱼的摄食量,有利于鱼类生长。

(2)定位

投饵必须有固定的位置,使鱼类集中于一定的地点吃食。这样不但可减少饵料浪费,而且便于检查鱼的摄食情况,便于清除残饵和进行食场消毒,保证鱼类吃食卫生。

(3)定质

饲料必须新鲜,不腐败变质。有条件的可考虑投喂配制的颗粒饲料,提高饲料的营养价值。饲料颗粒的大小应比鱼的口裂小,加强饵料的适口性。

(4)定量

投饵应掌握适当的数量,不可过多或忽多忽少,使鱼类吃食均匀,以提高鱼类的饵料的消化吸收率,减少疾病,有利于生长。

饲(饵)料的投喂方法主要有三种:手撒、饲料台投喂和投饲机投喂。手撒的方法简便、灵活、节能,适合我国多数渔场,缺点是耗费人工较多。

驯食(驯化吃食性鱼类上浮集中吃食):驯食是使下塘夏花尽快上浮吃食的一项技术,驯食好坏关系到秋片鱼种的养成规格和整齐度。投喂前先制造声响或在池边堆放少量饲料,使鱼形成条件反射,3~5 天后再进行正式投喂。投喂时,开始要慢,随着鱼群的聚集和抢食的增强,应加快投喂,待鱼减少时再减慢抛洒速度。所以,投喂应掌握慢—快—慢的节奏。饲料台是用竹或塑料等材料制成的放置饲料、供鱼摄食的装置。依鱼的摄食习性,它设置在鱼池底部或上部。通常每 667 m² 的鱼池设 6~8 个饲料台。这种方法可使鱼养成定点摄食的习惯,便于检查摄食情况、清除残饵和预防疾病。随着养鱼科学技术水平的提高,投饲机的应用越来越普遍。目前国内外使用较广的自动投饲机主要有振动式、漏斗式、鱼动式和发条式等几种。投喂饲料的营养要满足不同鱼类、不同阶段生长的需要,而且要新鲜,不腐败变质。饲料的适口性要好,适于不同种类和大小鱼的摄食。表 1-15 为鲤规格与饲料颗粒大小的关系。

表 1-15　鲤规格与饲料颗粒大小的关系

饲料形状	编号	圆形饲料的直径(mm)	鲤体重(g)	鲤体长(cm)
粉末	—	—	1 以下	4.5 以下
碎粒	1	0.5~1	1.1~3	4.5~5.8
	2	0.8~1.5	3.1~7	5.9~7.4
	3	1.5~2.4	7.1~12	7.5~9.4
颗粒	1	2.5	12~50	9.5~15
	2	3.5	51~100	16~18
	3	4.5	101~300	19~23
	4	6	300 以上	23 以上

资料来源:王吉桥,赵兴文.鱼类增养殖学.大连:大连理工大学出版社,2000。

4. 不同鱼类的投饲

培育草鱼鱼种,多采用以青饲料为主,适当投喂精饲料的方法。开始阶段最好投喂芜萍,每天每万尾投芜萍 20~25 kg,以后逐渐增加至 40 kg。约 20 天后,鱼体全长可达 6.5 cm 左右,就改喂小芜萍,每天每万尾投 60~70 kg,以后增至 100 kg。全长达 8~10 cm 时改喂水草、陆生嫩草等。投喂时需将嫩草切碎或水草捣烂,便于小草鱼吃食;投喂量视草鱼吃食情况而定,一般以次日清晨不剩或少剩为原则。投喂青饲料,须设浮性饲料台。以草鱼为主的池塘,投喂青饲料的同时适当投喂饼类等精饲料可加速鱼种生长;方法是早、晚喂青饲料,白天喂精饲料。有些地区培育草鱼种,放养密度较高,投喂颗粒饲料(投喂方式与鲤的投饲相类似)培育出大规格鱼种,提高了鱼种产量。

青鱼夏花也应在枝角类达高峰期时下塘,以加速青鱼的生长。夏花放养后,先用少量豆渣或豆饼糊沿池边浅水滩以小堆投放,并逐渐缩小投饲范围,将青鱼引至食场吃食。青鱼长到 5 cm 以上时,每日 2~3 次投豆饼糊或浸泡的碎豆饼、菜饼等,每万尾日投量 5~7.5 kg(干重)。体长 10 cm 左右的青鱼即可加喂轧碎螺蛳,每天每万尾约 35 kg,以后逐渐增加至 100 kg,也可投喂颗粒饲料。

以鲢、鳙为主的鱼种池应采取以施肥培养天然饵料为主的方式饲养。当增大放养密度时,除适量施肥培养浮游生物外,还需投喂人工饲料,以增大鱼种规格和提高产量。投喂的方法是用毛竹或草绳将池水面分隔成"十"字或"Ⅲ"字形,把糊状或粉末状饲料(饼类、玉米、糠、麸等)在上风处撒到水面上;投喂量从开始时的每万尾 1~2 kg 逐渐增加至 4~5 kg,鳙略高于鲢。

鳜鱼种培育中的饵料鱼靠人工投喂。如果投喂量过少,不仅鳜生长减慢,还会自相蚕食;投喂量过大,水质易恶化,水体易缺氧。确定合理投喂量有两种方法:一是定期测量鱼的体重,按5%~10%的日投喂量计算出具体的饵料鱼投放量;二是检查池中剩余饵料鱼的密度来推算饵料鱼量。饵料鱼的适宜体高为鳜口径的1/2,体长为鳜体长的1/3。不能待饵料鱼吃光再补放。投喂饵料鱼要不同规格的鱼搭配,先放入大规格的饵料鱼,后放小规格的鱼,以使生长速度不同的鱼都能吃到适口的饵料。饵料鱼以5天投喂1次为宜。通常投喂后2~3天,饵料鱼活动比较迟缓,有利于鳜捕食。如果间隔时间太长,饵料鱼适应了新的环境,避敌能力强,易造成鳜猎食耗能、耗氧增加,既不利于鳜鱼种生长,也不利于水质管理。鳜鱼种放养前10~15天,先放入鲂、鲢、鳙、草鱼苗,待培育到体长1~2 cm时,再放入鳜鱼种。鳜鱼种培育中、后期的饵料鱼则要专池饲养。一般饵料鱼池与鳜鱼种培育池的比例为4∶1。饵料鱼多为鲫、鲂、鲢、鳙等鳜易捕食的种类,放养密度稍高一些,以后分期拉网捕出、过筛投喂。近几年鳜的人工驯食有了新进展,如表1-16,即鳜完全可以驯食人工饲料。在鳜鱼5 cm以下时,应足量投喂适口性的饵料鱼鲮鱼,达到鳜与饵料鱼数量之比在1∶10~1∶15之间;在鳜鱼种规格5 cm以上时开始驯化摄食人工配合饲料,饲料粗蛋白含量在45%左右,饲料水分含量控制为30%左右,使饲料的软硬度适于鳜鱼种摄食,饲料制成长梭形,长宽比为2∶1~3∶1,直径为鳜鱼口裂的1/3左右。每天按体重的3%~5%分两次投喂:上午6:00至6:30,下午6:30至7:00,上午投喂量占全天投饵量的1/3。

鲇、鲈等鱼类的鱼种培育多以杂鱼虾和动物内脏为主,辅以配合饲料。

表1-16　鳜的驯食过程(袁勇超等,2014)

时间	食物及其投喂法	鳜摄食反应
第1天	黄昏投喂足量的适口活饵料鱼	主要在投喂很长时间后的夜间以偷袭方式捕食活饵料鱼
第2~4天	每天减少活饵料鱼投喂量	越来越多活饵料鱼在投喂后被捕食
第5天	仅饱食投喂活饵料鱼	投喂时立即以抢食方式从水面下摄食活饵料鱼
第6~8天	每天用冰鲜按30%的比例逐步替代活鱼	接受摄食越来越多的死饵料鱼
第9天	仅投喂死饵料鱼	投喂时立即以抢食方式从水面下摄食死饵料鱼
第10~12天	每天用新鲜鱼块逐步替代冰鲜	接受摄食越来越多的新鲜鱼块
第13天	仅投喂新鲜鱼块	投喂时立即以抢食方式从水面下摄食新鲜鱼块
第14~16天	每天用湿性软颗粒饲料按30%比例逐步替代新鲜鱼块	逐步开始接受吃食湿性软颗粒饲料
第17天	仅投喂湿性软颗粒饲料	投喂时立即以抢食方式从水面下摄食湿性软颗粒饲料

5. 日常管理

1)水质调控

苗种培育过程中,每日早、午、晚各巡塘1次,观察水色和鱼的动态。水质调控的措施和办法有:

(1)加注新水和排出

鱼种培育池要每隔5~10天加水1次;注水量为增加10 cm深。如果水质恶化,排出部分老水后,再加注新水。

（2）适当施肥,保持浮游植物数量和良好的生理状态

根据池塘肥力情况合理施肥。以"吃食鱼"为主的高产池塘,一般不施有机肥;以鲢、鳙为主的池塘,一般以施有机肥为主,施化肥为辅。

（3）合理使用增氧机

高产池塘一般每 2 000 m² 设一台增氧机。坚持晴天中午开增氧机,凌晨缺氧时开增氧机。

（4）经常搅动底泥

晴天中午搅动底泥能起到施肥的作用;另外,搅动底泥也能减少底层氧债。

（5）使用水质改良剂

用于池塘养鱼水质调控的化学药物主要有:增氧剂、底质改良剂和水质改良剂,近年来生产上使用越来越多的是微生态制剂（Microbial ecological agent）,如郑艳波等 2021 年利用微生态制剂在黄颡鱼高密度养殖中进行了应用,提高了经济效益。于广宝等 2009 年发现微生态制剂能提高漠斑牙鲆育苗成活率。微生态制剂是从正常微生物中筛选的,经培养后制成微生态制品,包括活菌体、死菌体、菌体成分、代谢产物及促生长活性物质等。关于微生态制剂使用较多的有以下几种:

①枯草芽孢杆菌（Bacillus subtilis）;

②酵母菌（Saccharomyce）;

③乳酸菌（Lactic acid bacteria,LAB）;

④光台细菌（Photo syntnetic bacteda,PSB）;

⑤硝化细菌（Nitrifying bacteria）;

⑥反硝化细菌（Denitrifying bacteria）;

⑦EM 菌（Effective microorganisms）。

2）病害防治

夏季高温季节,应定期投喂药饵和消毒食场,以防发生鱼病。夏花鱼种出塘后,经过 2~3 次拉网锻炼,鱼体往往容易寄生车轮虫、斜管虫等,一般用硫酸铜与硫酸亚铁合剂（5∶2）全池泼洒（不同种类鱼苗需提前预试验）。鱼种下塘前,采用药物浸浴。通常将鱼种放在 20 mg/L 的高锰酸钾浸浴 15~20 min,在 7—9 月高温季节,每隔 20~30 天用 30 mg/L 的生石灰水（盐碱地鱼池忌用）全池泼洒。

（四）鱼种出塘和并塘

秋末冬初,水温降至 10 ℃左右,鱼种摄食量锐减时便可将鱼种拉网出塘,按种类和规格分开,作为池塘、湖泊、水库等放养之用。如欲留一部分鱼种到次年春季,就需在池塘中越冬。并塘的目的:鱼种按不同种类和规格进行分类,便于运输和放养;并塘后将鱼种囤养于较深的池塘中安全越冬,便于冬季管理;并塘能全面了解当年鱼种生产情况,总结经验,提出下年度放养计划;空出的鱼种池进行清整,为翌年的苗种生产做好准备。

长江流域各地区,是将各类鱼种分别归并蓄养在专门的池塘中,称为并塘,以便于管理。

蓄养池面积 1 300~2 000 m²,水深 2 m 以上,池底少污泥,背风向阳。全长 10~13 cm 的鱼种,每 667 m² 可放 5 万~6 万尾,如规格更大,越冬密度应相应减少。鱼种入蓄养池时,拉网和过筛等操作必须细致,以防止鱼体受伤,越冬期可适量施肥和投饲,使鱼体不致消瘦。

用肉眼鉴别鱼种的优劣,基本上和夏花的鉴别方法相似。

淡水鱼类病害防控

一、鱼类疾病防治基础知识

(一)鱼类疾病发生的原因与防治原则

1.鱼类疾病发生的原因

疾病的发生是由机体所处的外部因素和机体内在因素共同作用的结果,鱼类疾病发生的原因同样从内因和外因两方面进行分析。内部因素是指机体的生理特点形成的对致病因素的敏感程度,外部因素包括引起疾病的致病生物和环境条件。对于人工养殖鱼类,疾病的发生与否与人为因素密切相关。

1)外部因素

(1)致病生物

致病生物也称为病原体,主要包括细菌、病毒、真菌、藻类、原生动物以及蠕虫、蛭类和某些甲壳动物。导致鱼类发生生物性疾病的病原体中,有些个体很小,利用显微镜放大几百倍甚至上万倍才能看清,人们将它们称为微生物,如细菌、病毒、立克次体、衣原体和真菌等。由这些微生物引起的疾病称为微生物疾病,此类疾病发生时,一般都显现出快速传染的特征,所以微生物疾病又被称为传染性疾病。一些个体较大的病原体,如原生动物、蠕虫、甲壳动物等,统称为寄生虫,引起的疾病称为寄生虫疾病,也被称为侵袭性疾病。

消灭或抑制水体和鱼体中的各种病原体是预防和治疗养殖鱼类疾病的目标。养殖环境中的各种病原体能否感染鱼体而引起疾病的发生,主要与病原体的毒力和数量有关。当养殖鱼类受到毒力强的病原体感染时,即使数量少也可能导致养殖鱼类出现疾病症状,而当养殖鱼类受到毒力弱的病原体感染时,鱼体只是成为病原携带者,而不一定发生疾病,即无症状感染者。不过,在短时期内毒力比较弱的病原体大量侵入鱼体也可能引起疾病。总而言之,如果养殖环境中存在某种病原体,就有可能引起养殖鱼类发生某种疾病。因此,在引进鱼种时实行严格检疫,避免将病原体带入养殖环境中,控制养殖环境中病原体的数量是预防养殖鱼类疾病发生的根本措施。

(2)环境条件

养殖环境条件能够影响病原体的毒力和数量,以及养殖鱼类的内在抗病能力,在特定的养殖环境条件下病原体才能引起鱼类疾病的发生。水产养殖环境条件主要包括水的理化性质、生物因素和人为因素三个方面。

①水的理化性质

a.水温。鱼类是变温动物,其体温随养殖水体温度的变化而变化。当养殖水体温度突然上升或下降,鱼类容易发生生理性失衡而导致病理性变化,进而造成对各种病原体的抵抗力下降而患病。对一般养殖鱼类而言,水温的突然变化不宜超过 2 ℃,鲫和鲤等淡水鱼类对水温变化的适应能力较强,但是,水温变化也不宜超过 5 ℃。鱼类的中暑或感冒的发生均是由养殖水体温度急剧变化而引起的。

b. 酸碱度。养殖水体的酸碱度通常用 pH 值表示,鱼类适宜的养殖水体 pH 值为 6.7~8,即中性偏碱。当水体偏酸时,鱼体生长缓慢,有毒物质此时毒性也随之增强,而水体过度偏碱,鱼鳃会分泌大量黏液,阻碍鱼体正常呼吸。

c. 溶解氧。当养殖水体溶解氧不足时,鱼体会出现浮头,长期生活在溶解氧不足的水体会导致鱼体抗病能力低下。当养殖水体中溶解氧严重不足时,鱼类就会因缺氧窒息而亡。

d. 有毒物质。常见的对鱼类有毒害作用的有毒物质有硫化氢和防治疾病的重金属盐类。这些有毒物质不但直接能引起鱼类中毒,而且能降低鱼体的免疫防御技能,致使病原体更容易侵入。急性中毒时,鱼类在毒气内出现中毒症状甚至迅速死亡。当有毒物质浓度较低,则表现出慢性中毒,慢性中毒的鱼体在短期内不会出现明显的症状,但会出现生长缓慢或者畸形的现象,更容易受到病原体的感染而患病。

②生物因素

a. 病原体。当养殖水体中病原体数量过多时容易引起鱼类的疾病。在养殖过程中通过控制养殖水体中病原体数量,可以达到减少或者消灭鱼类疾病的目的。但值得注意的是,在养殖水体中使用药物的同时,药物的毒性也可能危害养殖鱼类。选用对病原体杀灭力强而对鱼体毒性低的药物,并正确掌握药物用量,能够有效减少或避免危害养殖鱼类。在疾病流行季节,水产养殖工作者可以根据历年疾病发生的情况,适时采用适宜的消毒剂对养殖水体进行消毒,这种预防措施对防治微生物疾病的发生是有意义的。但是,为了预防各种寄生虫病的发生而采用杀虫药物定期杀灭寄生虫的做法是错误的。这是因为在水产养殖中,杀虫药物和抗生素类药物一样,是不能作为预防疾病的药物使用的,只能作为治疗疾病的药物使用。此外,主张预防用药量减半的做法也是错误的。因为药物只有达到一定的剂量才能抑制或者杀灭病原体的效果,减半后使用则会失效,反而导致病原体产生对药物的耐药性。

b. 鱼类。在同一养殖水体中养殖鱼类的品种和规格要搭配得当,养殖鱼类的放养密度要合理。一般而言,性情凶猛的鱼类与温顺的鱼类,以及规格差异太大的鱼类不宜一起养殖。有许多研究结果表明,同一养殖水体的鱼类,处于弱势的种群可能因为强势鱼群的胁迫而受到应激性刺激,导致抗病能力下降。

③人为因素

人为因素主要指水产养殖过程中人工养殖管理措施是否恰当。如在捕捞和运输鱼类过程中,如果操作不当,鱼体受伤后易发生水霉病。当投喂不适量、饲料质量不好或营养不全面时,可能引起鱼类消化道疾病和营养型疾病。

2)内部因素

(1)个体免疫

水产养殖工作者经常会观察到如下的现象,即在同一养殖水体中的同一种鱼类,当疾病流行时,总会出现一部分鱼类生病,另外一部分健康的现象。这种现象表明,同种鱼类的不同个体对相同病原体存在不同的抵抗力,在免疫学中将这种现象称为个体免疫。由于个体免疫力的强弱不同,相同种类对某种病原体个体间抵抗力也会产生差异。抵抗力强的个体可以抵御病原体的入侵,而抵抗力弱的鱼类则可能受病原体的入侵而发病。

(2)非特异性免疫

非特异性免疫应答是机体对抗原物质的一种生理排斥反应。这种功能是在进化过程中获得的,可以遗传给下一代。非特异性免疫一般比较稳定,不因抗原的刺激而存在,也不因抗原的多次刺激而增强。这种免疫应答没有免疫记忆,当再次遇到同一抗原刺激时,免疫反应并不会增强,也不会减弱。非特异性免疫应答的对象是范围性的,不是针对某一抗原性物质,因此,不如特异性体液免疫和细胞免疫那样专一。非特异性免疫应答主要由机体的屏障作用、吞噬细胞的吞噬作用和组织与体液中的抗微生物物质组成,是机体免疫应答的一个重要方面。养殖鱼类机体的生理因素和种类的差异、年龄以及所处的应激状态等均与非特异性免疫有关。

2. 防治鱼类疾病的基本原则

与防治陆地养殖动物疾病相比,成功防治养殖鱼类的各种疾病更加困难。首先,鱼类生活在水体中,处于发病初期的病鱼难于被发现。当养殖人员发现鱼类发生疾病时,往往池塘水面已出现部分死鱼,此时意味着养殖水体中的养殖鱼类已经有更多的个体患病,虽然尚未死亡,但可能已处于病入膏肓的程度,采取治疗措施为时已晚。所以,在疾病发生初期及时发现养殖鱼类疾病,把握有效治疗时机非常关键。其次,给药途径受限,有效给药是比较困难的。养殖鱼类数量巨大,人们难以实现逐个注射或口服,即使采用药饵投喂也难以确保每尾鱼摄入足够剂量的药物。因为病鱼食欲下降,甚至出现厌食,拒绝摄食带有药物的饵料。与此相反,同池养殖的健康鱼类却有可能大量摄食药饵产生药害或导致药物在体内超量残留。再次,我国渔用药物起步晚,大多从人用药物、畜禽用药物甚至农药转化而来,缺乏比较系统的鱼类药物代谢动力学和药效学研究。因此,应用渔用药物治疗鱼类疾病时,往往难以获得理想的疗效。最后,以水为传播介质的水生病原体比陆地上以空气为传播介质的病原体传播速度更快,鱼类传染性疾病一旦发生,蔓延速度往往很快,导致鱼类大量死亡给养殖业造成巨大的经济损失。针对鱼类疾病的特点,养殖人员必须掌握鱼类疾病流行规律,遵循如下鱼类疾病的防治原则,才有可能做好鱼病防治工作。

1)防重于治

鱼类生病初期养殖人员难以发现,容易错过最佳治疗时机;没有理想的给药途径,患病鱼体不能够获得足够药物量;鱼类专用的特效药物缺乏,用药后疗效比较差;一旦疾病暴发,蔓延速度快,控制已经暴发的疾病相对而言比较困难。因此,鱼类传染性疾病的防治主要依赖预防。

2)规范用药

(1)建立用药处方制度

我国应探索实施水产执业兽医制度,使用处方药,渔药的使用有序、科学。在购买抗生素等药物时应凭借兽(渔)医的处方,从源头上杜绝在水产养殖中抗生素滥用的现象发生。

(2)正确诊断病情

①查明病因。在检查病原体的同时,对环境因子、养殖管理以及疾病的发生和流行情况进行调查,做出综合分析。

②调查水产动物养殖管理情况。包括清塘的药品和方法,养殖的种类、来源、放养密度,饲料的种类、来源和数量等。

③调查环境因子。包括水源附近的污染源、水质状况、水温变化、养殖周边农田用药情况和底质情况等。

④调查发病情况。包括发病时间、发病动物、死亡情况、采取的措施等。

⑤病体检查。在池塘内选择病情严重、症状明显,还有死亡的个体进行病体检查。

(二)鱼病的诊断和检查

1. 疾病的诊断依据

目前,在我国水产养殖现场只能通过肉眼观察鱼病的症状和显微镜的检查结果做出确诊,尚难做到通过检测患病鱼体的各项生理与病理指标而对鱼类疾病进行诊断。水产养殖人员可以参照以下几条原则进行初步诊断。

1)判断是否由病原体引起

养殖鱼类出现不正常的现象,可能是由于传染性或者寄生性病原体引起的,也有可能是由于缺氧或者有毒物质等非病原体导致的。这些由非病原体导致的鱼体不正常和死亡现象,具有以下明显症状。

(1)症状高度相似

来自同一水体的鱼类受到环境的应急性刺激是大致相同的,鱼体对相同应激性因子的反应也是相同的,因此,鱼体表现出症状相似,病理进展也比较一致。

(2)急速批量死亡

除某些有毒物质引起的鱼类慢性中毒外,非病原体引起的鱼类疾病往往在短时间内出现大批鱼类鱼体不正常甚至死亡。

(3)能够快速痊愈

查明病因后,立即采取有效措施,不需要长时间治疗,症状可能很快消除。

2)依据疾病发生的季节和地区特征

鱼类疾病的发生大多具有明显的季节性,适宜于低温条件下繁殖与生长的病原体引起的疾病大多发生在冬季,而适宜于较高水温的病原体引起的疾病大多发生在夏季。对于某一地区特定的养殖条件而言,经常流行的疾病种类并不多,甚至只有1~2种,如果是当地从未发现过的疾病,患病鱼也不是从外地引进的话,需要重新诊断确认。

3)依据鱼体的外部症状和游动状况

虽然多种传染性疾病均可以导致鱼类出现相似的外部症状,但是不同疾病的症状具有不同之处,患病鱼表现出特有的游动状态。如鳃患病的鱼一般会出现浮头的现象,而当鱼体患有寄生虫疾病时,会出现鱼类挤擦和发狂的现象。

2. 疾病的检查与确诊方法

1)检查鱼病的方法

检查患疾病的鱼类,最好是具有典型症状且尚未死亡的鱼,死亡时间久的鱼一般不适用作疾病诊断的材料。检查时按从头到尾、从体外到体内的顺序进行,发现异常部位后,进一步检查病原体。个体较大的病原体,如锚头蟹、中华鳋和鱼鲺等,肉眼可见;个体较小的病原体,需借助显微镜检查或者分离培养,如车轮虫、细菌和病毒性病原体。

（1）肉眼检查

①观察鱼体的体型。鱼体体型瘦弱往往与慢性疾病有关,体型肥硕的鱼体大多是患急性疾病。鱼体腹部是否鼓胀,是否有畸形,应查明原因。

②观察鱼体色,注意体表黏液是否过多,鳞片是否完整,机体有无充血、发炎、脓肿和溃疡的现象,眼球是否突出,鳍条是否出现蛀蚀,肛门是否红肿外突,体表是否有水霉、水泡或者大型寄生物等。

③观察鳃部。鳃部颜色是否正常,黏液是否增多,鳃丝是否出现缺损或者腐烂等。

④观察内脏。解剖1~2尾鱼检查内脏,检查肝胰脏有无淤血,消化道内有无饵料,肾脏颜色是否正常,鳔壁上有无充血,腹腔内有无腹水等。

（2）显微镜检查

在体表和体内出现病症的部位,用解剖刀和镊子取少量组织或者黏液,置于载玻片上,加1~2滴生理盐水或清水,盖上盖玻片,压平镜检。

2）确诊

正确诊断疾病是有效治疗疾病的前提。根据检查结果,结合疾病发病规律,基本可以明确疾病发生原因从而做出准确的诊断。需要注意的是,当从鱼体上同时检查出两种或两种以上的病原体时,如果两种病原体是同时感染的,即称为并发症;若先后感染两种病原体,则先感染的为原发性疾病,后感染的为继发性疾病。对于并发症的治疗应该同时进行,或选用对两种病原体都有效的药物进行治疗。由于继发性疾病大多是在原发性疾病造成的鱼体损伤后发生的,对于这种情况,应找到主次顺序,依次进行治疗。

对于症状明显、病情单纯的疾病,仅凭肉眼观察即可做出准确诊断。但是,对于症状不明显的疾病,可以根据经验采用药物边治疗、边观察,进行治疗性诊断,积累经验。如果病情复杂,应委托当地水产研究部门的专业人员协助诊断。

3.常用渔用药物及其相关知识

渔用药物具有广谱抗菌作用,一种疾病可以选用多种药物治疗,一种药物也可用来治疗多种疾病。因此,选用适宜的药物做到对症用药,是科学合理选择外用和内服渔用药物达到有效治疗疾病的关键。常用渔用药物分为外用和内服两大类,只有少量渔用药物既可外用也可内服,如部分中草药。

1）外用药物

（1）消毒剂

消毒剂作为水产养殖过程中预防疾病时使用的药物,对其的合理利用是预防鱼类各种传染性疾病发生和流行的重要措施之一。理想的消毒剂应该是杀菌力强、价格低、无腐蚀性、适宜长期保持、对水产养殖动物没有毒性或毒性比较小、无残留或对养殖水环境无污染的化学药品。值得注意的是,选择水产养殖用消毒剂应尽量选择使用后毒性作用消失比较快的消毒剂,有利于养殖水体中浮游生物的培育。在养殖过程中人们使用较多的是卤素类消毒剂,即漂白粉、三氯异氰尿酸和溴氯海因等。这些药物虽然具有价格低廉、用量少和消毒效果好等特点,但存在病原菌易产生耐药性的问题,因此,多次在同一水体中使用这些药物对养殖水环境会产生负面作用。与陆地使用药物消毒相比,水产的药物消毒大多采用全池泼洒和浸浴的方式,药物更容易扩散,如果用药不当,药物对环境影响更为严重。

①漂白粉

漂白粉又称含氯石灰,是将氯气通入消化石灰中而制成的混合物,主要成分为次氯酸钙、氧化钙、氢氧化钙和水,是国内常用的消毒剂之一。漂白粉溶于水后产生次氯酸和次氯酸根,次氯酸又可放出活性氯和初生态氧,对病原菌有不同程度的杀灭作用。漂白粉中含有15%的氢氧化钙,可适当调节水质的pH值,同时氢氧化钙在水中形成絮状沉淀,可吸附部分有机质和胶质,改良池水。

【用法和用量】

a. 池塘消毒。干池清塘,漂白粉用量为 10~30 g/m²;带水清塘,一般水深 1 m,用量为 20 g/m²,全池遍洒。清塘后 4~5 天药性消失,即可注入新水,放养鱼类。

b. 养殖水体消毒。疾病流行季节(4—10月),针对养殖对象进行消毒,一般分为全池泼洒法和挂袋法。鲤科鱼类细菌性疾病的防治用量为全池遍洒漂白粉,使水体药物浓度为 1~2 mg/L,在饵料台周围通常采用挂袋方法进行细菌性疾病的防治和治疗,通常挂袋 3~6 个,每个袋内装漂白粉 100~150 g。全池泼洒漂白粉,使水体药物浓度为 1 mg/L,可有效预防罗非鱼细菌综合征。

c. 机体消毒。鱼种使用浓度为 10~20 mg/L 的漂白粉(含有效氯30%)水溶液药浴 10~30 min,可杀灭体表及鳃上细菌。

②氧化钙

氧化钙又称生石灰,是在水产养殖上使用十分广泛的消毒剂和环境改良剂,还可清除部分敌害生物。氧化钙与水混合时生成氢氧化钙并放出大量热,能快速溶解细胞蛋白质膜,杀死病原体和残留于池中的敌害生物,对大多数繁殖型病原菌有较强的消毒作用。同时,氧化钙能提高水体碱度,调节池水 pH 值,中和池内酸度。因 Ca^{2+} 浓度增加,可提高水生植物对磷的利用率,促进池底厌氧菌群对有机质的矿化和腐殖质的分解,使水中悬浮的胶体颗粒沉淀,增加透明度,有利于浮游生物生长,调节养殖生态环境。

【用法和用量】

a. 清塘消毒。干池清塘,在苗种放养前 2~3 周的晴天进行。池中留水 6~10 cm,用量为 60~150 g/m²,全池泼洒,可迅速清除野杂鱼、大型水生生物和细菌。带水清塘,一般水深 1 m,用量为 400~750 g/m²,具体用量视淤泥多少和土质酸碱度等而定。带水清塘可以避免干池清塘后加水将病原体及敌害生物带入,效果较好。

b. 疾病的防治。在池塘循环水养鱼过程中,每隔 10~15 天交替使用浓度为 20~30 mg/L 的生石灰和浓度为 1 mg/L 的漂白粉,可以预防细菌、真菌和藻类病。使用浓度为 20 mg/L 的生石灰,隔 1 天再加浓度为 5 mg/L 的食盐,可治疗草鱼烂鳃病,并抑制出血病。

生石灰易在空气中吸收水分和二氧化碳潮解,而降低使用效果,故应注意防潮,现用现配,晴天使用。

③聚维酮碘

与纯碘相比,聚维酮碘毒性小,溶解度高,稳定性更好。一般在较低浓度下,其杀菌力反而强,为广谱消毒剂,对大部分细菌、真菌和病毒等均有不同程度的杀灭作用,主要用于鱼卵和鱼类体表消毒。

【用法和用量】

a. 鲑鳟鱼卵消毒防病,用浓度为 $60\sim100$ g/m³ 的聚维酮碘,药浴浸泡 15 min,对病毒、细菌和真菌等病原体有杀灭作用。

b. 治疗寄生有水霉的虹鳟亲鱼,直接在病灶上涂抹 1% 的聚维酮碘。

c. 预防草鱼出血病,用浓度为 60 g/m³ 的聚维酮碘,药浴浸泡 $15\sim20$ min。

聚维酮碘应密闭遮光保存。因池水的有机物会抑制碘的杀菌作用,实际使用时其剂量往往加大,应根据池水中有机物数量适当提高用量。

④高锰酸钾

高锰酸钾为一种强氧化剂,主要用于水体消毒和水产动物体表消毒,可以起到防治水产养殖动物细菌性疾病的作用,还可以杀灭原虫类、单殖吸虫和锚头鳋等寄生虫。

【用法和用量】

a. 池塘消毒。1 次量用浓度为 $8\sim10$ g/m³ 的高锰酸钾遍洒,可预防鳗鲡弧菌病。

b. 鱼体消毒。1 次量用浓度为 $2\sim3$ g/m³ 的高锰酸钾遍洒,可预防斑点叉尾鲴肠道败血症和柱形病。

高锰酸钾现配现用,久放则逐渐还原至棕色而失效,其药效与水中有机物含量和水温有关,当有机物含量高时,高锰酸钾易分解失效。

(2)杀虫药物

①氯化钠

氯化钠又称食盐,可用作消毒剂、杀菌剂和杀虫剂。其水溶液可作为高渗剂,通过药浴改变病原体及其附着生物的渗透压,使细胞内液体发生失衡而死亡,主要用于防治细菌、真菌和寄生虫等疾病。

【用法和用量】

a. 用浓度为 $1\%\sim3\%$ 的食盐浸泡淡水鱼种 $5\sim20$ min,可防治烂鳃病、赤皮病、竖鳞病和真菌病等。

b. 虹鳟水霉病防治,幼鱼用 1% 浓度的食盐浸泡 20 min,成鱼用 2.5% 浓度的食盐浸泡 10 min。鳜水霉病防治,用 1% 浓度的食盐加入食醋数滴浸泡病鱼 5 min,效果较好。

c. 由亚硝酸盐中毒引起的鲫、鲷和罗非鱼等褐血病,一般可用 $25\sim50$ g/m³ 水体的食盐进行防治。施药后约 24 h,可使褐血病得到缓解。

d. 淡水白鲳越冬期间,越冬池盐度控制在 0.5% 左右,可以防治白皮病;用 $3\%\sim5\%$ 浓度的食盐全池遍洒可防止罗非鱼水霉病、红头病及烂鳍病;与碳酸氢钠(小苏打)合用,用 0.4% 浓度的食盐加 0.4% 浓度的小苏打混合泼洒,可治疗水霉病和竖鳞病。

②硫酸铜

硫酸铜又称蓝矾,水溶液呈酸性。因铜离子与蛋白质中的巯基结合,感染巯基酶的活性,对病原体有杀灭作用,同时阻碍虫体的代谢或与虫体的蛋白质结合而有较强的杀灭作用,可以消除寄生在鱼体上的鞭毛虫、纤毛虫、吸管虫和指环虫等。此外,还可以杀灭真菌和某些细菌,控制藻类生长。

【用法和用量】

a. 浸浴。温度 15 ℃时,用浓度为 8 g/m³ 的硫酸铜浸浴 $20\sim30$ min,防治鱼种车轮虫。用浓度为 500 mg/L 的硫酸铜浸浴 30 s,可防治虹鳟并行出血性败血症和烂鳍病。

b. 泼洒。常用浓度为 0.5 g/m³ 的硫酸铜与浓度为 0.2 g/m³ 的硫酸亚铁,或仅用浓度为 0.7 g/m³ 的硫酸铜,全池泼洒,可防治鱼类的原生虫病。用浓度为 0.7 mg/L 的硫酸铜全池泼洒,连续 2 天,可预防鳗鲡的鳃霉病。

c. 食场挂袋。发病季节,每个投饵台挂 3 袋,100 g/袋,每周使用 1 次,用药总量不应超过全池泼洒的剂量。

硫酸铜在水生动物的安全浓度范围较小,体内残留积累,有一定的毒副作用,影响水生动物生长与摄食,不能经常使用,目前欧盟已将其列为禁药。使用硫酸铜时,应选择晴朗的清晨,投药后充气增氧,防治死亡藻类消耗溶解氧。此外,硫酸铜的药效与水温成正比,与水中有机物和悬浮物含量、溶解氧和 pH 值成反比,根据这些指标状况确定合适的用药浓度。

③福尔马林

用福尔马林是甲醛的水溶液,含甲醛 37%~40%,是强烈挥发性广谱抗菌杀虫剂,能与蛋白质中的氨基酸结合而使蛋白质变活性后酶失,对细菌、病毒、寄生虫、藻类和真菌均有杀灭作用。

【用法和用量】

用福尔马林治疗鱼病时,主要采用小水体短时间浸浴的方法,其用量随水温的不同而有所不同。对于淡水鱼种一般 10 ℃ 以下使用浓度为 0.25 mL/L 的福尔马林,10~15 ℃ 使用浓度为 0.22 mL/L 的福尔马林,15 ℃ 以上使用浓度为 0.16 mL/L 的福尔马林,浸浴时间为 15~30 min。对于水体量低于 200 m² 的水泥池或水族箱,使用浓度为 0.01~0.03 mL/L 的福尔马林,全池遍洒,隔日 1 次,直到完全控制病情为止。

a. 真菌病。鲤或乌鳢水霉病,使用浓度为 0.03 mL/L 的福尔马林,全池遍洒,浸泡 5~10 h,换水。罗非鱼水霉病,使用浓度为 0.015~0.020 mL/L 的福尔马林,全池遍洒。

b. 细菌和病毒。鲤白云病,使用浓度为 0.01~0.015 mL/L 的福尔马林,全池遍洒,同时投喂抗菌药物,连喂 6 天。鳗鲡烂尾病,使用浓度为 0.02~0.03 mL/L 的福尔马林,全池泼洒。

c. 寄生虫。车轮虫、舌杯虫、指环虫和三代虫病,一般用浓度为 0.015~0.03 mL/L 水体遍洒,或用浓度为 0.03 mL/L 的福尔马林水体浸浴 24 h。小瓜虫病,一般可用浓度为 0.015~0.025 mL/L 的福尔马林水体遍洒,隔日 1 次,连续 5~7 天,或以浓度为 0.1 mL/L 的福尔马林水体药浴 10 min。

福尔马林为强还原剂,可明显降低水的溶解氧,使用中要防止水中缺氧。同时,福尔马林有很强的腐蚀性和毒性,应避免皮肤直接接触。温度对福尔马林消毒作用有明显影响,温度上升,福尔马林杀菌作用加强。用福尔马林治疗鱼病时,水温不应低于 18 ℃。

④敌百虫

敌百虫别名马佐藤,水产养殖中使用的是含有有效成分为 90% 的晶体敌百虫,在空气中易吸湿、潮解。敌百虫为胆碱酯酶抑制剂,可与虫体的胆碱酯酶结合,导致乙酰胆碱在虫体内大量蓄积,使虫体中毒死亡。无论使用何种途径给药,该药均可很快吸收代谢,鱼体内残留量很低,对人无害。

【用法和用量】

a. 用 90% 晶体敌百虫 0.2~0.5 mg/kg 或 2.5% 敌百虫粉剂 1~4 mg/kg 全池遍洒,可杀灭

指环虫、三代虫和锚头鳋等。

b. 晶体敌百虫和面碱(1∶0.6)合剂 0.1~0.2 mg/kg 全池遍洒,治疗指环虫和三环虫病。

c. 每 100 kg 鱼用 90%晶体敌百虫 30~50 g 拌饵投喂,连服 3~6 天,驱除鲤肠道等头槽绦虫病。

敌百虫安全范围较窄,即使治疗药量鱼类也会出现不良反应,有些鱼类对该药特别敏感,如鳜、加州鲈和淡水白鲳等,不宜使用。敌百虫在 10~27 ℃条件下使用效果最好,因为这是幼虫繁殖与生长的温度。敌百虫与碱性物质配伍或结合能迅速分解成毒性更大的敌敌畏,因此禁止与碱性药物搭配使用,但可与面碱、硫酸亚铁合用,这些合剂可降低敌百虫的用量。

2)内服药物

(1)中草药

①大黄。大黄为蓼科植物,又名马蹄黄,药用其根及根茎,有广谱抗菌作用,是推荐使用的中草药类。其可用于防治草鱼出血病、细菌性烂鳃病和白头白嘴病等。

【用法和用量】

a. 每千克大黄加 20 倍 0.3%氨水浸泡 12 h 后带渣全池泼洒。

b. 大黄与黄柏、黄芩合用,每 100 kg 鱼用三黄粉(大黄占 50%、黄柏占 30%、黄芩占 20%) 500 g,另用食盐 500 g 制成药饵,连续投喂 6 天。

②大蒜。药用鳞茎,含挥发油,主要成分为大蒜素,有止痢、解毒、杀菌和杀虫作用,用以防治细菌性肠炎病,是推荐的中草药类。

【用法和用量】

每 100 kg 鱼类用大蒜头 0.5~3.0 kg,捣碎拌饵,连续投喂 7 天。

③甘草。甘草干燥根及根茎入药,其中甘草多糖具有良好的免疫刺激作用,是推荐使用的中草药类,主要用于防治水产养殖动物的各种传染性疾病。

【用法和用量】

每 100 kg 鱼类用甘草粉末 0.3 kg 均匀添加在饲料中,连续投喂 5~7 天。

④五倍子。为漆树科盐肤木叶受五倍子蚜虫的寄生而生成的囊状,含五倍子鞣质、树脂等,有解毒、收敛、抗菌的作用。其主要用于防治水产养殖鱼类细菌和真菌引起的疾病,如鱼雷的细菌性烂鳃病、腐皮病、溃疡病和腐霉病等。

【用法和用量】

五倍子煮成药液连渣带汁全池遍洒,使池水五倍子含量达到 2~4 mg/kg。

(2)抗生素类

抗生素是某些细菌、真菌、放线菌等微生物在生活过程中所产生的代谢产物,具有很好的抗菌作用。抗生素的作用机理主要是通过阻碍细菌的细胞壁合成,损伤细菌的细胞膜通透性和干扰微生物蛋白质的合成等抑制和杀灭微生物。

①氯霉素

氯霉素为白色针状结晶,在弱酸和中性溶液中较稳定,煮沸也不分解,遇碱易失效。氯霉素为广谱抗生素,主要影响蛋白质合成,对革兰氏阴性和阳性菌、立克次体、大型病毒等均有抑制作用。微生物对氯霉素可产生耐药性,故不宜常用。

【用法和用量】

治疗鳗赤鳍病、红点病、弧菌病和痘疮病等，每 100 kg 鱼用氯霉素拌饵，连续投喂 3~10 天。

②土霉素

土霉素为黄褐色结晶性粉末，遇光颜色变暗，需密封遮光于干燥处保存。其为广谱抗生素，口服易吸收，毒性较低。

【用法和用量】

其用于治疗鱼类弧菌病，每 100 kg 鱼用药 2~8 g 拌饵，连续投喂 5~15 天;用于治疗白皮病，用土霉素 25 mg/kg 浸洗 30 min;用于治疗鱼类链球菌病，每 100 kg 鱼用药 5~7.5 g 拌饵，连续投喂 10 天。

③红霉素

红霉素是一种碱性抗生素，水溶液在 4 ℃或 pH 值为 6~8 时较稳定，对革兰氏阳性菌的作用比革兰氏阴性菌强，细菌对抗生素易产生耐药性。其可用以治疗白皮病、白头白嘴病和链球菌病等。

【用法和用量】

用红霉素 0.3 mg/kg 全池遍洒，防治白皮病和白头白嘴病;每 100 kg 鱼用药 2~5 g 拌饵，连续投喂 3~7 天，治疗鱼类链球菌病。

④氟苯尼考

氟苯尼考主要用于防治鱼类巴氏杆菌、弧菌、金黄色葡萄球菌等细菌引起的感染，也可用于防治嗜水气单胞菌、肠炎菌等引起的鱼类细菌性败血症、肠炎和赤皮病等。

【用法和用量】

拌饵投喂，1 次量，用氟苯尼考 10~15 mg/kg，1 天 1 次，连用 3~5 天。

⑤恩诺沙星片

恩诺沙星片为类白色，用于防治鱼类细菌性疾病，如嗜水气单胞菌、荧光极毛杆菌、鳗弧菌和爱德华菌等引起的感染。

【用法和用量】

拌饵投喂，1 次量，用恩诺沙星 10~50 mg/kg，连用 3~5 天。本品大剂量使用会损伤肝脏，使用后休药期为 16 天。

⑥盐酸环丙沙星、盐酸小檗碱预混剂

盐酸环丙沙星、盐酸小檗碱预混剂为盐酸环丙沙星(10%)和盐酸小檗碱(4%)与淀粉配制而成，主要用于治疗细菌性疾病。

【用法和用量】

拌饵投喂，用盐酸环丙沙星、盐酸小檗碱预混剂 15 g/kg，连用 3~5 天。本品大剂量使用会损伤肝脏，使用后休药期为 16 天。

⑦注射用青霉素钠

注射用青霉素钠为白色结晶性粉末，主要用于防治革兰氏阳性菌的感染，如链球菌引起的疾病，产后亲鱼预防继发性感染，也可用于防治由气单胞菌引起的鳗鲡赤鳍病、鱼类细菌性肾脏病和疖疮病等。

【用法和用量】

肌肉注射,1 次量,产后亲鱼 5 万～20 万单位,可预防继发性感染;体重为 2～16 kg 的虹鳟,肌肉注射为 2.2 万单位,可治疗细菌性肾脏病和疖疮病;体重为 180 g 的鳗鲡,肌肉注射 0.2 万单位,可治疗赤鳍病。

⑧注射用硫酸链霉素

注射用硫酸链霉素主要用于防治革兰氏阴性菌引起的感染,如鱼类打印病、竖鳞病、疖疮病和弧菌病等,与青霉素合用预防产后亲鱼感染。

【用法和用量】

肌肉注射,1 次量,用量为 200 mg/kg。

二、鱼类主要传染性疾病

（一）由病毒引起的疾病

病毒是一类比细菌还小几十倍的微生物,人类肉眼无法观察,需凭借电子显微镜才能看到。病毒无完整的酶系统,不能单独进行物质代谢,不能在无生命的培养基内生长,因此其是严格的寄生生物,只能在活细胞或寄主机体内增殖。国内外已发现的病毒性鱼病约十多种,病毒形态各异,极其微小,直径在 100 nm 以内。

1. 草鱼出血病

1）病原体

呼肠弧病毒（Reorotavirus）或称草鱼出血病病毒（Grass carp hemorrhage virus,GCHV）,球形,直径为 65～72 nm,是双层衣壳无囊膜。

2）流行与危害

该病流行于 6—9 月,水温 20～33 ℃,最适水温 27～30 ℃。其主要危害是草鱼,尤其是体长在 2.5～16 cm 的草鱼种,发病率高,死亡率可达 70%～80%,往往造成大批草鱼种死亡,有时 2 冬龄的大草鱼也患此病,青鱼和麦穗鱼也可感染。

3）症状

患病初期,病鱼食欲减退,体色发黑无光泽,尤其头部。有时可见尾鳍边缘褪色,有时背部两侧出现一条浅白色带,随后病鱼表现出不同部位的出血症状。根据出血部位不同可分为下面两种类型:

（1）红肌肉型:病鱼外表无出血症状或仅表现轻微出血,主要特点是肌肉明显出血,严重时,皮下呈暗红色,皮肤撕开可见肌肉呈点状或块状出血,全身肌肉呈红色。体长 5 cm 的病鱼,在阳光或灯光透视可见皮下充血现象,同时伴有鳃瓣严重贫血,出现血鳃现象。一般在较小的草鱼鱼种（5～10 cm）中出现较多,这种类型通常叫红肌肉型。

（2）肠炎型:主要特点是肠道出血,全部或部分肠道呈鲜红色或紫红色,有时肠系膜、脂肪或鳔也有点状充血。这种病症无论大小草鱼均有出现,称这种类型为肠炎型。

4）防治方法

（1）放鱼前用生石灰彻底清塘。

（2）注射疫苗：当年苗种在 6 月中下旬注射，规格在 6.0～6.6 cm 时，每尾注射 10^{-2} 浓度疫苗 0.2 mL；1 冬龄鱼种每尾注射 1 mL 左右。注射疫苗后的鱼种，其免疫保护力达 14 个月以上。

（3）用 10% 复方皮维碘溶液 500～600 mg/kg 浸洗鱼卵和鱼种 15～20 min，或每 100 kg 鱼体用药 2～5 g 拌饵，连续投喂 10～15 天。

（4）盐酸吗啉胍：每 100 kg 鱼体用药 0.4～1.0 g，加食盐 100 g 拌饵，连续投喂 3～5 天。

（5）每 100 kg 鱼体用大黄、黄芩、黄柏和板蓝根各 500 g，加 500 g 食盐拌饵，连续投喂 6～7 天。

2. 鲤痘疮病

1）病原体

疱疹病毒（Herpes virus），近球形，直径为 190 nm 左右，为有囊膜的 DNA 病毒。

2）流行与危害

鲤痘疮病流行季节在春季、秋末和冬初，流行温度为 10～16 ℃，15 ℃ 以下极易发病。其主要危害 1 龄以上的鲤，发病率较低，不超过 1%。该病影响鱼的生长，降低鱼的商品价值，在越冬后期可引起病鱼死亡。

3）症状

早期病鱼体表出现乳白色小斑点，并覆盖着一层很薄的白色黏液，随着病情的发展，白色斑点的大小和数目逐渐增大和增多，以至蔓延全身，色泽由原来的乳白色逐渐变成石蜡状的表皮增生物，可高出鱼体表 1～5 mm。这些增生物长到一定大小后，可自动脱落，以后在原位置上又重新长出新的增生物。如果增生物面积小，对鱼危害不大，如果病灶面积较大，则影响生长，使鱼体消瘦，游动迟缓，甚至死亡。

4）防治方法

（1）彻底清塘，鱼种下塘前认真消毒，池水 pH 值保持在 8 左右。

（2）将病鱼移入清水或流水饲养一段时间，体表增生物可自行脱落而痊愈。

（3）全池泼洒生石灰 20～30 mg/kg；全池泼洒氯霉素 0.1～0.2 mg/kg 或红霉素 0.4～1.0 mg/kg。

（4）投喂大黄药饵：大黄 0.5 kg 研磨成粉煎煮或开水浸泡 12 h，与 100 kg 饵料混合拌匀，投喂 5～10 天。

3. 鲤春病毒血症

1）病原体

鲤春病毒血症（Spring viraemia of carp，SVC），曾称鱼鳔炎症（Swim bladder inflammation of carp，SBI），SVC 与 SBI 实际上是同病异名，目前统一称为鲤春病毒血症。鲤春病毒血症为一种弹状病毒，是一种由病毒引起的急性出血性传染病，流行于鲤科鱼特别是鲤养殖中。该病通常于春季和初夏暴发并引起幼鱼和成鱼的死亡，以全身出血及腹水、发病急、死亡率高为特征。

2)流行与危害

鲤春病毒血症流行季节在春季。水温为 15~22 ℃时,容易引起越冬结束后鲤的患病及流行。鱼类在越冬后消耗了大量脂肪,长期的低水温降低了免疫力,入春后极易暴发鲤春病毒血症。病毒能在被感染的鲤血液中保持 11 周,造成持续性出血。其主要危害普通鲤和野鲤,杂交鲤发病较少。一旦发病,死亡率很高,有时可达 100%。

3)症状

病鱼体色发黑,逐渐变瘦并有贫血现象,腹部膨大,肛门红肿,反应迟钝失去平衡。解剖检查最明显的特征是鳔肿大或退化,下侧鳔壁有炎症或出血。此病分为急性型和慢性型。高水温(20 ℃左右)时多数为急性型,鳔发生严重炎症,鳔壁组织崩解,并发腹膜炎,以后病变波及肾脏和其他内脏,最终导致并于死亡。慢性型一年四季都可发生,有时可自愈,但如患病后进入严冬,往往在越冬期间死亡。

4)防治方法

(1)鲤春病毒血症疫苗处于试验阶段,目前以预防措施为主,避免接触病毒。

(2)鱼腹腔注射氯霉素 40 mg/kg,或用同样剂量拌饵,连续投喂 3 次。

4. 锦鲤疱疹病毒病

1)病原体

锦鲤疱疹病毒病(Koi herpesvirus disease, KHVD)是 20 世纪末确认的一种疾病。目前已经传遍世界各地,是造成锦鲤和鲤死亡的主要病因,造成的损失极大。

2)流行与危害

不同规格的锦鲤和鲤只要感染 KHV 均发生死亡,但 KHV 不感染共同混养的金鱼和草鱼等其他鱼类。最适发病水温为 23~28 ℃,水温低于 18 ℃或高于 30 ℃不发生死亡。如果养殖水体水温在 18~30 ℃,尤其是 25~28 ℃,大量发病的锦鲤和鲤死亡,不论其大小均发生死亡,发病到死亡时间为 24~48 h,死亡率为 80%~100%,其临床症状是否与细菌性或寄生虫病相类似,都应当高度怀疑是 KHV 感染。由于 KHVD 的临床症状表现与许多细菌、寄生虫感染的临床表现非常相似,因此细菌与寄生虫的继发感染往往遮盖 KHVD 病症。

3)症状

病鱼停止游泳,眼凹陷,皮肤上出现苍白色的斑块与水泡,鳃出血,黏液增多,组织坏死,具大小不等的白色斑块,鳞片有血丝,体表黏液增多增稠,病鱼一般在出现症状后 24~48 h 死亡。

4)防治方法

目前 KHVD 疫苗处于试验阶段,尚无该病的有效治疗方法,预防主要是避免接触病毒和采取必要的检疫等卫生措施。尽量避免水源的污染,养殖锦鲤和鲤不带病毒,养殖时混养一些其他鱼类作为警示性鱼类,发现染疫病鱼及时销毁,对养殖设施进行彻底消毒。

5. 传染性脾肾坏死病

1)病原体

传染性脾肾坏死病,也叫鳜暴发性出血病,病原是真鲷虹彩病毒(Red sea bream iridovirus,RSIV),属于虹彩病毒科、巨大细胞病毒属,称为传染性脾肾坏死病(Infectious spleen and kidney necrosis virus,ISKNV)。RSIV 经常发生在海水鱼养殖中并且危害较大,能引起海水养殖鱼类,如真鲷等鱼苗的大量死亡。这两种病的病原是一样的,仅仅是引起淡水鱼和海水鱼中的不同病而已。两者基因序列具有99%以上的同源性。只不过ISKNV是在淡水中被发现的。

2)流行与危害

传染性脾肾坏死病在我国南方和北方地区淡水养殖的鳜中流行,目前只发现感染鳜,死亡率很高,有时可达100%。

3)症状

病鱼头部、嘴部四周和眼出血。解剖可见鳃发白;肝脏肿大发黄甚至发白;腹部呈黄疸症状。组织病理变化最明显的是脾和肾内细胞肥大,感染细胞中大形成巨大细胞。感染了真鲷虹彩病毒的鱼常呈昏睡状,严重贫血,鳃有瘀斑,鳃丝具有大量的黑斑,鳃和肝脏褪色,脾胀肿大。

4)防治方法

目前尚无该病的治疗方法。预防方法主要是避免接触病毒和采取必要的检疫等卫生措施。抗真鲷虹彩病毒疫苗已进入商品化生产或中试阶段,不远的将来可应用于真鲷和鳜等养殖中。

(二)细菌性疾病

细菌是一类原核单细胞生物,它的结构比病毒复杂,有细胞壁和细胞膜,没有真正的细胞核,只有分散于细胞质中的核质。其个体小,菌体大小不一,体长约在0.5~0.8 mm之间,形状有球形、杆状和螺旋形。鱼类的病原菌大多数是杆状。细菌有革兰氏阴性和革兰氏阳性之分,凡经革兰氏染色法染成紫色的细菌称为革兰氏阳性,凡经革兰氏染色法染成红色的细菌称为革兰氏阴性。革兰氏阳性菌产生外毒素,使鱼类致病,而革兰氏阴性菌则多产生内毒素使鱼致病。鱼类的致病菌多数为革兰氏阴性。

1.细菌性败血症

1)病原体

病原为嗜水气单胞菌(Aeromonas hydrophila),该属细菌均为极生单鞭毛短杆菌,除灭鲑气单胞菌外,其他种均具有运动型,因此又将由这类细菌引起的疾病称为运动型气单胞菌败血症(Motile aeromonads septicemia)。引起水生动物疾病的本属细菌有嗜水气单胞菌、温和气单胞菌和豚鼠气单胞菌等。

2)流行与危害

此病在鲢、鳙、鲫和鲤等均可发生,但草鱼对致病菌有相对较高的抵抗力。发病季节为5—10月,其中7~9月发病率最高。在气温突然下降时可发生鲤的疾病暴发,其病原为嗜水气单胞菌,同时伴有竖鳞症状。此病可危害除草鱼和青鱼以外的大部分养殖鲤科鱼类,全国流行。疾病病程较急,严重时1~2周内死亡率90%以上,无有效控制措施。慢性发生时,在一段时间内持续造成养殖鱼类的大量死亡。养殖环境与病程的走向有很大影响。一般养殖水质恶化,高密度养殖以及气候条件的急剧变化均可加剧病情,造成大规模的死亡。

3)症状

发病早期病鱼出现行动缓慢、离群独游等现象。病鱼上下颌、口腔、鳃盖和眼睛及鱼体两侧轻度充血,肠内有少量食物。典型症状病鱼出现体表严重充血,眼球凸出,眼眶周围充血;肛门红肿,腹部膨大,有淡黄色透明腹水;肝脏、肾脏的颜色较淡、肿大,脾呈黑紫色,胆囊肿大。症状可因病程长短、病鱼种类及年龄表现出多样化,大量急性死亡时,有时可出现少量无明显症状的死亡。

4)防治方法

(1)嗜水气单胞菌疫苗的应用。2001年该疫苗获得新兽药证书文号,但由于不同地区间存在血清差异是影响使用效果的最大不确定因素。

(2)日常防病措施。良好的池塘管理和发病后的捕杀,以及无害化处理措施是预防和控制本病的重要措施。

(3)使用漂白粉、生石灰等,结合黄芩、大黄和大蒜素等也可有效用于疾病的控制。

2. 肠炎病

1)病原体

肠型点状产气单胞菌(Aeromonas punctata),菌体短杆状,极端单鞭毛,无芽孢,革兰氏阴性。这种菌在健康鱼中只占10%,而病鱼则为70%,菌进入肠道后首先进入肠壁,影响肠道的通透性,导致发炎充血。

2)流行与危害

此病全国均有发生,主要流行季节为4—10月,主要危害2龄草鱼和青鱼,鲤也有发生。1龄青鱼易感染,死亡率为50%,有的高达90%以上时,当水温降到20 ℃以下时,该病一般不发生。

3)症状

病鱼体色发黑,尤其头部。初期肛门发红,严重时肛门红肿外突,2龄以上大鱼患病严重时腹部膨大,有时呈红斑。病鱼食欲减退,或完全不进食,剖开鱼腹,可见腹腔积水,肠壁充血发炎,肠内多数无食物,含有淡黄色黏液或血脓。将病鱼头部拎起,即有黄色黏液从肛门流出。病鱼行动迟缓,离群独游,不久死亡。

4)防治方法

(1)磺胺脒药饵:每100 kg鱼1天用药10 g,第2~6天减半,并制成药饵投喂,6天为1个疗程,同时全池泼洒1 mg/L的漂白粉或15~20 kg生石灰。

(2)红霉素药饵:每100 kg鱼用药1 g,第2~6天减半,并制成药饵投喂,6天为1个疗程,同时用红霉素0.7 g/kg全池泼洒1次。

(3)每100 kg鱼用0.5~1.0 kg紫皮蒜头捣碎拌饵,连续投喂3天。

3. 竖鳞病

1)病原体

据大量资料报道,竖鳞病可由多种病原菌引发。初步认为是水型点状极毛杆菌属单胞菌属细菌。其短杆状,近圆形,单鞭毛,无芽孢,革兰氏阴性。

2)流行与危害

此病主要危害鲤、鲫和金鱼等,鲢、鳙和草鱼也会发生。该病主要发生在春季,水温17~22 ℃时易发病,一般4—7月上旬最为流行,越冬后期也有少量发生,一般死亡率在50%以上,鲤亲鱼的死亡率高达85%。

3）症状

体表粗糙，鳞片竖起像松塔一样向外张开，鳞片基部鳞囊水肿，内部积聚着半透明或带血的渗出液，使鳞片竖起。在鳞片上稍加压力即有液状物喷射出来，随之鳞片脱落。腹腔膨大有腹水，眼球凸出，鳍条基部充血或表皮轻微充血。病鱼游动迟钝，呼吸困难，如治疗不及时，此情况持续几天后将死亡。

4）防治方法

（1）在捕捞、运输或放养等操作过程中，尽量避免鱼体损伤。

（2）用光合细菌液（浓度 $10^8 \sim 10^9$ 个/mL）500 mg/kg 浸洗鱼种。

（3）每 100 kg 水加入捣碎的大蒜 0.5~1.0 kg，搅匀后将鱼放入，浸洗 30 min 左右。

（4）用 3% 食盐水浸洗病鱼 10 min。

（5）用五倍子 2~3 mg/kg 全池泼洒，连续 2 天。

4. 赤皮病

1）病原体

荧光极毛杆菌（Pseudomonas fluorescens migula），菌体短杆状，两端圆形，极端有 1~3 根鞭毛，无芽孢，单个或两个相连，革兰氏阴性。

2）流行与症状

此病从早春到严冬，一年四季均有流行，主要危害草鱼、青鱼和鲤等，常与烂鳃、肠炎并发。

3）症状

病鱼体表局部或大部分出血，发炎，鳞片脱落，鳍条折断，尤其是鱼体两侧和腹部最为明显。发病轻的鳍条末端烂去一段或鳍条间组织腐烂，鳍条散开呈扫帚状，俗称蛀鳍，在体表病灶处常有水霉感染。发病严重时还伴有部分或全部鳍基出血，上下颌及鳃盖部分充血，出现块状红斑，有时病鱼的肠道充血发炎，鳃盖中部表皮有时烂去一块，呈圆形透明。

4）防治方法

（1）在捕捞、运输和放养时避免鱼体受到机械损伤或冻伤，每公顷泼洒 225~300 kg 生石灰。

（2）用食盐 5 mg/kg 全池泼洒。

（3）用高锰酸钾 0.3 mg/kg，敌百虫 0.5 mg/kg 全池泼洒。

（4）每 100 kg 鱼每日用盐酸土霉素 5 g，连投 5 天。

5. 打印病

1）病原体

打印病又称腐皮病，病原体为点状气单胞菌亚种，短杆菌，多数两个相连，少数单个，极端单鞭毛，无芽孢，革兰氏阴性。

2）流行与危害

此病主要危害鲢、鳙，包括苗种、成鱼和亲鱼，是鲢、鳙的主要病害之一。草鱼、鲂和鲫也可被感染患病，但病情较轻，不会引起死亡。此病感染率较高，发病严重的池塘感染率可达80%以上。一年四季均可发生，尤其夏秋两季最为流行，7—8 月较为严重。水温 28~32 ℃时是流行高峰期,10 ℃以下大部分病鱼可不治而愈,在病灶处长出新的鳞片,但到明年仍可复发。

3)症状

病鱼病灶多发生在肛门附近的两侧或尾柄部位,通常每侧仅出现1个病灶,若两侧均有,大多对称。初期症状是病灶处出现圆形或椭圆形出血性红斑,随后红斑处鳞片脱落,表皮腐烂,露出肌肉,坏死部位的周边充血发红,形似打上一个红色印记。随着病情的发展,病灶直径逐渐扩大,肌肉向深层腐烂,甚至露出骨骼,病鱼游动迟缓,食欲减退,鱼体瘦弱,衰弱而死。

4)防治方法

(1)在捕捞和运输过程中避免鱼体受伤,生石灰彻底清塘,保持水质清洁,夏季常加注新水。

(2)亲鱼发病可注射氯霉素5 mg/kg,可结合催产进行治疗,在患病处涂抹紫药水或10%高锰酸钾,同时池水消毒。

(3)用五倍子4~5 mg/kg全池泼洒。

6. 鲤白云病

1)病原体

恶臭假单胞菌(Pseudomonas putida)和荧光假单胞菌(P. fluoresens)。

2)流行与危害

流行季节为5—6月,水温在10~14 ℃,当水温逐渐升高到20 ℃时,病情可自行控制。运动后鱼体衰弱,易患此病。其他养殖鱼类虽同池、同网箱饲养,并不感染。

3)症状

发病初期,病鱼体表出现斑状白色黏液物,容易被忽视,随后黏液物逐渐蔓延,形成白色薄膜,以头部、背部和鳍条处明显,严重时出现蛀鳍、松鳞等症状。病鱼多靠近岸边游动,停止摄食,陆续死亡。

4)防治方法

(1)发病季节在投饵台附近悬挂漂白粉等药袋,投喂充足,预防疾病发生。

(2)发病后在网箱或全池泼洒二氧化氯0.1~0.2 mg/L,同时投喂抗菌药物,一般连喂6天为1个疗程。

7. 烂鳃病

1)病原体

柱状屈挠杆菌(Flexibacter calumuaris)或称鱼害黏球菌(Myxococcus piscicola),菌体细长,两端钝圆,菌体无鞭毛,通常做滑行运动或摇晃颤动,革兰氏阴性。

2)流行与危害

此病在青鱼、草鱼、鳙和鲤等均可发生,但主要危害1~2龄草鱼,近年来鲤患此病渐多。发病期较长,18 ℃零星发病,20 ℃以上刚开始流行,25 ℃以上大批发病,可引起大批死亡。流行时间以春、夏、秋三季常见,尤以夏季最严重,冬季一般很少见。此病危害较严重,往往与肠炎病等并发。

3)症状

病鱼行动迟缓,体色发黑,特别是头部,因此称为"乌头瘟"。病鱼离群独游于下风口处水面,食欲减退。肉眼可见病鱼鳃丝肿胀、黏液增多,末端腐烂缺损、发白,常带有污泥,鳃盖骨的内表皮往往充血,中间部分的内表皮被细菌腐蚀成一个圆形透明小洞,俗称"开天窗"。

4)防治方法

(1)调节水质,保持水质清新,使用发酵和腐熟的肥料肥水。发病季节,每半个月用漂白粉在食场挂袋 1 次,或全池泼洒漂白粉 1 mg/kg。

(2)用 2%~3%的食盐水浸洗鱼种 10~20 min。

(3)将五倍子煎水后 2~4 mg/kg 全池泼洒。

(4)用红霉素 0.1~0.3 mg/kg 全池泼洒,次日再用此药拌饵投喂,第 1 天每 100 kg 鱼用药 4~8 g,第 2~6 天减半,连续投喂 6 天。

(三)真菌性疾病

真菌是一种不含叶绿素、无根、茎、叶的低等植物。菌体一般比细菌大,结构也比细菌复杂,是由许多菌丝构成的菌丝体,没有明显的细胞核。真菌的孢子像植物的种子一样,在适当的环境条件下,孢子发芽逐渐长成菌丝体,菌丝体发展到一定阶段又可成孢子。真菌在自然界中分布很广,种类和数量也很多。在淡水中能引起鱼类致病的有水霉和鳃霉两种。

1. 水霉病

1)病原体

在淡水鱼类中发现的肤霉有十多种,但最常见的种类是水霉和绵霉两个属的种类。菌丝为管形没有横隔的多核体,一端像根一样附着在鱼的损伤处。分支多而纤细,可深入损伤坏死的皮肤和肌肉,称为内菌丝,肉眼看不到,具有吸收营养的作用。在鱼体表的部分称为外菌丝,菌丝较粗壮,分支较少,可长达 3 cm,肉眼见到的白毛即为外菌丝。水霉菌能分泌蛋白质分解酶阻止伤口愈合,而遭受损伤坏死的表皮细胞没有抵抗这种酶的抗霉素,因此鱼体表受伤后极易感染此病。不过,水霉对盐度的反应很敏感,所以食盐在预防和治疗水霉病中使用较多。

2)流行与危害

水霉菌在淡水水域中广泛存在,对温度的适应范围很广,在 5~26 ℃均可生长繁殖。此病对水生生物的种类没有选择,从鱼苗、鱼种到成鱼,只要受伤均可感染。其对鱼卵危害也很严重,先侵袭未受精卵,再侵害受精卵。此病危害各种养殖种类,特别是鲢、鳙、鲤和鲫,各种亲鱼和鱼卵易患此病。其一年四季均有出现,早春和晚秋最为流行,在阴雨连绵,水温为 15~20 ℃时比较常见。

3)症状

由于捕捞和运输等因素使鱼类皮肤受损,在此基础上感染水霉病。发病初期肉眼观察不到症状,而当肉眼可见外菌丝时,菌丝不仅侵入鱼体伤口,而且深入蔓延扩展,向外生长的菌丝像旧棉絮一样,于伤口的细胞组织缠绕、黏附,使组织充血、发炎或溃烂。鱼体受刺激后分泌大量黏液,病鱼表现出焦躁不安,与坚硬固体发生摩擦。其后鱼体由于负担过重,游动迟缓,食欲减退,最后瘦弱死亡。

4)防治方法

(1)鲤鱼卵可用 3‰浓度的甲醛溶液或 10 mg/kg 的高锰酸钾浸洗 30 min。

（2）用亚甲基蓝 1~2 mg/kg 全池泼洒。

（3）用食盐 5 mg/kg 全池泼洒。

（4）将五倍子粉碎后 1~4 mg/kg 全池泼洒，或 0.5 kg 五倍子加 2.0~2.5 kg 水煮开后，继续煮 15 min，然后兑水稀释全池泼洒，连续 2~3 次。

2. 鳃霉病

1）病原菌

从菌丝的形态和寄生情况来看，我国鱼类寄生的鳃霉有两种类型。一种类型是寄生草鱼、青鱼的鳃霉，其菌丝体比较粗而直，少弯曲，通常一直是单枝延长生长，很少分支，不进入血管和软骨，仅在鳃小片的组织里生长，菌丝直径为 20~25 μm。另一种类型是出现在鳙、鲢、鲤和鲫等鱼鳃上，它的菌丝体比前一类型分支繁多，较细而壁厚，分支沿着鳃小片血管或穿入软骨生长，纵横交错，充满鳃丝和鳃小片，菌丝直径为 6.6~21.6 μm。

2）流行与危害

此病一般发生在水质恶化，特别是有机质含量高，肮脏发臭的水体环境中，从鱼苗到鱼种均有发生，主要危害草鱼、青鱼、鳙、鲢、鲤和鲫等。此病全国各地均有流行，发病季节为 5—10 月，5—7 月为高峰期，感染率达 70%~80%，严重发病的池塘死亡率高达 90% 以上，几天内可引起病鱼大批死亡。

3）症状

鳃霉病的出现往往表现为急性型和慢性型两种。初期病鱼食欲减退，行动缓慢，鳃瓣上有点状或块状淤血，出现贫血现象。随着病情加剧，呼吸机能受到阻碍，病鱼分散浮游于水面，狂游，继而失去平衡，头部下沉，稍停片刻后又游向水面，腹部朝上，上述现象反复数次而死亡。

4）防治方法

（1）池塘定期用生石灰彻底消毒。

（2）定期注排水，保持水质清洁，降低水中有机质的含量，可控制发病。

（3）用混合堆肥代替粪肥直接沤水培育苗种。

（4）一旦发病，迅速加入新水或将鱼转移到水质较清的鱼池，可控制发病。

（5）用漂白粉 1 mg/kg 全池泼洒。

三、寄生性疾病

由动物性病原体引起的鱼类各种疾病称为寄生性疾病，它包括原生动物、蠕虫和甲壳动物等 3 个主要类别的寄生虫。

（一）由原生动物引起的疾病

原生动物又称原虫，由它们引起的疾病统称为原虫病。原生动物是动物界中最低等、最原始的单细胞动物，个体很小，一般肉眼看不到，需借助显微镜才能看见。其包括鞭毛虫纲、肉足虫纲、孢子虫纲、纤毛虫纲、吸管虫纲，每纲均有鱼类的寄生种类。

1. 鱼波豆虫病

此病在我国各地和世界其他国家都有流行,各种养殖鱼类都可患病,尤以草鱼、鲤、鲮鱼苗危害最严重。

1)病原

此病病原为飘游鱼波豆虫(Ichthyobodo necator),系鞭毛虫类寄生原生动物,虫体很小,需在显微镜下才能看到。活体时虫体透明,内有细小颗粒,侧面观呈梨形、卵形或椭圆形,侧腹面观略似汤匙。大多数情况下,以其2根鞭毛插入鱼皮肤和鳃的上皮细胞上,虫体做上下、左右摆动,脱离宿主组织的个体可在水中曲折、旋转式游动。

2)流行状况

飘游鱼波豆虫最适宜繁殖的温度为12~20 ℃,因此,春、秋两季是流行季节,夏季高温时很少出现。鱼苗培育阶段尤易受害,通常受感染后3天左右即可大批死亡。经过越冬后春片鱼种,开春后因体质衰弱容易发病。

3)防治方法

(1)育苗池必须彻底清塘消毒,育苗过程中注意水质清洁和有充足的饵料;

(2)鱼种越冬前用硫酸铜(8 g/m³ 水体)溶液浸洗 20 min。

2. 黏孢子虫病

黏孢子虫的种类有很多,对养殖鱼类危害比较大,常见的黏孢子虫主要有鲢碘泡虫、野鲤碘泡虫和鲫碘泡虫等。

1)鲢碘泡虫

(1)病原

在水温为16~30 ℃的条件下(池塘),鲢碘泡虫的一个生活周期为4个月左右。鲢夏花鱼种被鲢碘泡虫侵入后,6—9月多为营养体阶段,到10月以后逐步形成孢子。越冬的鱼种,脑颅腔内即可见到白色孢囊,次年5月孢囊内孢子消失成空腔,但体内各个器官均有孢子,这时排出体外感染其他鱼或自体重复感染,形成流行病。成熟的孢子自鱼体排入水中,可在池底污泥中大量积累和长期保存,促使该病蔓延流行。

(2)流行状况

鲢碘泡虫病,又称鲢疯狂病病原体,主危害在1足龄鲢,令其大批死亡,未死的鱼也因肉质变味失去商品价值。此病全国各地均有发现,但是以浙江杭州地区最为严重,无论是池塘、湖泊、水库和江河中均有出现,成为严重的流行病之一。特别是在较大型水面,此病更容易流行,池塘亦见到。无明显的流行季节,以冬、春两季为普遍。

2)野鲤碘泡虫

(1)病原

野鲤碘泡虫(Mysobolus koi):属碘泡虫科(Myzobobidae Thelohan,1892)、碘泡虫属(Mysobolu Butschli,1882)。孢子壳面观呈卵圆形,前尖后钝圆,光滑或有 4~5 个"V"形褶皱,缝面观为茄子形;大小为(12.61~14.4) μm ×(6.0~7.8) μm,前端有 2 个大小约相等的瓶形极囊,占孢子的 2/3;嗜碘泡显著。

（2）流行状况

野鲤碘泡虫病，病原体为野鲤碘泡虫，在广东、广西颇为流行。其主要危害鲮鱼苗、鱼种和越冬阶段的个体，也可侵袭其他鱼类，如鲫、鲤等。

3）鲫碘泡虫

（1）病原

鲫碘泡虫（Mysobolus carassii）：属碘泡虫科（Myxobolidae Thelohan，1892）、碘泡虫属（Myrobolus Butschli，1882）。孢子为椭圆形，光滑或具有"V"形褶皱；大小为（13.2~15.6）μm×（8.4~10.8）μm；缝脊直而显著：2个大小约相等的茄形极囊，略小于孢子长的1/2，极丝8~9圈；1个大的嗜碘泡。

（2）流行状况

鲫碘泡虫病，病原体包括有5种以上的碘泡虫，但主要为鲫碘泡虫和库班碘泡虫。全国各地均有发现，在上海、江苏、浙江一带的池塘、湖泊、河流中较为常见，有的地方发病率高达40%，发病时间为夏末秋初。一般不引起病鱼大批死亡，但在缺氧时，病鱼很容易死亡；同时即使不死，病鱼因丑陋而失去商品价值，也会造成巨大损失。

目前对黏孢子虫病尚无理想的治疗方法，主要进行以下方法预防。

①严格执行检疫制度，必须清除池底过多淤泥，用生石灰彻底消毒。加强饲养管理，增强鱼体抵抗力。发现病鱼及时清除，煮熟后当饲料或深埋在远离水源的地方。

②全池遍洒晶体敌百虫，有预防作用，并可减轻鱼体表及鳃上寄生的黏孢子虫病。

③寄生在肠道内的黏孢子虫病，用晶体敌百虫或盐酸左旋咪唑拌饲投喂，同时全池遍洒晶体敌百虫，可减轻病情。

3. 斜管虫病

斜管虫病其国内外淡水养鱼和家庭水族箱鱼类中最常见的寄生纤毛虫病之一，防治不力，可引起大批死亡。

1）病原

鲤斜管虫（Chilodonella cyprini），寄生于鱼的体表和鳃上。虫体腹面近似卵形，左边稍直，右边略弯，左边有9条纤毛线，右边有7条，其上均长有纤毛，虫体中部上方有刺杆围绕而成的漏斗状口管，活体时很易看到，后方有圆形或椭圆形的大核和小核。

2）症状

本病无明显体征。大量寄生时，鳃和体表黏液增加，病色食欲减弱，体瘦且发黑，浮于池边下风处，呼吸困难在，最终死亡。

3）流行状况

斜管虫病主要发生于水温15 ℃左右的春、秋两季，而水质较恶劣的情况下，冬季和夏季也可发生。其主要危害鱼苗、鱼种，特别是越冬后的鱼种，往往发生此病。由于鲤斜管虫在不良条件下可形成孢囊，随水流传播，而无严格的宿主特异性，故容易蔓延。

4）防治方法

（1）饲养鱼苗之前，应注意彻底清塘，以杀灭水中及底泥中的病原，鱼种则在入池前用浓度为8 mg/L硫酸铜或3%浓度的食盐溶液浸洗20 min。

(2)可用浓度为 0.7 mg/L 的硫酸铜和硫酸亚铁合剂(5∶2)全池遍洒。

4. 车轮虫病

车轮虫病是常见的寄生纤毛虫病之一,全国各养鱼区都有流行,是池塘传统养鱼和集约化名优鱼养殖中的常见病。若防治不力,可导致鱼大批死亡。

1)病原

车轮虫病病原可分为两大类,即车轮虫(Trichodina spp.)和小车轮虫(Trichodinella spp.)。虫体侧面观呈帽形或碟形,隆起的一面叫口面,相对的一面叫反口面。反口面观,周缘有 1 圈较长的纤毛,在水中不断地波动,使虫体运动,最显著的是许多齿体逐个嵌接而成的齿环,运动时犹如车轮旋转,故称车轮虫。两类车轮虫的差别是小车轮虫无向中心的齿棘。一般体表寄生的车轮虫形体较大,鳃上寄生的则略小。

2)症状

本病主要危害鱼苗和鱼种。一旦车轮虫大量在体表和鳃上寄生,鱼苗可出现"白头白嘴"症状,或者成群绕池狂游,呈"跑马"症状,鱼种外观除鱼体发黑、消瘦、离群独游外,并无明显体征,故须通过鳃、体表黏液、鳍条等部位的镜检后才能确诊。

3)流行状况

车轮虫病流行的高峰季节是 5—8 月,在鱼苗养成夏花鱼种的池塘容易发生。一般在池塘面积小、水较浅而又不易换水、水质较差、有机质含量较高且放养密度又较大的情况下,容易造成此病的流行。离开鱼体的车轮虫能在水中自由生活 1~2 天,可直接侵袭新寄主,或随水流传播到其他水体。鱼池中的蝌蚪、水生甲壳动物、螺类和大牙土天牛都可成为临时携带者。

4)防治方法

(1)饲养鱼苗之前彻底清塘,以杀灭水中及底泥中的病原,鱼种则在入池前用浓度为 8 mg/L 硫酸铜或 3% 食盐溶液浸洗 20 min。

(2)可用浓度为 0.7 mg/L 的硫酸铜和硫酸亚铁合剂(5∶2)全池遍洒;也可用硫酸锌溶解后全池遍洒,使池水中的药物浓度达到 0.6 mg/L。

5. 小瓜虫病

1)病原

小瓜虫病(Ichthyophthiriasis),该病是由多子小瓜虫(Lchthyophthirius multifiliis)寄生于各种淡水鱼类的体表和鳃上引起的一种寄生原虫病,最明显的症状就是在鱼体表形成白点,所以又称"白点病"。小瓜虫病分布广泛,遍及全世界,各种淡水鱼类、洄游性鱼类、观赏鱼类均可受其寄生。小瓜虫的最适生长温度为 15~25 ℃,因此,小瓜虫病多发于春、秋季节。养殖鱼类的各个生长阶段均会发生小瓜虫感染,在高密度养殖的鱼群中发病尤为严重,如不及时治疗可导致鱼类发生毁灭性的死亡。

2)流行状况

此病在全国各地均有流行,对宿主无选择性,各种淡水鱼、洄游性鱼类、观赏鱼类均可受其寄生,尤在不流动的小水体、高密度养殖的条件下,更容易发此病,亦无明显的年龄差别,从鱼苗到成鱼各年龄组的鱼类都有寄生,但主要危及鱼种。小瓜虫繁殖适宜水温为 15~25 ℃,流行于春、秋季,但当水质恶劣、养殖密度高、鱼体抵抗力低时,在冬季及盛夏也有发生。其生活史中无中间宿主,通过孢囊及其幼虫传播。

3)症状

小瓜虫寄生在鱼的表皮和鳃组织中,对宿主的上皮不断刺激,使上皮细胞不断增生,形成肉眼可见的小白点,故小瓜虫病又称为"白点病"。严重时体表似有一层白色薄膜,鳞片脱落,鳍条裂开、腐烂。病鱼反应迟钝,缓游水面,不时在其他物体上摩擦,不久即成群死亡。

4)防治方法

(1)因为目前对于小瓜虫病的防治尚无特效药,须遵循防重于治的原则,加强饲养管理,保持良好环境,增强鱼体抵抗力,用生石灰或漂白粉进行消毒。

(2)用福尔马林治疗,当水温在 10~15 ℃时,用 1/5 000 的药液浸浴病鱼 1 h,当水温在 15 ℃以上时,用 1/6 000 的药液浸浴病鱼 1 h,或全池泼洒福尔马林,泼洒浓度为 0.025 mg/L。

(3)可用冰醋酸浸泡治疗,病鱼可用 200~250 mg/L 的冰醋酸浸泡 15 min,3 天后重复 1 次。

(4)用 1% 的食盐水溶液浸洗病鱼 60 min,或者用亚甲基蓝全池泼洒,泼洒浓度为 2~3 mg/L,每隔 3~4 天泼洒 1 次,连用 3 次。

(二)由蠕虫引起的疾病

1. 指环虫病

指环虫病是由指环虫属(Dactylogyrus)和伪指环虫属(Pseudodactylogyrus)的单殖吸虫寄生于鱼的鳃上引起的。指环虫广泛寄生于鱼类的鳃上,有些虫种能造成鱼类疾病,引起苗种的死亡。这种现象不仅在小水体,而且已发现有些种类可在大水面对成鱼造成危害。指环虫主要寄生于鱼类,少数寄生在甲壳类、头足纲、两栖类及爬行类。此外,伪指环虫病是严重危害鳗鲡的单殖吸虫病。反复感染、频繁用药,会导致伪指环虫产生广泛耐药,使得鳗鲡伪指环虫病的防治成为一个棘手难题,尤其是在伪指环虫病和细菌病并发的情况下,造成的死亡数量呈数倍上升趋势,而且病情也更难以控制。

1)病原

指环虫病病原体为指环虫。指环虫致病种类较多,主要是鲢鳃上寄生的小鞘指环虫,鳙鳃上寄生的鳙指环虫,鲤、鲫鳃上的坏鳃指环虫和伪指环虫等,以及草鱼鳃上的鳃片指环虫等。

2)症状

大量寄生指环虫时,病鱼鳃丝黏液增多,全部或部分苍白色,呼吸困难,鳃部显著浮肿。鳃盖张开,病鱼游动缓慢,贫血,单核和多核白细胞增多。新近研究发现,小鞘指环虫病病鱼还出现消瘦,眼球凹陷,鳃局部充血、溃烂,鳃瓣与鳃耙表面分布着许多由大量虫体密集而成的白色斑点(直径 1.0~1.5 mm),严重者相互连成一片,其分布以鳃弧附近为多。病鱼胆囊肿大,呈褐色;鳔前室显著大而后室异常小,肝为土黄色。

3)流行状况

指环虫寄生鳃上,破坏鳃组织,妨碍呼吸,还能使鱼体贫血,血中单核和多核白细胞增多,病鱼可看见鳃上布满白色群体,镜检可见虫体。患病鱼初期病状不明显,后期鳃部显著肿胀,鳃盖张开,鳃丝通常为暗灰色,体色变黑,游动缓慢,不振食,逐步瘦弱而死亡。该病是一种常见的多发病,主要靠虫卵及幼虫传播。指环虫适宜繁殖的水温为 20~25 ℃,流行季节主要是春季、夏初和秋季。其主要危害鲢、鳙、草鱼、鳗鲡等,尤以鱼种最易感染。

4)防治方法

(1)鱼池放鱼前,用生石灰彻底清塘。

(2)鱼种放养时,可用晶体敌百虫 5 mg/kg、面碱合剂(1∶0.6)或高锰酸钾溶液 15~20 mg/kg 浸洗 15~30 min。

(3)全池遍洒晶体敌百虫,使池水药物浓度达到 0.3~0.5 mg/kg。

(4)用晶体敌百虫与面碱合剂(1∶0.6)全池遍洒,使池水药物浓度达到 0.1~0.24 mg/kg。

2. 三代虫病

1)病原

三代虫(Gyrodactylus Nordmann)生于绝大多数野生及养殖鱼类,已见报道的有 400 余种。常见的种类有草鱼上寄生的鲩三代虫(G. ctenopharyngodontis Ling)、鲢、鳙上寄生的鲢三代虫(G. hypophthalmichthysi Ling),鲤、鲫上寄生的秀丽三代虫(G. elegans Nordmann)等。三代虫以多胚现象(Polyembryony)的胎生方式进行繁殖,一般三代同体,即虫体中怀有子代胚胎,子胚胎中又已孕育第三代胚胎,故称三代虫。三代虫种群增长速度快,传播迅速。近年来,随着渔业养殖密度的不断提高,三代虫引起的疾病越来越严重。

2)症状

三代虫大量寄生时,病鱼体色暗黑无光泽,体表有一层灰白色黏液,游动缓慢,食欲减退,鱼体瘦弱,最终会因呼吸困难而死亡。

防治药物和方法同指环虫。

(三)由甲壳动物引起的疾病

1. 中华鳋病

本病为草鱼、青鱼、鲢、鳙中常见的寄生甲壳动物病,湖泊、水库中的鱼类等也有较高的感染率。中华鳋病在全国各地均有分布,是池塘和网箱养殖草鱼危害较大的鱼病。

1)病原

鲢中华鳋(Sinergasilus polycolpus)寄生于鲢、鳙鳃上;大中华鳋寄生于草、青鱼等鳃上。虫体圆柱形,乳白色,肉眼可见,身体分头、胸、腹三部分,头部略似三角形或菱形。

2)症状

中华鳋大量寄生时,病鱼消瘦,烦躁不安,鲢有在水面打转狂游和尾鳍露出水面的情况,故有翘尾病之称。揭开鳃盖肉眼即可见鳃上挂着白色虫体,中华鳋多寄生在鳃边缘,鲢中华鳋也可在鳃耙上。寄生处鳃丝末端肿大,呈白色,黏液增多或因破损部位受细菌感染而局部发炎。

3)流行状况

寄生在鱼鳃上的均为雌虫,未寄生前,在水中与雄虫已完成交配,寄生后,卵在子宫中受精,进入卵囊。生殖季节从 4 月开始可延至 11 月,卵随脱落的卵囊进入水体孵化,成无节幼体。经 4 次蜕皮后,成桡足幼体,再经 4 次蜕皮形成幼鳋。雄虫即可在宿主上寄生,并迅速长大,之后逐渐发育成熟,故 5—9 月是流行盛季。除了草鱼、青鱼、鲢、鳙本身是传染源外,鲫、鲇、赤眼鳟等也是大中华鳋的传染源。通常 15 cm 以上的大鱼种和 1 龄以上的成鱼危害较严重。

4)防治方法

(1)用生石灰彻底清塘,杀灭虫卵、幼虫和带虫者,以预防此病;

(2)可用硫酸铜与硫酸亚铁合剂(5∶2)混合以 0.7 mg/L 的浓度全池遍洒;

(3)用晶体敌百虫以 0.25~0.27 mg/L 的浓度全池遍洒,每隔 5 天遍洒 1 次,连续泼洒 3 次。

2. 锚头鳋病

锚头鳋病是鱼类中常见疾病。各种锚头鳋对多种鱼类的鱼种和成鱼造成危害,尤以鲢、鳙为甚,可引起大批死亡,或影响商品价值。

1)病原

常见的危害较大的有 3 种。多态锚头鳋(Lernaea polymorpha),寄生在鲢、鳙、团头鲂等鱼的体表、口腔;草鱼锚头鳋(L. ctenopharyngodontis),寄生在草鱼体表鳞下;鲤锚头鳋(L. cyprinacea),寄生在鲤、鲫和乌鳢等多种鱼类的体表和口腔。寄生在鱼体上的锚头鳋均为雌虫。

2)症状

病鱼通常呈烦躁不安、食欲减退、行动迟缓、身体瘦弱等病态。由于锚头鳋头部插入鱼体肌肉、鳞片下和鱼体外部,且肉眼可见,犹如在鱼体上插入了小针,故又称之为"针虫病"。

3)流行状况

锚头鳋通常寿命为,夏季平均约 20 天,春季 1~2 个月。产卵囊的频率和卵孵化速度也与温度密切相关,较高温度产卵囊频率高,孵化速度快。7 ℃以下停止产卵和孵化。春末、夏季为锚头鳋病流行盛季,但也是其寿命最短的季节。鱼池中发生此病后,通常有较高的感染率和感染强度。

4)防治方法

(1)用生石灰清塘,杀灭水中幼虫和带虫的鱼和蝌蚪。

(2)放养鱼种时发现有锚头鳋寄生,可用高锰酸钾药浴。草鱼和鲤在水温 15~20 ℃时,浓度为 20 mg/L;水温在 21~30 ℃时,浓度为 10 mg/L,药浴 1~2 h。鲢、鳙和鲂在水温 10 ℃以下时,浓度为 33 mg/L;10~20 ℃时,浓度为 20 mg/L;水温在 20~30 ℃时,浓度为 12.5 mg/L。

(3)用 90% 晶体敌百虫以 0.23~0.25 mg/L 的浓度全池遍洒。

淡水鱼类健康养殖模式与水环境调控

我国水产养殖已经进入转型升级阶段,尤其是淡水鱼类养殖进入转型的关键期,自 2016 年农业部出台《农业部关于加快推进渔业转方式调结构的指导意见》以来,生态、健康、可持续的养殖理念已经深入人心,现在需要大力推广以综合种养、多营养层次养殖、池塘循环水养殖等为代表的生态环保养殖模式,以解决淡水鱼类养殖发展中存在的一系列不平衡、不协调、不可持续的问题。现代淡水鱼类健康养殖模式主要类型有 7 种:鱼菜共生模式、稻渔综合种养模式、多营养层次养殖模式、池塘工程化循环水养殖模式、工厂化循环水养殖模式、多级人工湿地养殖模式、集装箱受控式循环水养殖模式。

一、淡水鱼类健康养殖模式

(一)鱼菜共生模式

鱼菜共生模式是利用水生蔬菜扎根在养鱼水体中生长,使养鱼过程中产生的有害物和废物(鱼类的排泄物、剩余饲料、氨氮等)转化成蔬菜生长所需的养料,从而将水中的有害物质变害为宝,可使养鱼水体自然净化,水质保持长久稳定,提高鱼类的产量和品质的同时,还可以收获一定量的水生蔬菜。鱼菜共生模式把水产养殖与蔬菜生产这两种原本完全不同的技术通过巧妙的生态设计,达到科学的协同共生,从而实现养鱼不换水而无水质忧患、种菜不施肥的生态共生效应,让鱼和蔬菜之间达到一种和谐的生态平衡关系。

鱼菜共生模式常采用的是生物浮床,它是以生物浮床等浮岛设施为载体,将生长在陆地上的一些经济植物通过生物浮床种植在养殖池塘中,通过植物的生长不仅可以吸收养殖水体中的过多的氮、磷、亚硝酸盐、重金属等元素,实现改善养殖水质条件的生态效益,而且还能够增加额外可观的经济效益与景观效益。同时养殖水体条件的有效改善可以降低鱼病发生的概率,减少渔药、水质改良剂等生产投入品的使用,在保障养殖水产品的质量安全、增加效益、减少生产投入等方面具有重要意义。

现代养殖过程中,由于养殖池塘养殖密度日益增加、池塘管理不完善,使养殖池塘生态环境遭到破坏,水体中氨、氮、亚硝酸盐等有害物质的浓度增高,环境污染越来越严重,对养殖动物产生胁迫,使其产生应激,造成养殖动物抗病力降低,抗应激能力差,养殖动物病害发生更趋严重,给水产养殖业造成严重损失。养殖动物发生病害往往会使用大量消毒剂或杀菌剂,这些药物在水体里残留,并且使用这些药物也干扰和破坏了水体正常的微生态群落组成,造成的水体过度富营养化、有毒有害物质不断累积,不仅给环境、鱼体和人类都带来了极大的威胁,也使得养殖户的养殖效率和收入低下。

浮岛也叫漂浮植物堆、漂浮湿地、生态浮床或浮床植物技术。在德国,美国德裔植物学家豪格(Sven Hoeger)于 1988 年发表了著名的论文《Schwimmkampen—Germany's artificial floating islands》,在文中,他概括了人工浮岛的六大功能:防止堤岸侵蚀、保护海岸线、为野生动物提供栖息地、美化景观、对水质净化和过滤、生物消毒作用。在日本,人工浮岛作为水质净化技术的一项应用一直受到重视。1997 年日本公共工作研究所建造部的两位学者 Nakamura 与 Shimatani 在 Kasumigaura 湖的 Tsuchiura 的港口建造了长 92 m、宽 915 m,由 40 个单元组成的人工浮岛。他们发现：人工浮岛的特征是改变生态系统的形状,并非把营养成分搬出系统之外。在夏季,人工浮岛能有效地净化水质,对于夏季发生水华现象的湖泊,建造人工浮岛是一个有效的净化水质的方法,见图1-1。

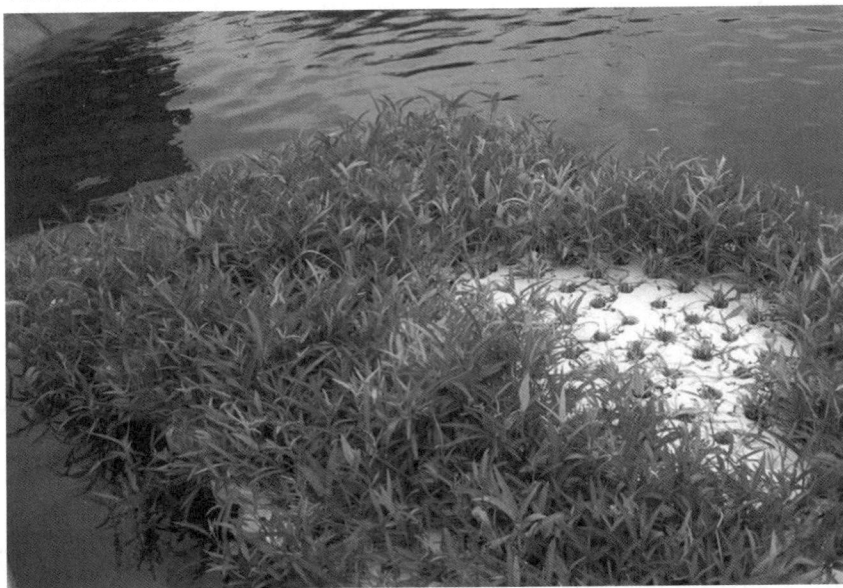

图 1-1　新型生物浮岛

在国内,宋祥甫等人在1991年开展了人工浮床的研究与应用工作,他们先后在杭州、上海、无锡、北京等城市进行生态浮床治理城区污染河道实验,为我国人工浮岛技术研究及其应用积累了丰富经验。邴旭文等2001年用美人蕉浮床做水产养殖塘水质净化试验,结果表明,浮床设置面积为20%时,对 TN、TP、COD 及叶绿素 a 的净化率分别达到了72%、82%、31%及56%。高蔚等2006年在三水西南公园的人工湖进行研究,发现湿地园对整个人工湖的水质净化起到了一定的作用,但其面积过小,未能达到调节整个人工湖水质的目的。王耘等2006年采用生态浮床技术对上海城区中小河道黑臭水体进行修复,研究表明生态浮床去污率往往可达到总去污率的70%左右,并配以曝气复氧、网格栅和生物膜等多种手段,达到修复水质的目的。

除以上这些研究以外,国内也开展了一些利用人工浮岛治理湖泊的工程。1998年在无锡市五里湖利用人工浮岛技术直接治理富营养湖泊,结果表明人工浮岛对水体中的N、P 去除效果极高。1999年在杭州市南应加河实施的人工浮岛示范工程,5 个月使全河的水体感官性状和水质均取得了较大改善,异臭味得到了有效控制,围隔河段的水质则发生了根本性好转。此外,在武汉市沙湖上,一个500 m² 的浮岛已建成;在无锡太湖,对人工浮岛上种植的观赏性植物如美人蕉、蔬菜如竹叶菜、庄稼如水稻等进行净化研究,取得了一定经验;2002 年北京市首次采用人工浮岛技术治理什刹海、永定河等受污染的水体,获得了良好的应用效果;在云南,云南省环境科学研究院在星云湖借鉴太湖经验,用泡沫作浮岛载体种植植物净化水质,积累了一定经验。

1. 养殖池的选择

一般的精养池塘都可以作为养殖地。池塘要求保水性好,鱼产量亩产在 800 kg 以上为好。池鱼放养模式结合当地养殖习惯即可,不用特意选择品种和模式。

2. 水生蔬菜的选择

蕹菜、水芹、生菜等常见的绿叶菜均可在水上安家,需大水大肥的丝瓜等也可种植。

(1)蕹菜

蕹菜又叫空心菜,旋花科、番薯属,一年生或多年生草本植物,以绿叶和嫩茎供食用,富含各维生素、矿物盐。其在 15~40 ℃ 条件下均能生长,在北方地区生长期为 5—10 月,时间长、产菜期长。蕹菜一般播种后 35~45 天开始采收,在初收期及生长后期,每隔 7~10 天采收 1 次,生长盛期 5~7 天采收 1 次。

(2)水芹

水芹属于伞形科、水芹菜属,15~20 ℃ 生长最快,5 ℃ 以下停止生长,能耐 -10 ℃ 低温;水芹菜含有丰富的人体不可缺少的营养物质,其产量高而稳,病虫害少,是无公害食品,天气条件影响不大,亩产量在 3 000~5 000 kg。

(3)生菜

生菜是叶用莴苣的俗称,属菊科、莴苣属。其生长适温为 15~20 ℃,最适宜昼夜温差大、夜间温度较低的环境,定植至采收为 30~50 天,北方地区生长期为 4—10 月。

(4)丝瓜

丝瓜为葫芦科攀缘草本植物,根系强大,有清凉、利尿、活血、通经、解毒之效。种植丝瓜时需大水大肥,可搭架利用水面以上的空间。

3. 栽种技术

(1)蔬菜种植面积不超过养鱼水面的 30%、不低于 25%。

(2)池塘里不能有龙虾和草鱼等食草的水产品种。

(3)用竹子或塑料管做浮筐,做成 1 m×2 m 或 1 m×4 m 的浮床,在浮筐上用聚乙烯网布作浮床的面和底,使其面、底中空高度在 10 cm 左右,面部开孔植菜,底部透水供菜营养并防止鱼类吃菜根。

(4)用板房填充泡沫作浮床中间的填充开孔植菜,或在浮床内部插满 PVC 管,把水生蔬菜的幼苗插在塑料管中,根须浸在水里,枝叶露在水面上。

20 世纪 90 年代以来,我国渔业生产进入快速发展时期,集约化规模不断扩大,我国水产品总产量自 1990 年起跃居世界首位。但高密度、集约化的养殖也带来了养殖水体的严重污染,它是在有限的水体中投入大量的饲料,一些排泄物与饲料残渣极易在微生物的作用下挥发分解出大量对鱼生存有害的氨与硝酸盐等,导致水体富营养化与恶化。水体污染促使病原体大量滋生,进而引起各种水生动物疾病的频繁发生,新病原层出不穷,抗生素的使用一方面可以抑制甚至杀死病原体,另一方面又会引入新的污染及产生新的耐药菌株,如此形成养殖生产中的恶性循环,从而制约了水产养殖业的发展。因此,控制养殖水体污染,维护水体的生态平衡,实现水体的良性循环已势在必行。

在养殖水体上种植水生蔬菜,水生蔬菜扎根水中,能将水体中的有害物质转化成养分吸收掉,因此不用施肥,种植后也不用单独管理,省钱又省力。水生蔬菜通过根须吸收水体氨、氮等富余物质,自然净化水体,使水产养殖多余的有害物、废物转化成蔬菜生长所需的养料,变害为宝,还抑制了有害藻类的过度繁殖,解决了常常出现的水体富营养化问题,减少了人工水质调节制剂的使用,有利于池塘水质保持长久稳定,降低水产品的质量安全风险。同时,水生植物本身又具有一定的经济价值,在水面上种菜,不仅不占耕地,还能得到更好的收益。蔬菜长在水中,就不会受到普通蔬菜土传病害的浸染,不爱生病也就不用打农药,所以完全无公害、无污染,因而售价也很高,收益也很可观。

(二)稻渔综合种养模式

稻渔综合种养模式,也叫稻渔共作,是利用水稻与鱼、虾、蟹的互利共生关系,把水产养殖和优质稻米生产结合在一起的生态农业模式。利用稻田的浅水环境,辅以人为措施,既种植水稻,又养殖鱼虾、蟹,使稻田内的水资源、杂草资源、水生动物资源以及其他物质和能源更加充分地被养殖的鱼虾、蟹所利用,并通过所养殖鱼类的生命活动,达到为稻田除草、灭虫、疏土和增肥的目的,获得稻渔双丰收的理想效果。

1. 稻渔综合种养模式选址

稻渔综合种养模式应选择既水源充足、水质清新、排灌方便,又天旱不干、暴雨不淹、洪水不冲的稻田。还要考虑交通便利等条件,以方便种苗的放养和产品上市,便于饲料运输和饲养管理。基本工程设施有田埂、环沟、田间沟,注、排水口,防洪、防旱设施等。

(1)加高加固田埂

加高加固田埂一般结合冬季农田整修进行,也可以在插秧前整田的时候进行,把犁起的大块田泥用来加高加固田埂。一般要求将田埂加高到 50 ~ 100 cm,埂面加宽到 40 cm 左右。当田埂加高加宽后,一定要进行夯实,以防止大雨冲塌或渗漏水。

(2)开挖环沟、田间沟

开挖环沟、田间沟是缓解水产品在稻田里栖息生长与水稻施肥、用药、晒田矛盾的一项重要工程设施,同时也有助于饲养管理和捕捞收获。开挖面积一般占稻田面积的 10% ~ 15%。沟的位置、形状、数量、大小等应根据稻田的自然地形和稻田面积的大小来确定。一般来说,面积比较小的稻田,只需开挖环沟;面积比较大的稻田,还要开田间沟。

(3)开挖注、排水口,设置防逃设施

稻田的注、排水口应开在稻田两边的斜对角,以利于稻田进排水畅通,避免死角。面积较大的稻田,应该多开几个注、排水口。所有的注、排水口都必须安装栅栏,以防鱼逃逸和敌害生物进入稻田。在田埂处用较牢固的尼龙膜或铁皮围成高度 40 ~ 50 cm 防逃墙,并向内倾斜45° ~ 50°。池壁交界处即四角围成圆弧状,切忌围成直角或锐角,以防河蟹沿角攀爬。

2. 饲养管理

稻田养殖鱼虾、蟹的饲养管理,包括饵料投喂、水质调控、巡田检查、病虫害防治等。总的要求是严格、认真、科学、合理。下文重点介绍饵料喂和水质调控。

1）饵料投喂

鱼、虾、蟹稻田养殖的饲料以虾、蟹为主,虾、蟹为杂食性水生经济动物,植物性饵料、动物性饵料皆喜欢吃,尤喜食动物性饵料,因而在虾、蟹饵料的组合与统筹上,应坚持"荤素搭配,精青结合"的原则,在充分利用稻田天然饵料的同时,还应多渠道开辟人工饵料来源,实行科学投饵,使虾、蟹吃饱吃好,促进生长,增大商品规格。具体应掌握以下四个方面。

（1）掌握虾、蟹食性的特点,广辟饵料来源。

植物性饵料:目前常用的主要有水花生、轮叶黑藻、马来眼子菜、苦草等天然水草,以及南瓜和西瓜皮等。谷物饲料主要有豆饼、花生饼、小麦、玉米、芝麻等。

动物性饵料:主要有小鱼、小虾、螺蚬蚌肉、蚕蛹、猪血、蛙肉以及畜禽内脏等。

配合颗粒饲料系:选用优质虾、蟹专用料。

（2）充分利用稻田中的光、热、水、气等资源优势,搞好天然饵料的培育与利用。采取施足基肥、适量追肥等办法,培养大批枝角类、桡足类等大型浮游动物以及底栖生物、青草嫩芽等。

（3）按照渔时季节和虾、蟹不同生长发育阶段,搞好饵料组合。4、5月,虾、蟹种刚放养时,由于气温、水温偏低,虾、蟹个体较小,捕食能力还不强。此时饵料的投喂应以精料为主,并采取少量多次的投饵方法。饵料的主要种类应为小鱼、小虾或豆饼、小麦、玉米等商品饲料。尤其是7—9月是河蟹摄食的高峰,也是河蟹增大规格、增加体重的生长旺季,饵料的投喂则可以青料为主,适量搭配一些动物性饲料。此时应多喂水草、南瓜、山芋等青绿饲料,辅以小杂鱼、螺蛳等动物性饵料。9月中旬至10月则是河蟹生殖洄游的季节,体内需要积累大量营养物质,因而此时饵料的投喂又应以精料为主,多喂一些小杂鱼和螺蚬贝肉,促进河蟹摄食,增加河蟹体重,同时又为提高河蟹捕捞后贮存、运输过程中的成活率创造条件。

（4）根据虾、蟹昼伏夜出的生活规律,实行科学投饵。特别是河蟹的日投饵量要随着个体的长大而逐步增加。蟹种到商品蟹阶段,日投饵量为在田蟹体重的5%~8%,日投饵2次。饵料的投喂应以傍晚1次为主,一般傍晚投喂量应占全天投喂量的60%~70%。从河蟹全年投喂量的分配来看,上半年（2—6月）投喂量应占全年投喂总量的30%~35%,下半年（7—11月）投喂量应占全年投喂总量的65%~70%。

2）水质调控

稻田水位水质的管理,既要服务于鱼虾、蟹生长的需求,又要服从于水稻生长要求的环境,因而在管理上,要把握好以下三个方面。

（1）根据季节变化来调整水位。

4、5月苗种放养之初,为提高水温,沟内水深通常保持0.8~1 m即可。

6月中旬水稻栽插期间,可将沟内水深提到与大田持平。

7月水稻栽插返青至拔节前,可将沟内水位提高到1.5 m以上,田面保持3~5 cm水深,让鱼虾、蟹进入稻田觅食。

8月水稻拔节后,可将水位提到最大,田面保持10 cm的水深,为鱼虾、蟹、水稻生长提供最佳水域条件。

10月水稻收割前再将水位逐步降低直至田面露出,准备收割水稻。

（2）根据天气水质变化来调整水位。

鱼、虾、蟹生长要求池水中溶解氧充足,水质清新。为达到这个要求,要坚持定期换水。通常 4—6 月,每 10~15 天换 1 次水,每次换水 1/5~1/4;7—9 月,每周换水 1~2 次,每次换水 1/3;10 月后每 5~10 天换 1 次,每次换水 1/4~1/3。平时还要加强观测,如水位过浅要及时加水,水质混浊要更换新鲜水。换水时,水位要保持相对稳定,可采取边排边灌的方法。换水时间通常宜选在上午 10~11 时,待河水水温与稻田水温基本接近时再进行,温差不宜过大。

(3)根据水稻烤田治虫要求来调控水位。水稻生长中期,为使空气进入土壤,阳光照射田面,起到杀菌增温作用,增强根系活力,需要烤田。通常养殖鱼、虾、蟹的稻田采取轻烤的办法,将水位降至田面露出水面即可,烤田时间要短,烤田结束随即将水加至原来的水位。再就是水稻生长过程中需要喷药治虫,而喷药后也要根据需要更换新鲜水,从而为水稻、鱼、虾、蟹的生长提供一个良好的生态环境。

杨凤萍等 2007 在广泛调查长江下游地区稻渔共作复合生态农业模式的基础上,系统研究了不同稻渔共作生态模式下中华绒螯蟹生长特征及其影响因素。结果表明,该区蟹苗放养主要以 1 龄蟹种与 5 期幼蟹为主,体重绝对生长曲线均呈 S 形,1 龄蟹种体重随体宽的增加呈指数式生长;1 龄蟹种与 5 期幼蟹的环境适应期分别约为 1 个月、2 个月,增重最快期分别为 9 月、8 月;河蟹放养规格不同时,其日增重与体重的增加随放养规格的提高而提高,1 期幼蟹的回捕率与产量比 1 龄蟹种分别高 17.58%、13.20%;栽培植物为常优 1 号水稻时,5 期幼蟹的回捕率与商品蟹规格最高,分别为 58.2 g/只、72.5 g/只。蟹产量以种植水草为高;稻渔(蟹)共作各模式的纯收入差异显著,以常优 1 号+1 龄蟹种模式为最高。

稻渔共作由于水稻种植与鱼、虾、蟹等水生经济动物养殖二者间的互利共生,不仅一地多用、效益提高,而且创造了稻田生态系统内多样的生境条件,适于多种生物的生存和繁殖,是常规稻作生态系统和池塘生态系统所不能比拟的,它使水稻、杂草和鱼、虾、蟹及水生生物构成了一个更为复杂的食物网络结构。水稻小分蘖、杂草、藻类、生物细菌与微型水生动物成了河蟹等水生经济动物的优质食物,而系统的排放物则被截留下来作为其他水生植物、动物的肥料或食物,从而使系统内能量、水、肥等的利用率大大提高,稳定性及抗御外界冲击的能力显著增强,减轻了水稻与水生经济动物病虫害发生,减少了化学农药的使用,有利于食品优质安全生产和环境保护。

(三)多营养层次养殖模式

Thierry Chopin 1995 年针对海水养殖业的养殖面积和密度超出了养殖水域承载能力、水体富营养化、病害蔓延、产量下降等问题,提出了海水多营养层次生态养殖的观点。杨圣云 1997 年提出观点,引进不同营养级的种类,建立一个科学的生物群落,合理搭配生态互补的养殖物种,推动虾池内物质循环和能量流动的合理进行。

Barrington 2009 年提出,在多营养层次池塘养殖的这一生态系统中,大型藻类等植物、滤食性双壳贝类或沉积食性动物的养殖提供了高效的环境修复能力,一种养殖生物所产生的废物(残饵、排泄物及死亡动物的尸体)被另一种养殖生物有效地资源化利用,转化为经济的生产力,净化环境的同时产生了另一种有价值的产品,实现了水产养殖的环境友好和持续发展。

池塘生态养殖模式是搭配不同营养级养殖物种,促进池塘物质和能量流通,充分利用无机盐、有机物、浮游生物、底栖生物,强化养殖水体的自净能力,缩短生态系统物质循环周期。这一模式可以减少废水排放、提高物质和能量的利用率。对虾主要的生态养殖模式有以下几种类型。

董双林等 2012 年提出虾、蟹混养模式,主要是利用对虾生活在水体中下层、蟹生活在底层的生长规律,充分利用养殖水体生态空间,提高饲料利用率,降低对虾发病率。三疣梭子蟹可以采食病弱虾起到生物防控作用。对虾-梭子蟹混养,总产量可提高 2.4 倍,对投入 N 的利用率提高 2.8 倍。

虾、鱼混养模式,主要是利用滤食、杂食性鱼类可以采食池底有机质,起到"清道夫"作用,调节水质。同时肉食性鱼类可以摄食弱死虾,切断对虾疾病传播途径。低盐地区,与草、鲢、鳙鱼混养滤食浮游生物、悬浮有机物,调节水质;凡纳滨对虾比单养模式生长速度、成活率分别提高 6%、26%。

李玉全 2010 年提出虾、蟹、贝多元混养模式,这一模式中贝类的生态作用主要是滤食浮游生物和悬浮有机物,净化底质和水质,促进底泥有机物质的氧化和无机盐的释放,提高虾池氮、磷的利用率,因而适合水质较差、池塘建设标准低的地区。虾、蟹池塘中养殖贝类,氨氮和亚硝态氮含量降低了 15% 和 18%,起到了调节养殖水质的作用。

牟乃海等 2008 年提出,在日照地区虾、蟹、贝"四放五收"养殖模式,每亩收获菲律宾蛤仔 300 kg、中国对虾 50 kg、日本对虾 40 kg、三疣梭子蟹 80 kg,经济效益高。

微生物是海水多营养层次健康养殖系统的重要组成部分,其群落结构不仅构成水体物质循环基础,而且也起到指示水环境质量变化的作用。池塘养殖生态系统是封闭或半封闭的生态系统,生态系统结构比自然海水生态系统要简单得多,系统内生物多样性低,营养结构简单,具备低缓冲能力的特性,正是这些特殊性决定了养殖系统内的微生物群落不仅容易受到环境因子的影响,还易受到人为干预的影响。在养殖的过程中管理是有体系、有规律的,因而微生物的群落结构变化也不是杂乱无章的,能反映出周围养殖环境的健康状况,起到监测环境养殖池塘环境的作用。在养殖的过程中,由于对虾的高密度养殖和投饵,产生了大量残饵、代谢物及其他不溶性的大分子颗粒在生物沉降的作用下聚集到池塘底部,这些沉积物的积累造成水域生态系统的富营养化,溶解氧偏低,有害细菌的大量繁殖,使得养殖环境恶化、病害肆虐,给养殖产业带来损失。张振华 2002 年发现,池塘底质每年增厚 10 cm 左右,这些底质沉积物一部分可以被底栖生物利用,很大的一部分还是要生态系统中微生物的分解。微生物通过一系列化学反应,将过剩的营养物质分解,将有机物转化为可以被浮游生物或水产动物摄取利用的无机物。

申玉春等 2007 年对虾、鱼、贝、藻养殖结构优化进行了试验,以经济效益为核心、生态效益为方向、社会效益为目标,进行虾、鱼、贝、藻的生态优化养殖与水质环境的生物修复与自我调控,整个系统达到生物学安全、零交换水、环境友好、清洁无公害的要求。把在生态位上具有互补性的虾、鱼、贝、藻等不同种经济动植物,以适宜的比例养殖于同一养殖系统、不同养殖区的池塘中,从而建立一种虾、鱼、贝、藻优化养殖结构及水质调控系统:一方面投入系统中的物质和能量(饲料),随着水在不同养殖区池塘中循环,可被营养级和生态位不同的各种养殖生物利用,以期提高物质利用率,减少水体有机残余物质及营养盐数量,使水质得以净化;另一方面,期望该系统避免同池混养的生物在饵料资源、生存空间、溶解氧上的直接竞争,以及自身产生的代谢废物造成的相互伤害。

该优化养殖结构将在生境与饵料资源上互补的对虾、口孵非鲫、牡蛎、江蓠等经济动植物，以适宜的比例养殖于同一循环体系的不同池塘中。一方面充分发挥各种养殖生物饵料资源互补的积极作用，另一方面避免了同池混养的多种养殖生物之间在饵料资源、生存空间和溶解氧上的直接竞争，以及自身产生代谢废物造成的相互危害。

在优化养殖系统中对虾是养殖的主体，投入的饲料首先被对虾所利用，没有被利用的残饵以及对虾粪便和死亡动植物尸体随循环水进入鱼类养殖区。鱼类养殖区放养的口孵非鲫，能吞食对虾残饵、腐屑和细菌等有机碎屑，且能有效利用浮游生物，抑制原甲藻等大型藻类的过度繁殖，促进金藻、硅藻等小型有益藻类的繁殖。鱼体表面分泌一种或几种物质，能抑制病毒病发生。此外，没有被利用的有机碎屑和无机颗粒经长距离（该区由原养殖场排水沟改造而成，流程达 3 km）的流程而沉降。水中有机物的数量得以降低，实现一级物理和生物净化。养殖用水进入贝类养殖区，贝类滤食悬浮于水中的固态有机颗粒以及浮游生物，进一步降低水体的有机物含量和营养盐的数量，实现二级生物净化。

混养是将食性和生态位互补的两种或多种养殖生物以一定比例放养在同一池塘中，目前较多的是虾鱼混养、虾贝混养、虾蟹混养、虾藻混养等。它使得虾池中各生态位和营养级均有适宜的养殖对象与之相适应，水体中的各种天然饵料和投入的人工饲料能尽可能被充分利用，提高了虾池中物质和能量的总转化效率。但两种或多种生物混养在同一水体之中，一方面养殖生物在生存空间和溶解氧上会产生直接竞争，以及自身产生代谢废物会造成相互危害，另一方面混养的杂食性鱼类可摄食高品质的对虾饲料，造成对虾对投入饲料的利用率相对降低。

传统的换水方式往往随水带来污染物、病原及携带病原的生物，频繁的水体交换容易造成环境要素的剧烈变化，使对虾产生应激。虾、鱼、贝、藻生态优化养殖系统与外界环境不进行水体交换，限制了病原进入，且水质环境比较稳定，因此具有防病性、环保性、高效性等优点。

（四）池塘工程化循环水养殖模式

池塘工程化循环水养殖技术模式是一种新型的水产养殖模式，其原理是在室外池塘设置一定数量长方形养殖水槽，面积占池塘的 1.5%～2%，将养殖品种集中"圈养"。水槽前端安装增氧推水装置，水槽末端安装集污设施，加装在线监测设备，配套多项先进技术，形成一套完整的、科技含量高的池塘循环水生态健康养殖系统。

此养殖技术水环境较好，溶解氧量较高，较一般养殖模式鱼病相对减少，鱼病以防为主。一是密切关注推水增氧系统的正常运行。由于养殖槽内鱼类高度密集，一旦停机缺氧，后果十分严重。二是集污区内不能有任何鱼的活动，否则集污能力下降。三是大塘内投放滤食性鱼类后，不要养殖吃食鱼类。滤食性鱼类放养密度需严格控制，以防止倒藻。四是在养殖槽进水端较大的池塘安装推水增氧设备，保证池塘水质稳定和溶解氧丰富。

1. 技术要点

1）池塘的选择

选择面积 1.33～2.00 hm^2 的池塘作为一个标准池，塘口东西向，长方形，长宽比接近 2：1，平均水深 2.5 m 左右，水源稳定，水质好，符合渔业水质标准，有独立的进、排水渠道，交通相对便利，池塘周边无工业污染源。

2）养殖设施建设

（1）拦水坝的建设在池塘纵向中部建设一条挡水墙（土坝或砖墙），在挡水墙两端，一端留有宽 15 m 左右的过水口，另一端建设养殖槽。

（2）养殖槽（流水池）与外塘的建设布局一口大塘可建一组 3~4 个养殖槽，养殖槽总面积约占大塘面积的 1.5%~2.0%。养殖槽墙体与水平面的夹角为 90°，墙体底部圈梁要稳固，墙体要有构造柱，选用优质钢筋、水泥等建材，确保墙体坚固，墙体及底面需光滑平整。流水池中的池壁预留 3 道沟槽，便于插放拦鱼网。流水池的规格为长 22 m×宽 5 m×高 2 m。在流水池的上游安装气提式增氧推水设备，下游建鱼类排泄物沉淀收集池并安装吸污设备。

（3）设备应由专业人员进行安装。提水增氧推水机由鼓风机、曝气盘等设备组成，是整个系统的心脏部分。粪便收集装置由吸粪嘴、吸污泵、移动轨道、排污槽、自动控制装置及电路系统等组成。应急用底层增氧装置由微孔增氧管、输氧管和鼓风机组成，生产中也可以用氧气瓶代替。微孔增氧设备安装在每个流水池的两侧底部，每隔 2 m 安装一个长约 2 m 的"T"形微孔增氧管于池底预留的沟槽内。

拦鱼栅建议采用不锈钢材质的网片，网目大小依据养殖品种规格而定。流水池需安装 3 道拦鱼栅。

发电机（备用电源）为三相四线 20 kW 发电机，由专业人员指导选择备用电源，最好设计为自动启动。

流水池进出口防护网建议安装于推水池前 5~10 m 处。

物联网设备包括传感设备、传输设备、智能处理设备。可根据具体情况选择安装与否，但至少预留传输管线。

以上设施设备的安装均需在干塘的情况下进行。

3）养殖技术措施

（1）苗种投放前的准备基建和设备全部完工后，全塘用生石灰按 1 亩 50 kg 的用量消毒，鱼种投放前 1 天要检查各设备是否正常。按照循环水体及该养殖技术特点选择适宜品种，如草鱼、鲫、斑点叉尾鮰及加州鲈等。鱼种要求：鱼体健康、体质健壮、规格整齐、游动活泼。投放时间为每年 3—4 月，鱼种下塘前，要用漂白粉或高锰酸钾等浸洗消毒。

（2）科学饲养，建议使用膨化浮性饲料且符合国家卫生安全标准的无公害饲料。鱼种下池后进行为期 7 天的投饵驯化，每天定时定点敲声音刺激鱼摄食。

驯化后，坚持"四定"投饵法，即定时、定质、定量、定位，控制鱼儿吃"八成饱"，这样既降低成本，又利于鱼的健康生长。

（3）日常管理中，水质调节每 30 天 1 次，主要在外塘区每亩用 20 kg 生石灰采取"十字消毒法"泼洒来调节水质酸碱度，杀菌消毒。遇夏季高温，观察池水深度，若下降要及时加注新水，保证稳定的池塘水位线。推水增氧，保证全天候开启气提式推水增氧机，养殖槽要确保 24 h 水一直处于增氧和循环流动状态，流速以槽内 4~6 min 换水 1 次为宜。

用自动粪便收集装置对粪便和废弃物进行回收与利用，可大大减轻对水体的污染，每天收集 2~4 次粪便，每次在鱼吃食后 3 h 左右收集，收集粪便的同时观察外塘的水质，若水质过肥或成鱼规格渐大，应缩短收集间隔，增加收集次数。收集的鱼粪及废弃物可作为农作物或果蔬的有机肥。

此养殖技术水环境较好,溶解氧量较高,较一般养殖模式鱼病相对减少,鱼病以防为主。平时做好以上3项日常管理,每月定期对外塘进行消毒,严禁使用高毒、高残留或具有"三致"(致癌、致畸、致突变)的鱼药。此外,还应做好秋季鱼病预防工作,使用杀虫药给鱼杀虫1次,再用消毒药物给水体及鱼体消毒1次,使鱼种顺利过冬。需注意,拉网起捕前要停食3天。

2. 注意事项

要密切关注推水增氧系统的正常运行,由于养殖槽内鱼类高度密集,一旦停机缺氧,后果十分严重。

集污区内不能有任何鱼的活动,否则集污能力下降。

塘内除投放滤食性鱼类外,不养殖吃食鱼类。

在大塘四边应定向安装推水增氧设备,保证池塘水质稳定和溶解氧丰富。

(五)工厂化循环水养殖模式

工厂化循环水养殖模式是一种全面摆脱自然海、淡水水域,采用全封闭式水循环,运用高新技术组装的环保型、集约化养殖技术,其养殖产量是自然水域产量的数十倍乃至百余倍,具有节能、节水、节约土地等特点。这是一种集智能化、产业化、效益化于一体,摆脱了传统水产养殖受自然环境的制约,保障了水产品产量的稳定、品味上乘、安全健康的新型水产养殖技术。

我国工厂化循环水养殖方式始于20世纪70年代末,主要是根据国外信息、资料,结合传统的水处理方法,作为一种技术上的探索和养殖新技术的研究,但由于能耗过大、养殖对象档次较低(受当时诸多条件限制)等原因,生产经营者均入不敷出,使曾经兴旺一时的工厂化水产养殖业夭折。

工厂化水产养殖业在一些发达国家如美国、挪威、丹麦、德国等自20世纪50年代就兴起,历经半个世纪,技术日臻完善,主要原因是这些国家的电费相对便宜,养殖生产的品种虽然单调(大马哈鱼、虹鳟、罗非鱼、鲟鱼等),但也完全能与市场对接,这与欧美人对水产品的饮食习惯也有很大关系。国内有些省市在20世纪90年代末,全套引进了国外先进的工厂化养殖设施(每套价格高达2 000万元人民币以上),但因耗电量大、设施适用范围专一而难以为继。

在海水工厂化养殖中,发展最早的是室内鲍鱼养殖,近几年来真鲷、牙鲆、美国红鱼等室内工厂化养殖有所发展,但基本上还是属于开放式、流水养殖。虽然采取了一些净化水质措施,如进水水源的预处理,然而水平却不尽人意。

我国许多海水养殖品种的苗种基本上是采用工厂化方式培养,在幼体饵料培育、水质调控、疾病预防、亲体培育等方面基本可形成配套体系,虽然设备落后于欧美,但已具有一定规模和水平。

一些发达国家由于对水环境管理严格,对一些在沿海经营水产养殖生产的工厂(主要是近海网箱和海滨养鱼工厂)制定了依法用水和养鱼池水需经处理达标后排放的有关法规,致使一些不肯放弃水产养殖业的经营者跑到内陆,建造设施并继续开展海、淡水养殖,称之为陆基水产养殖,这种养殖方式的特点是养殖用水循环使用,养殖产品不用任何药物和化学药品,排放水对环境无污染,可养淡水鱼,也可养海水鱼。

1. 封闭式循环水养殖系统

(1)欧洲主流型系统

欧洲主流型系统目前在欧洲各国已经广泛投入使用,是能进行超高密度养殖的封闭式循环水养殖系统。该系统以提高生产效率和经济效益为目标,旨在通过人工手段把鱼的放养密度和生长发育之潜能发挥到极限。水处理系统由固形物质去除、硝化以及增供氧气等流程构成。但硝化过程产生积累于水体中的 NO_3N,通过换水排出系统之外(日换水率100%)。因此,也会对环境造成污染。从现有的养殖技术看,通过人为地创造养殖环境,已经使尖吻鲈或乌鲂能达到 $100\ kg/m^3$ 的超高密度养殖水平。让养鱼像工业制品一样能够做到根据需求稳定生产、稳定供应,将既有的水产养殖业戏剧性地转变为新型的产业,在这一点上,欧洲主流型系统的确功不可没。

(2)日本电力中央研究所系统

该系统类似于西欧的循环式系统,为了尽量减少注水和换水而设置了并不经常使用的脱氮流程。据对总用水量为 $10\ m^3$ 的系统进行经济性能评价时初步测算,在现阶段,设备投资比既有的一次性用水流水养殖方式要高若干成,有待继续降低设备投资,提高生产性能。若要将该系统改造成为零排放型水产养殖系统,还需要解决脱氮流程的不间断运行,污泥的回收、加工和处置等后续问题,当然这些问题解决起来已经比较容易。

(3)以色列式系统

该系统是由养鱼池、散水滤床、循环泵、沉淀池以及厌氧性流动床等构成的封闭式循环水养殖系统。该系统的特征是:能完整地回收所有的沉淀物和进行脱氮处理;用沉淀物中溶解的有机物质作为脱氮所必需的碳源,达到了减少沉淀物数量的目的,是非常合理的处置。通过调整向厌氧性流动床供水的泵的流量,即可控制脱氮的程度。抽取沉淀池污泥的作业和维护管理也变得容易了。而一般系统的脱氮需要另设途径,用甲醇、葡萄糖等有机物质做脱氮处理所需的碳素源。散水滤床的作用是硝化处理和增氧。

最新研究中报道了利用厌氧性流动床可同时进行脱氮和生物脱磷。该系统非常重视高密度养殖和减轻对环境的污染负荷,即非常重视零排放理念。用污泥做碳素源以减少污泥排出量以及从养殖水体中同时除去氮和磷,都可以称得上是具有世界领先水平的研究成果。

(4)全套装备型系统

日本研发的全套装备型系统是囊括了现在所有养殖技术要素的全套装备型系统。该系统由圆筒过滤器、两种生物过滤槽、脱氮槽、增氧装置、泡沫分离装置、消毒设备和警报系统组成。以银汉鱼为对象进行了养殖试验,在养殖用水日交换量为0.4%、一年没有换水的封闭循环式条件下,银汉鱼成活率为92%,试验结束时放养密度能达到 $18\ kg/m^3$。

(5)宫大式泡沫分离系统

该系统与其他系统相比,非常简洁。其特征是在养殖用水的主要净化流程中增加了泡沫分离流程。该流程具备同时完成增氧、去除悬浮物和二氧化碳的功能。

鱼体表面分泌的黏液物质是恶化水质的元凶。该系统的创新之处在于,利用黏液物质能把悬浮物吸附于气泡并上升至水面形成泡沫的特性,把它作为发泡剂使用,让它变害为利。该系统只需要通过自来水补充因泡沫分离和蒸发损失的水量,可以说是接近于零排放的封闭式循环水养殖系统。

该系统还在气液接触槽（泡沫分离槽）安装了空气自吸式充气机，可供给微小气泡，再加上挡板的效果，气液便会得到充分地混合。养殖用水从底部流入气液接触槽内，在水面产生的稳定的泡沫被分离，随即被从设置在气液接触槽的排气导管排出。由于充气机提供了微小气泡并使之充分混合，在进行泡沫分离处理的同时，流入气液接触槽的养殖用水已经高效率地溶入了氧气。

从现有各种泡沫分离装置看，对泡沫分离的效果起决定性作用的是气泡供给方式、气液接触强度和泡沫回收方式等，然而，不同装置之间性能差异很大，效果也有着天壤之别。

2. 主要技术手段

（1）节电技术

陆基水产养殖技术要在我国立足，必须解决电耗问题。根据养殖工艺和净化工艺的要求，确保陆基水产养殖技术的水体再循环工艺采用气提的方法，大大降低了电耗。

（2）水处理技术

水处理技术采用物理净化和生物净化相结合的方式。首先，通过设计合理的池体结构和过滤系统来除去大部分的鱼类粪便和残余饵料等固形物，以减轻系统的负担；其次，通过循环水流工艺的设计，排出水中的二氧化碳等有害气体，并与空气充分接触，完成"吐故纳新"的过程；再次，通过滤料，人工接种的菌、藻等所组成的生物滤床，对养殖池排出的有机物进行分解、利用，与养殖池的鱼类共同形成一个生命系统。

（3）智能化控制技术

陆基水产养殖技术采用计算机在线监测系统，对整个养殖设施22只养殖池的pH、溶解氧、盐度、温度、氧化还原电位、氨氮、硝酸盐、亚硝酸盐八项主要水质指标进行连续自动监测。此外，陆基水产养殖设施设有断电自动报警装置，以便提醒有关人员及时启动备用电，保证设施的正常运转。22只养殖池还设有停流报警装置和自动补水装置，如果水位差超过预先设定的范围，就会发出警报，并指明故障发生的位置，及时引导工作人员排除故障；若由于某种原因养殖水位降低于设定水位下限时，自动补水系统会及时自动补水，直到达到所设定的标准水位为止。

3. 特点

通过特殊的构型设计和水处理技术设计建造的水产养殖设施有以下特点：

（1）小系统、大组合：每个养殖单元具有独立的水处理系统，组合可大可小；可养淡水鱼，也可养海水鱼，实现内陆养殖海水鱼"零的突破"；也可囤养鱼种过冬或高密度暂养商品鱼。

（2）节能、节水、节约土地：每处理1 t水耗电在0.01 kW·h左右，而传统包括国外现代水平的工厂化设施每处理1 t水需耗电在0.25 kW·h以上。养1 kg鱼用水0.2 t，传统养殖养1 kg鱼需用水4 t；每天补充新水1%，达到国际先进水平。每年每立方水体可生产20~50 kg水产品，即10~20 m³水体相当于1亩池塘养殖的产量，大大节约了土地资源。

（3）环保型：传统养殖方式包括传统工厂化养殖，养殖用水量大，因而无法处理而全部排入河道。陆基水产养殖用水量少，便于处理，处理后的水可循环使用，不必排入河道，这个技术对于中西部缺水地区更有应用价值。因对环境不产生污染，符合我国可持续发展。

（4）使标准化养殖生产成为可能：传统的水产养殖属经验型，较难开展标准化管理。陆基水产养殖技术可制定"工厂化"生产的标准，包括水质、环境、鱼种、生产管理、设施等，可形成与国际接轨的标准化生产。

（六）多级人工湿地养殖模式

湿地被称为地球之肾、天然水库、天然物种库，是指天然的或人工的，永久的或临时的沼泽地、泥炭地或水域地，带有静止或流动的淡水、半咸水或咸水水体，包括低潮时水深不超过 6 m 的海域。沼泽、泥岸地、湿草甸、湖泊、河流及洪泛草原、河口三角洲、滩涂、珊瑚礁、红树林、水库、池塘、水稻田以及低潮时水深小于 6 m 的海岸线等都属湿地范畴。

从内陆渔业水域看，湿地是作为各种鱼类的种源、营养源以及各种渔产品的天然生产厂、制造厂，为人类的各种渔业活动源源不断地提供原料。

鱼类是湿地生态系统食物链循环中的重要一环，渔业是湿地生态系统的重要组成部分，是湿地维持经济社会可持续发展功能的具体体现。在湿地生态系统中，鱼类种群既是湿地生态系统的子系统，又是湿地生态系统食物链循环中的一个链节。简单地说，即是鱼类种群除了维持自身的生长、平衡，还通过消化湿地中的腐殖质、水生动植物残体和鲜体的方式净化水体，维护环境，同时又以残体、鲜体等形式为湿地中的野生动物（如水禽、飞禽等）、植物提供食物进行能量循环。当湿地中鱼类等生物达到一定量的时候，人类的渔业等活动就参与进来，湿地生态系统作为一个子系统便参与到一个更大的生态、经济系统中循环，为人类社会的健康发展提供丰富的食物等营养源，并通过渔业这种形式为经济社会可持续发展做出贡献。

近年来，人工湿地作为一种生态工程化的废水处理技术已引起人们广泛关注，其作用机理综合了物理、化学和生物三重协同作用，表现为过滤、吸附、沉淀、离子交换、植物吸收和微生物代谢等多种途径。研究表明该技术不仅能有效去除有机物、氮、磷、重金属和病原微生物等，而且投资运行费用低，维护管理方便。目前，国内外学者也已经将人工湿地应用于处理水产养殖废水，特别是循环水养殖系统中。已有研究证实人工湿地能有效地去除多个水产品种循环水养殖系统中的主要污染物，例如：虹鳟（Oncorhynchus mykiss）、凡纳滨对虾（L. vannamei）、斑点叉尾鲖（Ictalurus punctatus）、团头鲂（Megalobrama amblycephala）、白鲢（Hypophthalmichthys molitrix）和青鱼（Mylopharyngodon piceus）等养殖系统。近年来，基于人工湿地的高密度循环水养殖系统已应用于一些品种的养殖生产，如凡纳滨对虾和罗非鱼（Oreochromis mossambicus）。

有关人工湿地在水产养殖中应用的研究主要集中于气温较高的养殖季节（江浙一带主要在 5—11 月）；然而，在秋冬季低温条件下，许多湿地植物出现枯萎和休眠现象，根系微生物代谢减缓，导致人工湿地中植物和微生物处理污物的能效下降。有关人工湿地在秋冬季处理养殖废水的研究甚少，仅有陶玲等研究了人工湿地冬季净化池塘养殖废水的效果，但研究时间较短，没有在整个秋冬季湿地植物枯萎、温度较低的时期对人工湿地净化养殖废水效果进行研究，而人工湿地在实际水产养殖的应用过程中（特别是在水产养殖越冬季节）是长期和长效的。因此，在湿地植物休眠和微生物代谢缓慢的时期下，人工湿地处理养殖废水的能效究竟如何还没有完全得到揭示，如水产越冬养殖系统。

陕西黄河湿地生态渔业因地制宜，推土围塘，在原有湿地的基础上引流黄河水作为养殖水源，整体的放养特点基本是投放大规格鱼种，以150~250 g为宜，根据水域面积和具体特点决定放养密度。投放品种在黄河湿地以草鱼为主要养殖对象，配合投放鲤、鲫和鲢、鳙鱼，基本按照80∶20的养殖模式进行合理搭配，以黑光灯诱捕昆虫收集后作为鱼类辅助饲料。

陕西黄河湿地生态渔业在取得经济效益的同时，也获得了一定的生态效益。试验研究结果表明：鱼-草-水共生系统中芦苇可净化水质，为鱼类提供无毒少病害的水环境；而鱼类可摄食空间的杂草、底栖动物及害虫，减少水体肥源消耗和芦苇病虫害，并疏松土壤，改善水体生态环境，有机物污染源得到全面合理的利用，在一定范围之内减少旱、涝、虫灾的发生，保证稳定的生态系统结构，持续向社会提供直接食用或用作加工原料的各种动植物产品，如：鱼类、瓜果、蔬菜、棉花、花生及芦笋等动植物产品。67 hm^{2}试验水面生产的鱼品质好，属无公害绿色水产品，非常受消费者欢迎；20~33 hm^{2}的中型水体，生产的水产品品质稍微逊色，优点是产量比较高，基本上也没有明显的生态环境污染。

（七）集装箱受控式循环水养殖模式

集装箱养殖技术，又称为受控式集装箱循环水绿色生态养殖技术，是在经过技术改造的集装箱中进行水产养殖。集装箱养殖技术有三大优势。一是集约水平高，有助于突破土地、环境和劳动力等资源要素瓶颈。二是提质增效大，有助于提高水产养殖业生产效益。三是可工业化发展，提供水产养殖新路径。智能化和标准化是集装箱养殖的特征。养殖箱体模块化、易组装、可拆卸，养殖实现标准化操作。通过物联网智能监控技术可进行水质在线监测和设备自动控制，生产实现智能化管理。

集装箱养殖技术将养殖池塘与集装箱耦合，从养殖池塘中抽取上层高氧水，进入标准集装箱进行集约化养殖。针对箱养品种特点，综合集成高效集污、尾水生态处理、质量和品质控制、绿色病害防控、专用环保型饲料、循环推水、生物净水、物联网精准控制、便捷化捕捞等关键技术，精准控制养殖环境和养殖过程，实现受控式养殖。集装箱养殖尾水经自流式微滤机固液分离后返回池塘，经过池塘三级生态净化和臭氧杀菌消毒后再回到集装箱内循环利用，实现养殖尾水生态治理和循环利用。

1. 系统原理

1）整套养殖系统

由快速排污养殖箱体（由集装箱改造而成），杀菌系统（臭氧发生器），水处理系统（微滤机、池塘），排水系统（液位控制管及后续管道），进水系统（水泵浮台及水泵），增氧系统（鼓风机），控制系统（水质监测及设备监控箱）及配套池塘等辅助设施组成。

2）系统运行原理

养殖箱内高密度养殖鱼、虾，不断有池塘新水经过臭氧杀菌流至推水箱中，推水箱中的养殖废水经微滤机，去除悬浮颗粒流入池塘，养殖水体经过池塘（养殖少量滤食性鱼类）的净化后（池塘主要功能变为湿地生态池，不投料）再被水泵抽回集装箱，完成一次循环，如此循环往复。

3）优点

（1）资源节约是集装箱养殖的最大优势。这一优势主要表现为"四节"：节地，占地面积小，安装灵活，可减少对土地的深挖破坏，在相同养殖产量下，较传统养殖可节约土地资源75%～98%；节水，采用水体循环利用技术，减少用水量，无清塘干塘、大排大灌、废水外排等问题，较传统养殖可节约95%～98%的水资源，并为水产养殖扩展到缺水地区提供了可能的技术方案；节力，一个工人可以看管多个养殖箱，捕捞简单，劳动强度小，较传统池塘养殖节省50%以上的劳动力；节料，箱体内高密度养殖，可集中精准投喂，减少饲料浪费，提升饲料利用率。

（2）提质增效是集装箱养殖的最大亮点。这一优势主要表现为"四减"：减病，建立了四级绿色防病体系，养殖水体循环快、水质优，易于观察防病，病害发生概率大幅降低；减药，集装箱养殖由于病害发生少，用药环节精准可控，可大幅减少药物使用，防止药残污染；减脂，养殖对象长期顶水游动，内质含脂量低、弹性好、无土腥味，品质好，市场认可度高；减灾，养殖箱可以有效抵御台风、洪涝、高温和寒潮等自然灾害和极端天气，减少养殖风险。

（3）环境友好是集装箱养殖的显著特色。这一优势主要表现为"四融"：物理净水与生态净水相融，通过粪污物理过滤和集中分离技术，可分离90%以上养殖固体粪污，通过池塘生态净水技术有效降低水中氨氮，实现高效经济净水；生产和生态相融，集装箱养殖严格按照环境生态承载力规划生产，促进资源循环利用，能有效实现生态减排；养殖与种植相融，将集装箱养殖与稻田综合种养和鱼菜共生等模式相结合，将养殖废水和粪污变为种植的肥料，实现种养循环，资源综合利用；养殖与休闲相融，通过将养殖池塘转化为生态净水湿地，发展科普教育文化，促进水产养殖生态化、景观化、休闲化，实现水域生态环境优美。

（4）智能标准是集装箱养殖的显著特征。这一优势主要表现为"四化"：规模化，集装箱养殖是一种规模化高效生产的现代养殖模式，单个箱体年产量最高可达 3 t，比传统养殖池塘效率提高 20～50 倍；标准化，养殖箱体模块化，易组装、可拆卸，养殖过程标准可控，实现了傻瓜化操作，大幅降低了劳动强度。精准化，通过物联网智能监控技术实现了水质在线监测和设备自动控制，实现生产精细化管理；品牌化，通过以绿色品牌为导向，构建水产品质量安全追溯体系，实现产加销一体化经营。

2. 要点

（1）排污系统。方形箱便于制造，但不利于箱体排污，方形箱体集污效果不良，同时边角处难以避免紊流出现。为避免方形箱的以上弊端，结合力学模拟报告结果，改变养殖箱体结构，使其底面呈 1/10 坡度，同时在箱体周边增加曝气管，避免粪便沉积。

（2）水处理系统。集污槽中的水体携带粪便颗粒流至微滤机中，大粒径颗粒被收集到微滤机排污管，供蔬菜种植利用。小颗粒随水流沿中间管溢流出至池塘中。池塘内养殖鲢、鳙鱼等以浮游生物为食的品种。池塘具有生态处理功能，每亩水域配 2 组推水箱。微滤机水处理量 60 m³/h，120 目网目，去除直径大于 0.125 mm 固体颗粒。

（3）出鱼系统。出鱼口四周打磨处理，顺滑无尖角，养殖品种可顺畅滑出箱体，至接鱼池中。箱体内部有挡鱼板，可实时开关，控制出鱼启停。出鱼滑梯可将商品鱼接至接鱼池中，节省人力。以上组合满足集装箱省时省力、快速出鱼的使用要求。收获时，成鱼会顺水流集中到箱底一侧，减少成鱼脱离水体时间，降低成鱼应激反应，防止鱼体皮肤损伤，基本实现无伤害收鱼(相比池塘和工厂化养殖此优势明显);在运输过程中,无伤成鱼对环境的耐受能力强,不易发生水霉病。

(4)进水系统。箱体水泵利用浮桶抽取池塘中上层的水进入养殖箱体内,中上层的水含氧量高,致病菌少,无土腥味。池塘养殖的致病菌都是兼性厌氧的,均分布在池塘的底部,进水系统可保证养殖箱内发病率低、含氧量高、无土腥味。

(5)增氧系统。系统需求进气量 25 m³/h,气压 0.03 MP,按并联箱体数量选配风机规格。进气管由排空阀、PVC/PPR 管连接,增氧系统时刻开启,箱内配溶解氧探头,箱体内溶解氧超过 5 mg/L,同时增氧系统变频控制,以适应不同养殖阶段、不同养殖品种对流速的不同需求。

(6)杀菌系统。系统配备臭氧发生器,最大产生量 5 g/h。系统中臭氧的应用主要有两方面:①初次加水消毒,初次加水,将臭氧发生器调节至最大臭氧产生量 5 g/h,系统循环量 15 m³/h,逐步调节至 10 m³/h,即可使箱体内臭氧浓度维持在 0.33~0.4 mg/L。此浓度臭氧杀菌能力强。②养殖期间,系统循环量稳定为 15 m³/h,臭氧添加量 2~3 g/h,调节水体臭氧浓度为 0.1~0.15 mg/L 的安全消毒浓度。臭氧同时具有去除氨氮、铁、锰,氧化分解有机物和絮凝作用,降低养殖水体中重金属毒性及氨氮毒性。

二、淡水鱼类健康养殖的水环境调控

(一) 新时期肥水养鱼

水产养殖用肥料从原来的使用常规肥料转变为现在的使用微生物渔肥替代尿素、碳酸氢铵等氮肥是肥水养鱼技术新的突破。

微生物渔肥是通过对配方的优化组合和原材料的精挑细选,研发出的新一代水体育藻素产品,是根据不同养殖水体的理化性质和生物特性,以及养殖水体的藻相、菌相的平衡特征开展研究而开发的水产专用微生物肥,是目前市场上水产养殖新技术肥料之一。

微生物渔肥主要成分包括常规营养元素、有益微生物、微量元素和氨基酸等。在使用过程中,微生物在食物链的第一环节中占主导地位,先是有益微生物大量繁殖,一部分为鱼类直接利用,促进鱼类的生长,另一部分为浮游植物所利用,接着浮游植物开始大量繁殖,为鱼类提供更加丰富的天然饵料,在池塘中保持了较高的生物量,3~5 天浮游生物量可以达到高峰,肥效一般可持续 7 天左右。实践证明,使用微生物渔肥后,水体中的浮游生物量是施用普通渔肥的 2~3 倍,高于化肥及其他肥料。

微生物渔肥中的有益微生物也能分解养殖水体中的有害物质,为藻类的生长繁殖提供营养源。该类产品不仅能促进鱼、虾、蟹、蚌的快速生长,而且还具有明显的改善水质、防止浮头或泛塘、防治鱼类病害的发生等功效。掌握好微生物渔肥的施用技术,定期施用微生物渔肥,促使养殖水体形成良性循环,水产养殖生物可以成倍增长,鱼类增产、增效十分显著。

1. 微生物渔肥的特点

1）注重营养元素的配比

（1）营养元素的多样性

养殖水体藻类所必需的营养元素达10多种,它们具有各自特殊的生理功能,缺乏一种元素就可能影响有益藻类的生长。

传统的化肥养鱼,注重的是氮、磷等元素的配比,而忽视藻类对其他营养元素的需求,虽然施用氮、磷肥料后对藻类的生长有一定的效果,但也易带来负面效应。特别是高温季节,施用化肥后有害藻类(如蓝藻)暴长。同时池底板结,对水产养殖动物生长不利,并且容易引起细菌性疾病的发生以及缺氧浮头甚至发生泛塘事故。

微生物渔肥中的氮、磷、钾及微量元素配比更显科学合理,添加的氨基酸和有益菌等使营养更全面。其能满足藻类细胞原生质对不同营养元素的需要,促进藻类细胞的生长,调节养殖水体的藻相,迅速繁殖鱼类可口的藻类,如硅藻、隐藻、绿藻等。

（2）营养元素的协调性

养殖水体中各营养元素所占比例与藻类生长存在着密切联系,各元素在水体中的含量是否适宜也至关重要。营养元素含量太低,不能满足藻类的生长繁殖需要;反之,会造成肥料的浪费,增加成本。浮游植物所需要的微量元素所占比例虽然很小,但由于其专一性和不可替代性而不能忽视,当缺乏某种微量元素时,养殖水体中的藻相将发生改变。微生物渔肥巧妙地将多种营养元素互相搭配,采用了微生物发酵新技术,将无机速效、有机长效和生物增效有机结合,营养元素配比科学、合理,水溶性好,能充分被水生生物吸收利用;施放到养殖水体后,有益藻类迅速繁殖生长并成为主要种群。

（3）营养元素的多功能性

微生物渔肥无有害残留,不污染水质,可有效避免水体富营养化;具有调节水质、预防疾病、促进生长、减少浮头发生等功能。传统养殖中,施肥仅仅是为了肥水,往往不能兼顾解决鱼类有效吸收和抵抗某些疾病的问题。

微生物渔肥在为养殖对象提供大量优质天然饵料生物的同时,还能协调养殖水体藻相和菌相之间的平衡,改善水质和底质,分解有机质,降低养殖水体中的氨氮、亚硝酸盐、硫化氢等;同时可增加养殖水体中的溶解氧,改善养殖生态环境,使关键的水体化学因子始终保持在有利于鱼、虾、蟹、蚌生长的良好状态,使水产养殖动物的体质健壮、抗病力强、生长速度快,可有效地防止鱼类浮头以及泛塘的发生。特别是对淤泥厚、有机质多的老化池塘,使用微生物渔肥,效果更加明显。

2）减少转化环节

传统养殖观念认为,水体施用有机肥和无机肥的目的是为藻类的生长提供原料。微生物渔肥中含有的氨基酸和有益菌,施放到养殖水体后,首先提供大量的营养盐类和微量元素,通过光合作用,迅速大量繁殖浮游植物,接着以浮游植物带动浮游动物和其他水生动物的增殖,这样便为鲢、鳙等滤食性鱼类提供了各种适口饵料。微生物渔肥采用超微粉碎制造技术和生物发酵工程技术,将高蛋白的有机物分解为短链的小肽物质及氨基酸,大大增强了溶解性能及饵料生物的消化吸收,可直接被藻类和浮游动物吸收利用,从而快速培养大量适口、易被消化利用的优质饵料生物。其次微生物渔肥中还富含营养性有机成分,这些有机成分可以直接被鱼类和其他水生动物所吞食和利用。

2. 微生物渔肥的应用

微生物渔肥的施用时间、频率及用量应根据季节(水温)、水的颜色变化掌握。一般是在 3 月以后,当气温在 15 ℃以上时,选择天气晴朗的日子施肥,其中每天中午 12:00~14:00 是施肥的适宜时间。在 3—5 月及 9 月以后,水温较低,鱼类摄食量较小,一般 7~10 天施肥 1 次;在 6—9 月,5~7 天施肥 1 次。在梅雨天、阴天、闷热天和鱼已开始浮头的时候都不能施肥。

针对不同的养殖水体可以选择不同的产品,在养殖池塘早期或大水面养殖中由于养殖水体中有机质少,营养不丰富,藻类单一,这时选用"鱼壮圆"效果更理想;对于养殖中后期或肥水池塘可直接使用"富藻素"或"培水解毒降氨宁",能迅速分解养殖水体中的有机物,调节 pH 值,降低养殖水体中的氨氮、亚硝酸盐、硫化氢等有害物质,改善养殖水体环境。

微生物渔肥的使用方法有:常规肥料和微生物渔肥交替使用、常规肥料与微生物渔肥(按 1:1 的性价比)一起使用和直接单独使用微生物渔肥(一些池塘因长年进行养殖没有改造,淤泥比较厚,使用常规肥料容易引发鱼病,直接使用微生物渔肥可以避免鱼病的发生)。

(二)微生态制剂在水质调控中的应用

益生菌是生态水质重要的调节剂。研究发现,向养殖水体中添加益生菌,可降低水体中的 H_2S、化学需氧量、硝态氮、氨态氮等有害物质,以及死亡的养殖动物尸体、残饵等各种大分子有机物,进而起到调节养殖水质的作用,是目前水产养殖中水质调节的一种较为理想的办法。张玲华等研究表明,益生菌制剂可以有效降解淤泥中的有机物,防止单一微生物和藻类的爆发式增长,使养殖水体中藻类、微生物、养殖动物的生存环境达到平衡,达到让养殖动物健康生长的目的。茆健强等研究表明,向养殖水体添加益生菌制剂后,能增加养殖水体中的溶解氧量,可以使水体 pH 稳定,使氨氮含量降低,加速水中氨转化量,使分子氨的毒害作用降低,并且使水体中 COD 浓度降低,也改变了浮游植物种群结构,提高种群数量,避免藻类的过度繁殖,从而使水质得到改善。槐创锋等向养殖水体中添加硝化细菌后发现,这一措施可稳定水体 pH,降低氨态氮和硝态氮的浓度,降解有机质。Grazina Zibiene and Alvydas Zibas 研究将商业化益生菌应用于循环水养殖系统,探讨欧洲鲇生长参数和水质的影响,发现 2 个试验组的特定生长率、日增长指数、饲料系数和饲料效率均存在显著差异,氨氮、亚硝酸盐和溶解氧这些水参数差异显著($P<0.05$),温度、硝酸盐和 pH 值的差异在统计学上不显著。陈旭等研究将硝化细菌应用于养殖水体,使水体 pH 值得到稳定,使亚硝酸盐浓度降低,也使总氮浓度得到了有效抑制,使底泥中有机物及全磷含量降低。杨世平等研究表明,将芽孢杆菌泼洒到水体中,使各实验组氨氮、亚硝酸盐氮浓度显著降低,使弧菌的浓度显著降低($P<0.05$)。

微生态制剂中的有益菌如枯草芽孢杆菌、硝化细菌等,能发挥氧化、氨化、硝化、反硝化、解硫、硫化、固氮等作用,将动物的排泄物、残存饵料、浮游生物残体、化学药物等迅速分解,保持菌群的活性。

针对不能及时更换新水,残饵、淤泥等沉积物较多,水质恶化的老化池塘,在晴天的早晨,将益水宝化水后直接均匀泼洒在池塘中。首次每亩施用 500 g,第二天,水好转,第三至四天,水质基本好转。15 天后再补施 250 g,以稳定良好水质,经定期检测,池塘中的 pH 值、氨氮、亚硝酸盐、溶解氧指标均在正常值范围内。在春夏季的使用效果优于秋季的使用效果,尤其是在春夏季的夏花池塘中表现突出,既改良了水质,又为夏花塘培育了充足的生物饵料,而且减少了消毒剂的施用次数和使用量。

王晓奕、连总强 2009 年提出池塘施用高效复合芽孢杆菌,通过对浮游生物种类和数量的分析,测定 pH 值、溶解氧、氨氮和亚硝酸盐指标,根据水质情况,每亩施用 25~50 g 不等。使用时每袋加入 1 kg 米糠或麸皮,用 10~20 kg 水浸泡 2~4 h 后全池均匀泼洒。两天后,水色好转,测定各项指标均恢复正常,鱼吃食良好;在瘦水池塘与肥水配套使用效果很好,第三天水色转为黄绿色。在亚硝酸盐含量高(亚硝酸盐含量≥0.3)的池塘,用高效复合芽孢杆菌与亚硝酸盐解毒剂配合使用,效果优于单施亚硝酸盐解毒剂,第二天,亚硝酸盐可降至 0.2 以下,水色略有好转,鱼开始吃食,第三天亚硝酸盐可降至 0.1 以下,水色转为黄绿色,鱼开始抢食。

现在益生菌被广泛应用于水产淡水养殖和海水养殖之中。Kozasa 1986 年筛选出了一种叫作 Bacillustoyoi 的有益菌,菌种筛选自土壤中,通过拌料的方式用于日本鳗鲡(Anguilla japonica)养殖,起到了抑制发病率的效果。Fuller 1989 年提出益生菌可以作为一种水产饲料添加剂,动物通过摄食含益生菌的饲料调节肠道的微生物群落,进而改善动物健康状态。一些研究指出水体环境中存在的病原菌和有益菌都会对水生动物的肠道细菌种类和组成有较大的影响。Gatesoupe 1999 年认为益生菌是通过摄食进入动物体内后,在消化系统中发挥作用的微生物,在水体环境中益生菌通过水体环境将水产养殖动物的鳃丝或者鳞片作为附着物生存并发挥作用。同样,Gram 1999 年认为益生菌并不仅仅局限在消化系统中附着生存,也可以在水体、呼吸系统、免疫系统中都可以发挥功能。水生动物与周围的水体环境不断地相互影响、相互调节,所以水环境中的细菌往往会较大程度地影响水生动物呼吸系统和消化系统的微生物环境,也对水环境和水产养殖动物有很大影响。

益生菌可以调节水质,主要是因为其能分解水中的溶解有机质,并利用其分解的产物繁殖。比如光合细菌可以分解水体中的小分子化合物;乳酸菌可通过小分子酸对肠道和水体进行改善调节;芽孢杆菌可以有效分解水体中的有机物,同时进入水生生物肠道后通过其强大的繁殖能力抑制病原菌的生存;硝化细菌可以在有氧状态下可以进行硝化反应,对水体中的氨态氮和亚硝酸盐具有较强的清除能力。

枯草芽孢杆菌能分泌几丁质酶,降解几丁质,净化水质,同时能分解池中的大分子有机物,因此常被用作水质调节剂;因其能分泌蛋白酶、木聚糖酶、淀粉酶,因此也被用作饲料添加剂来改善动物的肠道功能,有助于降解植物饲料中的复合碳水化合物,提高养殖生物对饲料中营养物质的消化吸收。

第二章

海水鱼类
健康养殖技术与模式

第一节

海水鱼类苗种培育技术

一、海水养殖主要经济鱼类

据不完全统计,我国现有海水鱼类养殖品种达 90 余种,其中石首鱼科、鲹科、鲷科、笛鲷科、鲀科、鰺科、鲆科、鲽科、石鲈科、军曹鱼科等养殖种类较多(见表 2-1),经济价值较高,是目前池塘、网箱和工厂化养殖的主要品种,部分品种的年产量已达数千吨至数万吨。近几年,我国的海水鱼类养殖面积不断扩大,养殖品种和产量均在迅速上升。

表 2-1 我国海水鱼养殖主要种类

须鲨科	25. 巨石斑鱼	裸颊鲷科	76. 银鲳
1. 条纹斑竹鲨	26. 驼背鲈(老鼠斑)	53. 长鳍裸颊鲷	弹涂鱼科
鲟科	27. 斜带石斑鱼	鲷科	77. 大弹涂鱼
2. 中华鲟	28. 七带石斑鱼	54. 真鲷	塘鳢科
3. 西伯利亚鲟	29. 棕点石斑鱼(老虎斑)	55. 黑鲷	78. 中华乌塘鳢
鲑科	30. 豹纹鳃棘鲈(东星斑)	56. 黄鳍鲷	鲉科
4. 虹鳟	31. 褐石斑	57. 金头鲷	79. 许氏平鲉
5. 大西洋鲑	鳕科	58. 灰鳍鲷	80. 褐菖鲉
鳗鲡科	32. 多鳞鳕	59. 平鲷	81. 鬼鲉
6. 日本鳗鲡	鲹科	石鲷科	六线鱼科
7. 欧洲鳗鲡	33. 卵形鲳鲹	60. 条石鲷	82. 大泷六线鱼
海鳗科	34. 布氏鲳鲹	61. 斑石鲷	鲆科
8. 海鳗	35. 杜氏鰤(高体鰤)	62. 花尾胡椒鲷	83. 大菱鲆
遮目鱼科	36. 五条鰤	63. 斜带髭鲷	84. 牙鲆
9. 遮目鱼	37. 黄条鰤	石鲈科	85. 大西洋牙鲆
鲱科	军曹鱼科	64. 断斑石鲈	86. 漠斑牙鲆
10. 斑鰶	38. 军曹鱼	65. 三线矶鲈	鲽科
海龙科	鲯鳅科	金钱鱼科	87. 石鲽
11. 三斑海马	39. 鲯鳅	66. 金钱鱼	88. 圆斑星鲽
12. 大海马	石首鱼科	丽鱼科	89. 条斑星鲽
13. 日本海马	40. 大黄鱼	67. 尼罗罗非鱼	90. 大西洋庸鲽
14. 线纹海马	41. 红拟石首鱼	68. 奥丽亚罗非鱼	91. 黄盖鲽
鲻科	42. 云纹犬牙石首鱼	篮子鱼科	鲭科
15. 鲻	43. 黄姑鱼	69. 点篮子鱼	92. 欧鳎
16. 大鳞鲻	44. 鮸状黄姑鱼	70. 褐篮子鱼	93. 塞内加尔鳎

（续表）

17. 鲮	45. 浅色黄姑鱼	71. 长鳍篮子鱼	舌鳎科
18. 棱鲮	46. 鮸	鲭科	94. 半滑舌鳎
鲥科	47. 褐毛鲿	72. 鲐	鲀科
19. 花鲈	48. 褐石斑	73. 蓝鳍金枪鱼	95. 红鳍东方鲀
20. 鞍带石斑鱼	笛鲷科	狼鲈科	96. 假晴东方鲀
21. 青石斑鱼	49. 勒氏笛鲷	74. 条纹狼鲈	97. 暗纹东方鲀
22. 赤点石斑鱼	50. 红鳍笛鲷	尖吻鲈科	98. 双斑东方鲀
23. 鲑点石斑鱼	51. 紫红笛鲷	75. 尖吻鲈	99. 黄鳍东方鲀
24. 点带石斑鱼	52. 白斑笛鲷	鲳科	

二、海水鱼类人工繁殖（以牙鲆为主）

（一）亲鱼培育

所谓亲鱼，就是用来选择作繁殖鱼苗的种鱼，亲鱼培育是鱼类人工繁殖的关键，是鱼类人工繁殖的物质基础。只有在亲鱼性腺成熟的基础上，给以适当的催产措施与外界条件的刺激，人工繁殖才能顺利进行。亲鱼的培育过程就是围绕创造一切有利条件使亲鱼性腺发育成熟的过程。

1. 亲鱼培育条件及设施

亲鱼培育车间要求环境安静，光线、水温可以进行人工调控，培育用水池为圆形或方形抹去四个角，池底有一定坡度、中间排水为好，面积 30~60 m^2，池深 1.0~1.2 m，配有进排水、充气等设施。

2. 亲鱼来源

亲鱼来源通常有两种：一是捕捞天然水域的野生亲鱼，一般在繁殖季节从产卵场捕获，成熟的亲鱼可直接采卵进行人工授精，或尚未成熟的亲鱼进行暂养供催产用；二是经良种培育的亲鱼，采卵稳定且产卵时间可控。

为了防止人工亲鱼连续多年使用而发生种质退化，应尽量避免近亲繁育，同时要进行新品种（系）的选育，改良品种，解决由于近亲繁殖、劣质亲鱼参与繁殖而出现的疾病频发、老化、生长速度不高的遗传衰退现象。亲鱼是优良基因的重要载体、育种工作的基础和产业发展的基石，只有管理好、利用好亲鱼，才能够促进渔业经济的健康发展。

亲鱼的运输工具可用活鱼车或用卡车装水槽或帆布桶运输，每立方米放亲鱼 5~6 尾，配置充氧和遮光设施。行车时避免剧烈颠簸，避免运输过程中损伤，运输前停食一天以上，运输过程中不投饵,控温 15 ℃以下。

3. 亲鱼选择及培育

天然亲鱼以定置网捕获的为好,受伤较轻。新捕到的天然亲鱼常很难就食,有时会因长期饥饿而致死,因此,应尽量设法使其摄食。可将天然亲鱼与养殖的亲鱼先放入同一池中,在养殖鱼的带动下可较快就食。一旦正常摄食,一定要天天按时投喂。实践证明,个体越小的天然亲鱼,让其就食越容易。

选用的天然亲鱼应是体表完整无伤、色泽正常、无病害感染的鱼,雌鱼为 3~4 龄以上,雄鱼为 3 龄以上,雌、雄比例为 1∶1.5~1∶2。选择人工养殖亲鱼,应仔细挑选体形正常、无外伤,体表光滑,体色正常,鱼体健康、活力好,摄食良好的鱼。人工养殖亲鱼比天然亲鱼可提前一年使用,即雌鱼年龄为 3 龄以上,雄鱼为 2 龄以上。

培育亲鱼的饵料必须注意质量,要求使用含脂量低的新鲜杂鱼。一般投喂玉筋鱼、小黄鱼、虾虎鱼等,如果买不到鲜杂鱼,可用冷冻鱼投喂。小鱼可以整尾投喂,大个体可以切碎投喂,也可将饵料鱼加工成鱼肉糜,里面再加入添加剂投喂。长期投喂单一饵料或长期冷冻饵料,亲鱼常会出现营养性疾病,因此,饲养亲鱼的饵料鱼虾,种类应该越多越好,并注意添加维生素 C 和维生素 E 等,使亲鱼体质健壮,以利于生殖。

投饵量大致的标准为每天投喂鱼体重的 1%~3%,一般每天投喂 1~2 次。

饲养亲鱼的水应使用砂滤水。为了保证水质良好,每天必须及时清底,同时调节换水量,保证水的日交换量为 5 个量程以上,使水中溶解氧在 5 mg/L 以上。盐度保持在 30~33,pH 值在 7.7~8.6。

采用加温和调节光照等方法可促进人工养殖亲鱼提早成熟。在冬季控温至 10~14 ℃培育亲鱼,可使亲鱼提前 1~2 个月产卵;亦可采用长光照处理的方法,从日落后到晚上 9~12 h 用灯光照明(设于池面上方 1 m 处左右,光线均匀,水面光强为 50~500 lux),连续照射 1~2 个月,并加强饵料营养(添加维生素 E 等),可促其提前 2~3 个月产卵。光照的作用是当日长超过一临界值时,卵子才能发育成熟并产卵。研究表明,在连续长日照控制下,牙鲆的临界值日长为 13~14 h。因此,如需转季育苗,可以利用光、温因子来进行调控,使亲鱼提前或延迟产卵季节。

为防止病害的发生,亲鱼培育期间要根据水温和池底污浊程度定期倒池、刷池,并对鱼体进行药浴或淡水浴。

(二)产卵及孵化

1. 产卵

自然条件下,牙鲆亲鱼生殖腺从秋季到初冬尚未发育成熟,自晚冬到早春生殖腺很快发育起来,生殖腺指数(生殖腺重/鱼体重×100)超过 5。经继续发育,雌鱼从外表可见腹部膨大的卵巢轮廓,卵巢内一部分卵子变成透明,生殖腺指数达到 10 以上。天然海区完全成熟的雌鱼,也有生殖腺指数接近 20 的。当卵径达到 0.9 mm 左右时,卵透明,呈即将排卵状态。雄鱼精巢比雌鱼卵巢小,生殖腺指数为 5 左右时,就已达到完全成熟状态。

牙鲆为多次产卵的鱼类,即在每年的产卵期内产卵数次。其产卵量与鱼体大小及性腺发育程度有关,每次产卵量在数万到二三十万粒。人工培育成熟的牙鲆雌鱼不经催产就可以在池中自行产卵。水温达 10.5~11 ℃时,部分亲鱼开始产卵,产卵盛期的水温是 14~16 ℃。一天中的 0~3 时产卵最活泼,其次为 3~6 时,最次为 12~16 时,从傍晚到半夜不活泼。牙鲆属于分批产卵的鱼类,1 尾雌鱼一次产卵量为 4 万~45 万粒,初期产出的卵数量较少,质量也差,异常卵较多。从产卵开始,经过 5~7 天以后,所产出的卵质量较好,一次产卵的数量也较多。到产卵末期,产的卵成熟过度的较多,质量也较差。因此,采用产卵期中间一段时间所产的卵孵化率最高。

产出的卵应在产卵后 2~3 h 以内采集起来,可用 80 或 100 目筛绢做成囊状捞网捞取受精卵(此时受精卵漂浮于水面,死卵和未受精卵沉于池底),围池边拖捞。也可用溢流法收卵,即在产卵池溢水口处用 80 或 100 目筛绢做成的网箱收卵。网箱需放在盛有水的容器中,网箱要高出盛水容器,以免受精卵随水流出。收集的受精卵在水桶或盆等容器中静置后,将上浮的好卵转移到孵化水槽中孵化。

在繁殖季节捕获的野生亲鱼或经良种培育的亲鱼在自然产卵困难时,可通过人工注射激素进行催产。催产就是用人工方法,对性腺发育成熟的亲鱼进行药物注射,刺激性腺进一步成熟和排卵,从而获得成熟的卵子(或雄鱼精子)。人工催产育苗时,通常使用绒毛膜促性腺激素(HCG)和促黄体素释放激素类似物(LRH-A)。催产剂一般用生理盐水制成悬浊液,每尾鱼用 1~2 mL。一般采用体腔和肌肉注射两种:体腔注射是将针头沿胸鳍基部凹陷处插入,针头朝向鱼头前方,与鱼体呈 45°~60° 夹角刺入针头,注射深度为 0.5~1.5 cm,以不伤及内脏为准,然后缓缓推入催产液;肌肉注射是从背鳍与侧线间的肌肉处进针,先用针头稍挑起鳞片,刺入 0.5~1.5 cm,把催产液注入鱼体。注射时鱼体挣扎扭动,应迅速拔出针头,待鱼稳定后再注射。一般鱼类注射 1~2 次,少数也有注射 3~4 次。亲鱼从末次注射催产剂后到发情产卵所需要的时间称为效应时间,它随亲鱼的种类、成熟度、水温及盐度等不同而相应提前或推迟。注射后待性腺发育充分便可进行人工授精,人工授精有干法或湿法两种。

干法授精:生产中多使用此法,先将雌鱼体表的水擦干,然后将鱼的生殖孔对着盛卵容器轻轻挤压腹部将卵挤出,再按同样方法将精液挤出,将精卵搅拌均匀后,放置 5~10 min,之后加入洁净的海水,用 80 目筛绢过滤,洗去多余的精液和污物,洗卵过程重复 2~3 次,静置后捞取好卵进行孵化。

湿法授精:在盛卵容器中先加入洁净的海水,然后同时挤入精卵,搅匀后静置 10~20 min,然后按上述方法洗卵,重复 2~3 次,静置后捞取好卵进行孵化。

半干法人工授精:先将精液放入少量生理盐水或干净海水中稀释后,再和鱼卵混合完成受精作用。

人工授精时一定要注意亲鱼性腺的发育程度,必须要在亲鱼性腺充分发育的情况下才能进行人工授精,同时要注意在人工授精的过程中避免阳光照射。

2. 受精卵质量好坏的区分

生产中,区分受精卵质量的好坏比较重要,一般根据受精卵在水中游离情况、卵的大小及透明度进行区分。质量好的受精卵,卵的大小一致,透明度好,卵有光泽,富有弹性,卵质清。

质量差的受精卵,卵的大小不一,透明度差,卵无光泽,卵质浑浊,并有瘪卵。

3.卵的运输

运送受精卵时,可用专用的聚乙烯袋,袋的规格一般为50 cm×70 cm,袋中先注入10~15 L过滤海水,然后装入受精卵(牙鲆可装20万~30万粒鱼卵),袋内充氧,再封口。运输途中应避免温差过大,不宜超过1~2 ℃。为了防止水温上升,可在装卵的袋子周围放降温的小冰袋或其他降温材料,通常1个卵袋周围放0.5~1 kg冰,这样包装可连续运输15~20 h;也可用冷藏车运输。运输时应注意选择早期发育的卵运输,即将孵化的卵子不宜长途运输,以免胚胎途中死亡或孵化仔鱼畸形率增高。受精卵运到目的地后,应先打开一袋,测袋中的水温,如果袋中的水温与池水的水温不同,应该进行调整,或将整袋受精卵不打开袋先放入孵化池中10~20 min,待池水内水温与袋内水温大体一致时,再将卵袋打开,将受精卵放入孵化池中,进行孵化。

4.孵化

牙鲆等鲆鲽类的卵大多为浮性卵,孵化相对比较简单。可将计数后的受精卵放在容积为0.5~1 m³的玻璃钢槽中孵化,投放密度为20万~30万粒/m³,孵化槽每天换2次水,每次换水量为70%左右,每桶放一气石,进行微弱充气。或将受精卵直接放入育苗池中进行孵化,也可在育苗池内设置用80目筛绢制成的0.5~1 m³网箱,孵化时密度可在10万~30万粒/m³。为保证卵能浮起来,盐度需保持在27以上。及时将沉底的坏卵虹吸清除,以防败坏水质,孵化适宜水温为14~16 ℃。

红鳍东方鲀等的卵为沉性,故孵化时一定要通过充气或水流让受精卵在孵化器中悬浮起来。

黄盖鲽等某些鱼类的卵为黏性卵,孵化过程中需要黏着在一个附着物上,可以使用60目的筛绢网作为附着物,流水充气孵化,若养殖条件不具备流水条件时,则每日换水1~2次。

孵化受到多种环境因素的影响,孵化用水需经沉淀、过滤后使用。在孵化过程中要避免水温和盐度等环境因素在短时间内剧烈变化,否则易引起胚胎畸形或死亡。胚胎的耗氧量随着发育而递增,在孵化过程中要保持充气,溶解氧量保持在5 mg/L以上。

孵出的仔鱼需要计数,计数方法可用体积法,用量杯(50~100 mL)随机取样3~5次,记录各次杯内仔鱼数,然后取其平均值,最后推算出整池的仔鱼数。

三、海水鱼类人工育苗

(一)育苗设施

育苗场应具备控温、充气、控光、进排水和水处理设施。其主要建筑物有育苗车间、饲料车间(动物、植物饵料室)、水泵房、沉淀池、砂滤池、预热池、锅炉房、风机室、变配电室、库房、宿舍、办公室等。

1. 育苗车间

育苗车间是育苗场的主体,应根据投资规模、生产管理模式和当地的实际情况等综合考虑。牙鲆育苗车间一般为单跨、双跨或三跨的低拱屋顶结构,可根据生产规模选择。一般每个跨度为9~18 m,长40~70 m,能保温、防风雨、可调光。

育苗池为水泥池构造,内设加温和充气设施,水泥池多为方形抹角或圆形,面积为10~50 m²,10~30 m²操作较为方便,牙鲆等鲆鲽类育苗池池深为0.8~1.2 m,其他鱼类苗池池深可在1.2~1.8 m。周围设置1~2个进水管,使水流可在池内旋转。排水管设置在水池底部或侧面下部,设排水口1~2处。仔鱼培育期的排水采用带过滤网的换水罩或在水池中设置换水网箱用虹吸方式进行排水。排水罩或排水网箱的网目应随仔鱼的生长而加大。为了便于排空池水进行清扫或清池等,池底从四周到中心的坡度为2%~3%。考虑到浮游藻类在池中的过度繁殖,导致溶解氧的过饱和而产生气泡病及池底、侧面丛生海藻,培育池的上方最好设置可调遮光帘。

2. 饵料车间

生物饵料培养包括单胞藻培养设施(藻种保存、逐级扩大培养),轮虫培养设施(轮虫保种、逐级扩大培养),卤虫孵化和分离设施。

饵料车间屋顶采用透光材料,透光率在70%以上,因培养不同的饵料生物,要求的温度、光照不同,因此需配备调温、调光装置。

小球藻等单胞藻培养池一般为2~10 m²,水深0.5~0.7 m,多用砖砌成长方形水泥池。有条件的情况下,水泥池内面贴白瓷砖,也可用玻璃钢等无毒材料制作,并安装供水管、排污管及充气设施。小球藻培养的光照越强越好,所以饵料车间的屋顶可采用透光率为90%的材料。

轮虫培养池一般为15~30 m²,有效水深在1~1.5 m。轮虫车间和小球藻车间可以分开,也可以建在一起,但中间必须预留较宽的隔离通道,以防轮虫池给小球藻池造成污染。

卤虫孵化池一般为2~5 m²,有效水深在1~1.5 m;也可用玻璃钢等材料制成1 m³左右的锥形底的专用卤虫孵化缸。

生物饵料车间尚需建20~30 m²的单胞藻保种室一间,用于单胞藻的一级保种培养;还需预留空间,用于放置轮虫和卤虫营养强化用的玻璃钢水槽(1 m²水体水槽8~10个)。

3. 给排水系统

给排水系统由水泵,沉淀池,过滤装置(重力无阀滤池、压力过滤器等),管道系统组成。

水泵多采用离心水泵,可根据需水量选择型号、数量,同时应有1~2台备用泵。

沉淀池为圆形或长方形的水泥池,沉淀池的数量应不少于2个。沉淀池最好修建成高位,一次提水,自流供水。沉淀池的总容量应为育苗场最大日用水量的3~6倍。有深海井的育苗场可不设沉淀池。

4. 充气增氧系统

充气泵多选用罗茨鼓风机,管道系统多采用硬聚氯乙烯管或钢管,全系统管路及接口严格密封不得漏气。

池内的充气方式主要为布散气石。散气石呈圆柱状，直径 2~3 cm，长 3~5 cm，分成 80~150 目若干规格，常采用 100 目或 120 目。散气石一般用软塑料管与分池输气管相接，每平方米池底设置 1~2 个散气石。

5. 供热系统

尽量采用地下井盐水或电厂余热水，如无上述条件可用锅炉加热。加热方式可设预热池或在每个育苗池内各设加热管。

（二）苗种培育

牙鲆苗具有由浮游生活经变态而转入底栖生活的特性，而变态前后的培育方法不同，故分为前期和后期两个培育阶段。

1. 前期培育

（1）仔鱼的发育

前期培育是指自仔鱼孵出起到变态营底栖生活以前的培育，经过仔鱼期和稚鱼期两个主要阶段，仔鱼期又可分为仔鱼前期和仔鱼后期。仔鱼前期和仔鱼后期的形态特征与生态习性如下。

仔鱼前期：从初孵至卵黄囊完全吸收，时间为孵化后的 4~5 天，仔鱼全长 2.3~4.5 mm。仔鱼在头部和鱼体背腹边缘分布有棕褐色点状色素细胞，卵黄囊饱满，纵径略大于横径；油球位于卵黄囊后下方。仔鱼以腹面朝上或倾斜悬于水表层，或做短距离运动后恢复原位。以后几天，仔鱼卵黄囊逐渐缩小，尾部不断增大，孵化后第 3~4 天开口，如第 4 天开始投喂轮虫，第 5 天可见仔鱼摄食。

仔鱼后期：从卵黄囊消失开始至冠状幼鳍形成，右眼开始上升，脊索末端上翘为止，时间为孵出后的 6~20 天，仔鱼全长 4.5~10 mm。仔鱼在 4.6~4.8 mm 时开始出现冠状幼鳍原基，呈三角形，紧靠背鳍褶基部前端。仔鱼全长 7 mm 时，冠状幼鳍加长，末端游离，共有 4 根；仔鱼全长 10 mm 时，冠状幼鳍发育至 6~7 根，游离端分化出鳍条；这时右眼开始上升，脊索末端上翘，尾下骨形成。此期仔鱼器官发育较快，身体结构日趋复杂，口部发达，上下颌骨质化，消化道弯曲，肠管不断加粗；腹鳍芽出现；鳃耙形成；背、臀鳍褶边缘上分布有点状棕褐色和黄色的色素细胞。仔鱼身体不断加宽，腹鳍逐步扩大，并做水平游动，十分活跃。

稚鱼期：从鱼的右眼上升头顶至右眼完全移到左侧，在孵化后的 20~30 天，全长为 10~16 mm。孵化后的第 25 天，稚鱼背、尾、臀鳍鳍条均已形成，背鳍 72 条，臀鳍 56 条，尾鳍 19 条，腹鳍 6 条；身体扁平呈叶片状，具有大量黄色素细胞，点状黑色素细胞分布于背腹缘。稚鱼多在水表层做水平游动，偶尔下沉水底，而后又上升到水面活动。16 mm 左右的稚鱼，冠状幼鳍显著缩短，已不超过背鳍前沿的高度；侧线明显，体被浅咖啡色和深咖啡色的黑色素细胞，相间排列，底衬大量黄色素细胞。在培养容器底色相同的情况下，光照强度不同处培养的稚鱼体色有明显的差别，光照强度较大处稚鱼的体色深，不透明；光照强度较小处稚鱼体色呈半透明状，色素形状清晰可辨。这时的稚鱼外形已接近成鱼，但尾柄基部的原始鳍褶尚存，稚鱼逐渐转入底栖生活，摄食卤虫无节幼体。仔鱼、稚鱼发育如图 2-1 所示。

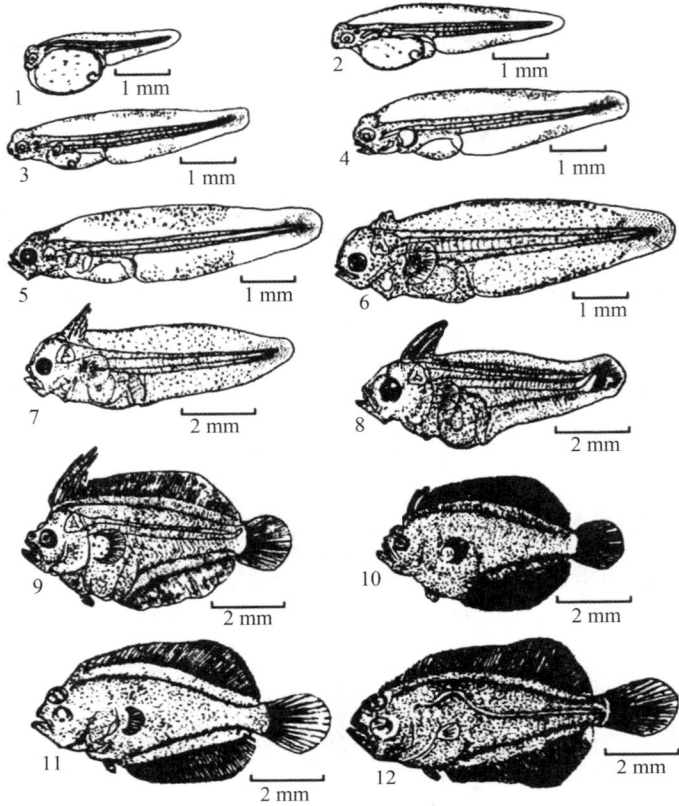

图 2-1　仔鱼、稚鱼发育

1—初孵仔鱼,全长 2.21 mm;2—1 日龄仔鱼,全长 3.04 mm;3—3 日龄仔鱼,全长 3.60 mm,口与肛门出现;4—5 日龄仔鱼,全长 3.80 mm,卵黄囊接近消失;5—9 日龄仔鱼,全长 4.22 mm,冠状幼鳍原基出现;6—15 日龄仔鱼,全长 6.20 mm,冠状幼鳍出现;7—17 日龄仔鱼,全长 8.25 mm,冠状幼鳍鳍条出现;8—20 日龄仔鱼,全长 8.30 mm,右眼开始上升;9—26 日龄稚鱼,全长 10.60 mm,背鳍、臀鳍鳍条形成;10—28 日龄稚鱼,全长 12.60 mm,右眼转到头顶;11—30 日龄稚鱼,全长 13.00 mm,右眼转过头顶;12—35 日龄幼鱼,全长 13.70 mm,右眼转到左侧

（2）育苗池（槽）

在前期培育阶段,由于鱼苗营浮游生活,可使用小型水槽高密度培育,水槽多由玻璃钢等材料制成,以圆形和长方形居多,水深一般 1 m 左右,容积 1~8 m³;也可用 10~30 m³ 的水泥育苗池。育苗池（槽）的使用可根据生产规模、饲养方法及各育苗单位的实际情况来选择。如果前期采用高密度培育,若待变态结束后分池（移向大型水池）则多用小型池（槽）,如果使用大型水池,多为一直培育到全长 20~30 mm,其间不用换池。无论是小池还是大池,都应进、排水方便。

（3）换水

培育仔、稚鱼的用水为砂滤海水,初孵仔鱼使用静水或微流水培育,一般静水培育期为 5~16 天,如果放养的密度较高,可提早使用流水。静水培育的水池可根据水质状况每天更换 1/5~3/5;流水培育阶段,随着苗种的生长而加大流水量,换水率前半期为 0.3~1.0 次/天,后半期增加到 1.1~3.5 次/天（流水量及换水率应根据仔鱼的游泳能力、饵料的流失情况、水深及水质状况而定)。

(4)放养密度

一般放养密度为 1 万~3 万尾/m³,高密度培育时密度可达 3 万~5 万尾/m³。在苗种培育过程中要及时分苗,在分苗过程中应将不同规格的苗种分到不同的池子。

(5)充气

平均每 1~5 m² 布气石 1 个,开始时微充气,随着鱼苗生长,充气量逐渐加大。池水中溶解氧一般控制在 5 mg/L 以上为佳。

(6)环境因子控制

池面的光照强度为 500~2 000 lux,光照强度过小或过大均对鱼苗生长不利。如果光照强度过小,鱼苗不摄食或很少摄食,虽然可以完成变态,但个体黑色素细胞异常发达,变态结束后也极易引起死亡。如果光照强度过大,育苗池内的藻类光合作用加强,除易引起鱼苗患气泡病外,还易使 pH 值变化,影响鱼苗生存。

育苗池的 pH 值为 7.7~8.6 时鱼苗均能正常生活,但最适宜 pH 值为 7.8~8.2。

前期培育的水温范围可在 13~22 ℃,最适水温在 16~19 ℃。育苗池若有控温条件,尽量维持在 16~19 ℃,并避免水温在短期内剧烈变化。

牙鲆仔鱼盐度适应力很强,在盐度为 10~35 的范围内,仔鱼均有较高的存活率,但在育苗期间,水的盐度范围以 27~35 为好,尤其在开口前盐度一定要保持 27 以上。

(7)清污

在仔鱼浮游阶段,若高密度培育,仔鱼排泄物及残饵较多,易使水质恶化,清污工作应 1~2 次/天;低密度培育时,清污次数可减少,可 1~2 天吸底 1 次。

(8)饵料投喂

饵料系列如图 2-2 所示。

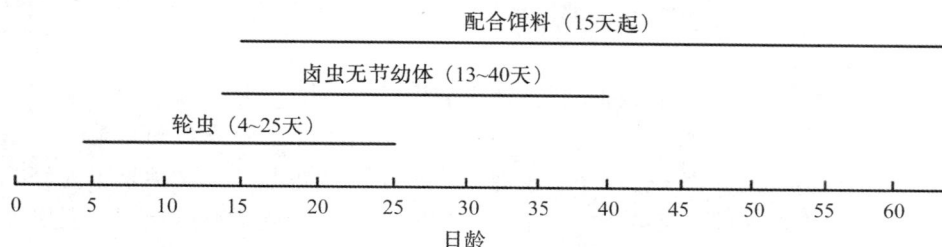

图 2-2 饵料系列

一般在仔鱼孵化后应往育苗池中投放海水小球藻,小球藻施加浓度为每毫升 20 万~50 万细胞,投放小球藻主要有两种作用:一是可作培育池中轮虫的饵料,二是起净化水质的作用,加快仔鱼的生长和提高成活率。

自仔鱼孵出的第 4 天开始投喂轮虫,至 25 日龄为止,每天可分 2~3 次投喂,投喂密度前 10 天保持在 5~10 个/mL,以后增加到 10~15 个/mL。自 12~13 日龄开始投喂卤虫无节幼体,至 40 日龄止,投喂密度为 0.4~2.0 个/mL。当轮虫和卤虫幼体并喂时,鱼苗经常只摄食卤虫幼体,因此,轮虫应提前半小时投喂为佳。15 日龄开始加投配合饲料(牙鲆专用饲料),每次投喂轮虫、卤虫幼体前,投喂 2~4 遍配合饲料。开始投喂配合饲料时,要逐渐驯化其摄食习性,每次少量投喂，每天投 7~10 次。配合饲料应符合《中华人民共和国农业行业标准：无公害食品：渔用配合饲料安全限量（NY 5072）》的要求，饲料大小应适口。

轮虫、卤虫无节幼体应冲洗干净，无病原，刚孵出的卤虫无节幼体要将壳分离干净，轮虫、卤虫无节幼体投喂前需用专用的强化剂进行营养强化，提高必需脂肪酸等营养物质的含量，强化时间为 6~12 h。

（9）生长及成活率

在水温 18~20 ℃、投饵充足条件下，从初孵仔鱼培育至变态结束（全长 13~15 mm）一般为 30 天左右，生长慢的需 40 余天。仔鱼早期生长较快，孵出后的前 10 天，日生长率为 10% 左右，孵出后 30 天左右，日生长率为 2%~4%。

影响仔、稚鱼生长的主要因素有水池大小、放养密度、饵料的质量与数量、水温、光照及水质等。如果在饵料条件相同的情况下，在适温范围内，水温越高生长越快。饵料的质量和投饵方法对仔鱼的生长也有很大影响，一般用小球藻培育的轮虫，对仔鱼生长最好，其次为油脂酵母培育的轮虫，再次为面包酵母培养的轮虫；卤虫质量对仔、稚鱼的生长也有很大影响。

影响成活率的要素有水池大小、放养密度、饵料、光照、水温、水质及病害等。水温为 16~22 ℃ 时鱼苗成活率较高，变态期的水温应控制在小于 22 ℃；放养密度过高，成活率较低，投喂经小球藻培育、鱼油强化的轮虫仔鱼成活率较高。另外，仔、稚鱼成活率还与孵化率、换水量及鱼苗蚕食有关。在前期培育中死亡量最大的是在从浮游生活向营底栖生活过渡期间，这对前期培育的成活率起着重要影响，一般在条件良好、操作正常的情况下，成活率可达 50%~70%。

2. 后期培育

后期培育是指稚鱼伏底后到全长 30~50 mm 的培育阶段，此阶段为稚鱼期至幼鱼期。此阶段在仔鱼孵化后的 30~45 天起至 70~80 天结束，鱼苗全长 16~50 mm。这一阶段的幼鱼除色泽较浅、各部分比例与成鱼略有差异外，体形及习性与成鱼已基本相似，完全营底栖生活。

（1）培育池

后期培育多使用两种水池：一种是仍然使用前期培育所用水池；另一种是随着稚鱼的变态营底栖生活，换用另一种水池。水池选用应根据各单位具体情况，一般对虾和扇贝育苗的池子都可以用。但进行高密度培育时，用小型水池（10 m³），放养密度小可用大型水池（50 m³），水池不宜太大，太大管理困难。无论什么池子，池底必须平坦，以便牙鲆苗能够营底层生活。由于鱼苗已营底层生活，游泳活动减少，底面积的大小较水深更为重要，故池中水深在 0.8~1 m 即可。

（2）培育方法

后期培育有两种方式：一种是"直接培育"法，即将鱼苗直接放到池子中去，不需要在水池中放置网箱，此种方法不必更换和洗刷网箱，也可避免鱼苗移入网箱时所造成的不良影响，缺点是易沉积残饵，污染水质，且鱼苗出池时费工费时。另一种称为"网箱培育"法，是将伏底前后的稚鱼转移到有专用网箱的苗池中网箱内培育。网箱设置法也有两种：一种让其浮在水中，不贴近池底和池壁；另一种是紧贴底面和池壁。后一种方法的优点是，沉淀物会因稚鱼活动而搅动，随流水而排出，残饵不易积存。

"直接培育"法不需要挪用稚鱼。"网箱培育"法需将稚鱼移入网箱中，有以下几种方法向网箱内移入鱼苗。一是营底栖生活前,全长 10 mm 左右时,使用直径 50 mm 的软皮管,用虹吸法将稚鱼移入网箱内,采用虹吸法应尽量降低落差,以减少对稚鱼的冲击,这时稚鱼的鳞还不完备,受水流冲击会造成稚鱼大量死亡。二是在全长 12~13 mm 时,用桶和勺子将稚鱼与水一起舀起来,放入网箱里,用这种方法鱼的伤亡率低,但投入劳力大。为了节省劳力,可先将水位降低再舀鱼,也可用黑布蒙住池面,留一个小面积的地方放入光线,因稚鱼趋光而集中到有光的地方,待鱼集中后再舀起来。三是在稚鱼 10~11 mm 时,把网箱放在前期培育池的底面,然后将稚鱼赶过去,这种方法操作简单,且对稚鱼身体无损伤。网箱网目一般 2~5 mm,随鱼苗生长而更换较大网目,一般 7~10 天左右换一次网箱。

（3）放养密度

牙鲆后期培育的放养密度随鱼苗的生长而降低,全长 16~19 mm 的鱼苗放苗密度可达 5 000~6 000 尾/m²,全长 20~25 mm 的鱼苗可放养 2 000~4 000 尾/m²;全长 25~30 mm 的鱼苗可放养 1 500~3 000 尾/m²;全长 35~40 mm 的鱼苗可放养 1 000~2 000 尾/m²;全长 45~50 mm 的鱼苗可放养 600~1 200 尾/m²。由于稚鱼全长到 23~25 mm 以后相互蚕食现象严重,故不宜高密度培育。

（4）鱼苗分选

后期培育的一项主要工作就是频繁地分选鱼苗。因全长 50 mm 以下的小苗,个体全长差异超出 5 mm 时,互残严重,所以必须及时分选才能提高成活率和保证快速生长。一般鱼苗全长 16~23 mm 时开始第一次分苗,分全长 20 mm 以上的为大苗,以下的为小苗。此次分苗和以后几次分苗均应剔除白化苗、畸形苗、伤病苗和体色发黑的弱苗。全长 20 mm 以上鱼苗一般每天生长 1 mm 左右,需每隔 8~10 天分苗 1 次。分好的苗个体全长差异一般不应大于 5 mm。目前我国多用手工分苗,耗时费力。每人每天分苗量在 1 万尾左右。若分 100 万尾鱼苗,需 10 个人工连续分苗 1~2 个月。第一茬分苗结束后,紧接着需分第二茬。日本分苗是水池内设置双重网箱,第一层网箱小网目大,第二层网箱大网目小。鱼苗倒入第一层网箱中,可留住大鱼苗。小鱼则钻过网目进入第二层网箱中。这样既不损伤鱼苗,又在分苗的同时可以投喂饲料,大大节省了劳力。

（5）环境因子控制

变态以后的稚鱼不耐 10 ℃ 以下的低温,但对 20 ℃ 以上的高温抵抗力有所提高,因此,水温 18~25 ℃ 为其适宜水温;pH 值保持在 7.5~8.6,呈微碱性。后期培育的光照比前期暗一些为好,300~500 lux 即可。光照强度在 1 000 lux 以上时会影响鱼苗的摄食和生长,且体色发黄、体质变弱。

（6）换水

培育水的交换率因饵料种类和投喂量、排水方式及培育方法而异。投喂生物饵料时,为减少饵料流失,白天可减少流水量,夜间加大换水率,平均 3~4 次/天。每天观测鱼的状态,主要观察指标是:鱼摄食活跃,生长正常,体色花纹清晰,集群,没有或很少有病鱼、死鱼。这就说明除其他正常因素之外,水质和水的交换量适宜,密度适中。后期培育随鱼苗的生长,对溶解氧需求量增大,水体中溶解氧低于 4 mg/L 时,鱼苗呼吸急促,几乎所有的鱼苗离开水底游向水体的中上层,做不规则窜动,说明出现缺氧"浮头",此时若不立即采取措施,溶解氧锐减,势将导致鱼苗大批死亡,故应加大流水量和充气量,以提高池内溶解氧量。

（7）充气

$2 \sim 3 \ m^2$ 布气石1个，充气量要增大，使池内水溶解氧保持在6 mg/L以上。

（8）饵料与投喂

牙鲆鱼苗后期培育的主要饵料有卤虫无节幼体、卤虫成体、桡足类、糠虾、鱼肉糜和配合饲料等，目前以配合饲料为主。一般随鱼苗生长，由小型饵料改为大型饵料，由活饵料转换为配合饲料，辅以冰鲜饲料。为了避免投喂单一饵料会引起营养不全，往往2~3种饵料并用，或完全使用优质全价配合饲料。牙鲆苗摄食时，先瞄准对象，而后从池底快速游起，将悬浮于水中的饵料猎获后又马上沉底。完全沉底的饵料难以再被利用，因此，投喂饵料时，要花时间，耐心细致地投喂。

（9）生长及成活率

牙鲆苗后期培育生长很快。后期培育30天即孵出，后60天，稚鱼全长在19~47.9 mm，一般为30 mm，且体重明显增长。后期培育50天即孵出，后80天，全长可达50 mm左右，体重增长更明显，在全长5~50 mm间体重和全长的关系式为 $W = 0.000\,000\,411 \times L^{3.17}$。后期培育的成活率难以计算，一般可用重量法和面积法来估算，但因个体大小有差异，分布又不均匀，故用此法也缺乏准确度。此期间鱼苗成活率大体上在40%~70%，一般在50%左右。

影响成活率的主要因素，一般认为有水温、放养密度、饵料、互残、水质条件和病害等。由于此期正是由活饵往死饵的转换期，不能期望有良好的生长和成活率。此阶段生长出现差异，出现大个体和小个体，相继出现蚕食现象，影响一定的成活率，故应及时按个体大小分池饲养。由于投喂鱼糜等饵料，且鱼体长大，排泄物增多，故池底残饵增多，会影响水质，这不仅会影响鱼的生长，使池内耗氧率增加，同时也易引起病害，影响鱼的成活率。

3. 中间育成

目前国内牙鲆商品苗的规格主要在全长8~16 cm。投放工厂化养成车间、海上网箱或池塘养成时，鱼苗的规格一般要达全长10~12 cm以上。因此，后期培育的鱼苗进行中间育成后才能作为商品苗出售，这是苗种生产的必经程序。

（1）鱼苗分选

鱼苗进入中间育成时，要进一步剔除白化、畸形、伤残和黑化弱苗。鱼苗全长达10 cm以前仍有自残现象。鱼苗全长5~8 cm时，需15~20天分苗一次，可提高成活率和加快生长；鱼苗全长9~15 cm时，20~30天需分苗一次。一般7月份水温20 ℃以前，培育出来的大规格鱼苗可进入养成车间。分苗时应注意容器内的放苗量，避免造成鱼苗因临时缺氧而受损伤和死亡。

（2）放养密度

全长7~8 cm鱼苗300~600尾/m²为宜；全长10 cm左右鱼苗150~300尾/m²为宜；全长12~13 cm鱼苗120~200尾/m²为宜；全长15~16 cm鱼苗80~120尾/m²为宜。密度过大时，生长速度慢，容易发生鱼病，而且高水温期止水、药浴或维修设施等停水时容易发生浮头现象。

（3）水质管理与换水量

中间育成时要进行各项水质指标的化验监测。随着鱼苗的生长要及时更换中央排水立柱。鱼苗全长5 cm时，使用下部孔径5 mm、上部孔径8 mm的排水立柱；鱼苗全长10 cm以上时,使用下部孔径 10 mm、上部孔径 15 mm 的排水立柱;鱼苗 15 cm 以上时,使用孔径为 20 mm 以上的排水立柱,以保证池水交换彻底。中间育成期间,随着鱼苗的生长和自然水温的升高,逐渐加大换水量,从 6~8 个换水量逐渐增至 12~15 个换水量。

(4)水温、光照、充气及池底吸污等生产管理

对这些方面的要求均大致同于后期培育。

(5)饲料营养和投喂

中间育成培育车间,一般每天投饵 4~5 次。早晨一次、上午和下午各投喂两次,基本达饱食为度,尽量避免有残饵。

鱼苗全长 10 cm 以前,多数厂家仍购买商品配合饲料投喂。鱼苗全长 8~10 cm 以后,有些厂家会投喂自行加工的颗粒饲料,一定要注意营养配比,粗蛋白含量应高于 50%,粗脂肪含量应高于 8%;还需添加磷脂、维生素 C、维生素 E 和复合维生素、磷、钙、铁等无机盐和一些微量元素及防病、促长、诱食物质。如厂家自己无切实可靠的科学配方,可向专业饲料厂家购买养殖专用预混料和系列添加剂,并在有关专家的指导下进行饲料加工,则可大大提高中间育成期的饲料效率和生长速度。但是,为了保证中间成活率的稳定提高,避免饲育过程中出现因饲料质量问题而造成不应有的损失,故建议育苗全程都使用专业厂家生产的干颗粒饲料为好。

第二节

海水鱼类健康养殖模式

海水鱼类养殖方式目前有池塘养殖、网箱养殖、工厂化养殖等，国际上比较发达的一些国家主要发展网箱养殖，近些年来，正向外海、深海推进，如日本、挪威、英国、美国等国家。我国目前食用鱼养殖主要有池塘养殖、网箱养殖、工厂化养殖和港塭养殖，网箱养殖最近几年发展最快，规模也较大，我国南北方沿海均有网箱养殖。

一、池塘养殖

池塘养殖是指小面积的池塘内进行精养生产的一种方式。其特点是：水体小、管理方便，有利于控制生产过程；适于进行密养及混养，单位面积产量高；可采用投饲及增氧等技术措施。池塘养殖一般生产灵活、投资小、周期短、见效快、生产稳定，能经常供应市场。

凡是生长迅速、肉味鲜美、营养价值高、苗种易获得、饲料易解决、适应性较强的海水及咸淡水鱼类，均可作为池塘养殖的对象。

（一）池塘环境条件

池塘环境的好坏会影响鱼类的生存、生长及繁育。因此，池塘养鱼若想高产，首先要使池塘环境条件适宜于饵料生物的繁殖和鱼的生长，对不利的池塘条件应逐步加以改造。一般鱼池应具备以下条件。

1. 水源及水质

鱼池应靠近水源充足、水质好的沿海，要选择潮流畅通、潮差大、注排水方便的地方。经常换水，有利于增加水中氧气和饵料生物，有利于调节水位和水的肥度，有利于鱼虾类的生长。除海水外，最好有淡水，可调节池水盐度，具有促进鱼虾生长的作用，增加池水营养，使水质变肥，有利于饵料生物的繁殖。

池水除要求含氧量充足外，还需没有污染。附近应没有化工厂、农药厂、印染厂、电镀厂、制革厂及造纸厂等的污水排放，以免污染水质而影响养殖的鱼虾。

池水的酸碱度呈微碱性。新开鱼池，南方红树林土易变酸，因此，鱼池需反复浸泡3~4次，使池水变清，酸碱度稳定。因为酸性环境对鱼虾摄食、生长不利，且池中有机物分解慢，影响植物的光合作用，也会使鱼虾血液的载氧能力降低，不利于鱼虾的生存。

2. 底质

底质应以壤土较好，池堤坚固，保水力强，且透气较好，有机物易分解，有利于池中饵料生物的繁殖为宜。

池底平坦，应有10 cm左右的淤泥。因淤泥中含有大量生产的有机物质及一定量的无机营养成分，经细菌分解或在适当的条件下被交换释放，使池水保持一定的肥度，有利于浮游生物的繁衍。但淤泥若过多，池水易变酸，水质恶化，细菌大量繁殖，易引发鱼病；且淤泥过多，有机质分解时需消耗大量的氧，易造成池水缺氧。

3. 池塘的形状、面积和深度

池塘一般以长方形较理想,东西向较长,长宽比为 3:2 或 5:3 均可。此类池塘日照时间长,有利于池中浮游植物的光合作用,且夏季多东南风和西北风时,水面易起波浪,起到自动增氧的作用;而冬季西北风较多,又可减少风的影响,增加日照,对北方越冬池塘更有利;且拉网、操作及饲养管理等也较方便。目前成鱼池面积多为 0.3~0.7 公顷(即 5~10 亩),水深一般为 1.5~2 m,越冬池面积可稍小,可小于 0.2 公顷(2~3 亩),水深 2~3 m。通常池塘面积不宜过大,水不宜过深,不然水质肥度难以控制,管理也有困难,不利于鱼虾生长。

(二)清池

清池是改善池塘环境条件的有效措施,能提高鱼虾的成活率,提高养殖产量。经过 1 年的养殖,由于生物体的死亡、生物的排泄、残饵和有机物质的沉积,再加上池中泥沙混合,使池底形成一层较厚的淤泥。淤泥过多,不仅夏季会造成池水缺氧,而且还会产生有毒物质及细菌、滋生病原体,侵害池鱼。因此,需要经常清池,可杀死野杂鱼、有害生物、较少敌害和争食对象;可清除杂草,疏松底土,改善土层透气条件;可借此修补池堤,增加池塘深度等。

清池的方法有很多,但一般采用曝晒、冰冻、清除有害高等植物及药物清池等。基本程序是先排干池水,曝晒塘底,除去多余的淤泥,修堤补洞,耕翻池底,平整池底,然后选择晴天进行药物清池。药物清池一般在鱼下塘前 7~15 天进行,常用的药物及清池方法有以下几种。

1. 生石灰清池

生石灰遇水后产生化学反应,放出大量的热,产生强碱氢氧化钙,在短时间内使水的酸碱度提高到 11 以上,具有强烈破坏细胞组织的作用,可杀死野杂鱼、细菌、病原体、寄生虫及水生昆虫等敌害生物。其方法有干法清塘和带水清塘两种。

(1)干法清塘

先在干塘后 1~2 天的池底挖几个小坑,将生石灰放入小坑内,加水化开,然后向全池均匀泼洒,第 2 天再填平小坑。一般用量为 700~900 kg/公顷(即每亩 50~60 kg)。

(2)带水清塘

一般池内留 20~30 cm 水深,用容器先把生石灰加水化开,然后用盆或小船载化好的生石灰进行全池均匀泼洒。用量为 2 000~2 300 kg/公顷(即每亩 50~60 kg)。

使用的生石灰应选择优质、块轻的,最好在晴天、水温高时清塘,一般在上午 10 时左右进行效果好。清塘后 1~2 天,把野杂鱼等死鱼捞出,再将池塘底表层沉积的石灰浆搅拌均匀。一般隔 3~5 天注入新水,10 天左右待药效消失后即可放鱼,但放鱼前最好取一些池水,先放几尾鱼观察其反应,然后再正式放鱼。

2. 漂白粉清塘

漂白粉一般含氯 30% 左右,极易受潮分解。漂白粉遇水后能产生次氯酸和碱性氯化钙,次氯酸立刻释放出初生态氧,有强烈的杀菌和杀死敌害生物的作用。使用时将漂白粉放入桶内,加水溶解后,立即全池泼洒。用量:20 g/cm^3,一般池水深平均 1 m,用量 13.5 kg/亩,水深

7~10 cm,5~10 kg/亩。一般清塘后 2~3 天即可放鱼。

漂白粉保存时注意干燥,使用时人需站在上风头,以防皮肤、衣服受腐蚀。

3. 巴豆清塘

巴豆含有巴豆素,是一种毒性蛋白,对鱼的表皮组织和呼吸器官具有破坏作用,能使鱼的血液凝固而死亡,此方法适于有水或不能排干水的池塘。用法:先将巴豆粉碎或捣细(越细药效越高),放入坛内,然后加入 3% 的食盐水或水浸泡,并拌和成糊状,密封 3~4 天,使巴豆素充分溶出。使用时加水稀释后全池泼洒,用量为 10~15 g/m³。清塘后 10 天左右,毒性消失,即可放鱼。

因巴豆没有灭菌作用,但能杀死池中的野杂鱼,故与生石灰混合使用效果更好,用量为生石灰 50 kg/亩,巴豆 2 kg/亩。

4. 鱼藤精清塘

鱼藤精是从豆科植物鱼藤的根部提炼出来的一种物质,内含 25% 鱼藤酮,为黄色结晶体,能杀死野杂鱼和水生昆虫,但对浮游生物、细菌及寄生虫等没有作用。用法:将鱼藤精加水 10~15 倍,然后装入喷雾器中全池喷洒,用量为 2 g/m³。一般清塘后 7~8 天药力消失,可放鱼。

常用的清塘药物还有很多,如茶饼、氨水、五氯酚钠、除草醚等,可根据不同情况择用。

(三)池塘管理

池塘养殖期间管理工作非常重要,因为一切养鱼的物质条件和技术措施都是通过日常管理发挥效能,从而获得高产的。

1. 水质管理

控制水质的目的是使养殖鱼类有一个良好的环境。一般清塘后水质较瘦,需培育水质,通常是"肥水下塘",尤其是放养草、杂食性鱼类,如鲻、鲅、斑鲦等以及能吃一部分浮游动物的鱼种,肥水可直接提供给它们一些饵料。此外,肥水还有培养浮游植物、提高水中溶解氧的作用,故池塘养鱼应保持水质"肥、活、爽"。肥:表示水中营养盐类丰富,饵料生物多;活:表示水色常变化,说明池中浮游植物的优势种交替变化;爽:表示水中溶解氧较好,透明度适中(25~35 cm)。根据鱼类生长需要,经常注排水,调节水质,除去池水污物,保持水质新鲜,给予鱼类适宜的生活环境。同时为施肥投饵创造了有利条件,使鱼类能在适宜的环境中获得足够的饵料,加速生长,而且不易生病。

2. 巡视

养鱼要经常注意鱼的动态,经常巡塘,一般天气早晨巡视 1 遍,夏天最好傍晚再增加 1 遍,闷热天气或雷雨天要及时巡视鱼的动态。通过巡塘,可及时发现池塘内的水质变化、缺氧情况、生长状态、投饵中存在的问题及病害情况等。

（1）防止浮头

巡塘非常重要的一项任务就是防止池内缺氧、鱼浮头。池塘中水缺氧的原因很多，如水质过肥、底层腐败物质多等，容易引起池中缺氧；阴雨天、光照不好，浮游植物光合作用弱，池中容易缺氧；放养密度过大，容易缺氧等。正常天气，鱼多晚上到黎明前浮头，通常半夜开始浮头，池内缺氧重；黎明前后浮头缺氧轻；受惊后鱼有反应，浮头轻；受惊后无反应，浮头重。非正常天气，如连阴雨天或闷热雷雨天，昼夜都可能浮头，应加强巡视，随时注意。

防止浮头发生最根本的办法是保持水质新鲜，平时经常注入新水，排出陈旧的水，调节合适的水位；另外，注意施肥适量，放养密度适中，投喂量适宜，定期使用增氧机等。增氧机可搅动池水，增加水的循环，使溶解氧分布均匀；转动增氧机有曝气作用，增加水中的溶解氧，同时也能使池水中的有害气体排出。若浮头已经发生，应及时加入新鲜海水，及时打开增氧机。浮头严重时，可边排水，边注进新水，直至浮头消除。若赶不上潮水，进水困难，可用附近池水更换，甚至倒池。

（2）防漏防逃

巡塘时应仔细查看堤坝有无漏水。查看在进排水闸门内侧防逃网箱有否损破，若有损破，及时修补。

（3）及时发现病鱼和死鱼

由于受自然因素（温度、盐度、酸碱度、溶解氧及有毒物质）、病害及人为因素（密度过大、饵料变质等）的影响，池中的鱼常有生病和死亡现象发生。病鱼常失群，活动不正常，食欲减退，发现这样的鱼应及时捞出检查，根据检查的病因，对池内的鱼采取防治措施。若发现有死鱼，更应及时捞出，其原因一是减少其对鱼池的污染，二是需认真检查死因。

（四）越冬管理

冬季水温降低，尤其是北方，表层水温经常降至鱼可忍受的水温以下，不仅鱼不再生长，而且还经常发生冻害，一般已达到商品规格的养殖鱼应尽量出塘上市，但未达到商品规格的鱼或有特殊用途的鱼需要越冬。北方越冬需要有特殊的管理方式。

1. 室内越冬

养殖的较名贵的鱼或生存水温较高的鱼，北方的冬季在室外无法过冬或即使能忍受冬季的水温，但不能生长，这类鱼冬季应将其由室外移入室内，通过人工升温，改善其生存条件且可使鱼在冬季继续生长。这种做法，不仅要有足够的室内鱼池，而且投入增加，故不是名贵鱼或正在培育的亲鱼一般不采用这种越冬方式。

2. 室外越冬

用作室外越冬的鱼池应不漏水，水质不能太肥，池塘较深，水深应保持在 2~3 m。越冬的鱼本身体质健壮，无病无伤，且放养密度应低于平时放养密度，在池塘的北侧最好设挡风设备；当表层水结冰以后应注意打冰眼，冰眼在 1 m² 左右，每亩 2~3 个，使冰下水有足够的溶解氧。有条件的地方可将温泉水或无毒的工业废热水引进池塘，有利于提高池内水温，但要注意监测水温、盐度、pH 值、金属离子等。也有养殖户在池塘上架尼龙薄膜，以保持池内水温。通常尼龙薄膜用双层,且顶部盖一层旧网,底部用泥土压牢,以防风吹。

二、网箱养殖

网箱养鱼是用金属、塑料、竹木等材料做成框架,用合成纤维、金属网片等材料做成网衣,将两者装配成一定形状的箱体,设置于水体中,用来放养鱼类的一种特殊生产方式。这种养殖方式具有灵活、机动、适应水域广、管理方便、可以密养、高产的特点,深受世界各地的养殖业者欢迎而十分普及,发展前景非常广阔。据查证,柬埔寨网箱养鱼约有 100 多年的历史,20 世纪 60 年代,这项技术传入欧美诸国,在美国、英国、挪威以及日本、东南亚地区的一些国家迅速发展。近些年,日本网箱养鱼发展最快,养鱼技术也较完善。我国海水网箱养鱼从 1973 年起进行试验,到目前已有 50 多年的历史,特别是在近几年,我国沿海各省市几乎都有网箱养鱼。从养殖规模和技术上看,我国南方优于北方。

养鱼网箱一般设置于较大水体中,箱内箱外仅一网之隔,水流可以通过网孔随时进行交换,残饵和粪便亦可通过网孔及时排出箱外,使箱内形成一个水质清新、溶解氧丰富、环境接近自然的养殖条件。它不仅对放养、投喂、起捕等管理操作方便,而且可以依靠现代科技手段提高养殖产量和效益,获得比其他养殖模式更高的经济效益。

(一)养殖海区选择

网箱养鱼场地的好坏直接影响生产效果。海水网箱养鱼的场地选择避风条件好、风浪不大、受大风影响日期少,最好有避台风的隐蔽物的场所。海底地势平缓,坡度小,无障碍物,无大型码头,无工农业及大量的生活污水污染;水流畅通,水体交换良好,水质清新,有一定流速,一般为 0.3~0.8 m/s 为宜,如超过 1 m/s,需有阻流措施。中潮时水深 7 m 以上,低潮时水深不能低于 4 m(沉箱养殖需 7~10 m)。底质以硬沙或泥沙较好,便于固定、操作及污物吸收,如以泥为主或有软泥的底层则不适于开展网箱养鱼,一是打桩、锚地不坚固,易于走排;二是污泥易浮起,使水色混浊,不易观察底层情况。

网箱养殖区的水文、气象条件要注意以下几点:

①水温应为 15~30 ℃,最适水温为 20~28 ℃;

②盐度要相对稳定,骤变幅度小,常年在 20~33,变化范围一般为 2~3;

③pH 值为 7~8.5;

④透明度在 1.5~3 m;

⑤溶解氧在 5 mg/L 以上;

⑥汞、铅、铜、锌、镉、锡、铬、镍、钡、锰等重金属含量应控制在《渔业水质标准》规定的范围内;

⑦流速最好在 0.3~0.5 m/s;

⑧内湾大,不仅能防强风,且有转迁余地。

养殖区附近生物饵料资源丰富,有较丰富的低值鱼、贝供应,养殖成本较低,有一定数量的苗种来源。在海域功能上还应综合考虑航行、停船等多种功能。每个网箱养殖点都应配备一个备用海区,以便海区轮换或防病应急等需用。

为了既充分利用海区又保持海区良好的生态环境,防止场区老化,海区网箱养殖面积不宜超过海区总面积的20%,鱼排的布局应与潮流流向相适应。为了操作管理方便,每4个鱼排连成1组,排列时分出主航道和副航道,主航道宽为20 m,副航道与主航道交叉,宽为10 m,使纵横之间保持一定的间距。

(二)网箱的构造

网箱的形状很多,有长方形、正方形、六边形、十二边形、船形及圆形等。网箱的形状选择主要从便于操作管理和增强抗风能力以及增加水体交换量等方面考虑,目前我国以长方形和正方形为主。

1. 箱体大小

网箱规格大小目前全国无统一标准,一般可分为大型、中型、小型3种。大型网箱面积多在120 m²以上,网高4~5 m,深水网箱可达10 m高;中型网箱面积30~120 m²,网高一般为3~4 m;小型网箱面积10~30 m²,网高1.5~3 m。目前生产上采用中、小型网箱较多。

大、中、小型网箱各有其优缺点。大型网箱的优点是按单位面积计算,所用材料少,造价低,手工洗刷方便,效率较高;缺点是笨重,网衣出现破裂不易及时发现,鱼类逃逸难以觉察,附着物不易清洗,起鱼不方便,移动困难,水体交换量小,单产低。中型网箱的优点是投资不多,见效快,操作方便,易于管理,网目破损和鱼逃逸较易发现,防治鱼病较方便,水体交换好,产量较高,起鱼方便;缺点是不便于机械化洗刷。小型网箱的优点是水体交换量大,单产较高,投资少,收益快,易于观察鱼群活动情况,易于防治鱼病害,迁移场地灵活方便;缺点是单位面积造价高,投饲的饲料容易流失。通常从生产能力强的角度考虑使用小型网箱,从机械化的角度考虑使用大型网箱。

目前国内多使用的养殖网箱面积主要是2 m×4 m、3 m×3 m、4 m×4 m、5 m×5 m、6 m×6 m等规格。

2. 网箱结构

网箱结构包括:框架、浮子(或浮桶)、沉子、网衣和固定装置等。

(1)框架

一般用毛竹、木板、塑料管、钢管等作为框架材料。毛竹、木板不仅可以做框架,同时也起到一定的浮子作用,而且价格便宜,但毛竹不耐用,一般可用1~2年。塑料管、钢管要比较耐用,但价格较高。

(2)浮子

浮子一般用铁桶、塑料浮桶、泡沫塑料桶或玻璃钢浮桶等。目前使用泡沫塑料浮桶比较多,因为该浮桶浮力大,抗腐蚀,不易损坏,较经久耐用。通常每个浮桶的浮力在200 kg以上。

(3)沉子

最简易的沉子有用石块和水泥块的,但较多用瓷沉子,每个质量为150~250 g,表面光滑,不会磨损网衣。若有条件可使用2~2.5 cm的钢管,钢管不易弯曲,既能当沉子用,又能将网衣撑开,可以提高网箱的使用面积。

(4)网衣

网衣为网箱结构中的主体部分,先由网线编织成网片,再把网片缝制成各种不同规格的网箱。目前制作网衣的材料多为尼龙、聚乙烯、聚丙烯。因为尼龙和聚乙烯材料较轻便、编织容易、滤水性能较好、操作简单、价格便宜;其缺点是易被凶猛鱼类和天然敌害所破坏,网体受潮流影响易变形。金属网衣有耐腐蚀、经久耐用、能防敌害、附着生物少、换网少、抗风浪强、网体不易变形、水流畅通等优点,但成本很高,易使鱼体碰伤,操作笨重,故金属网箱在我国使用较少。

网箱网衣一般以单层较多,其优点是水流通畅,操作方便,但不甚完全,网衣一旦被破坏易逃鱼。有些用双层网衣,内层网衣的网目较小,外层网目较大,有利于水体交换,双层网衣可防止蟹类、海豚等破坏,比较安全,但双层网衣比单层网衣水流畅通差、换网麻烦、成本也较高,多在养名贵鱼类时使用。

(5)固定装置

固定装置用于将网箱固定在某一海区,一般用铁锚、木桩、石头及水泥块等材料。每个铁锚质量为50~150 kg,锚绳用钢丝、铁链、聚乙烯绳等,用钢丝最好先涂些润滑油,然后用旧网衣将它包卷起来再用,延长使用寿命,且应选用直径为1 cm以上的钢丝。使用聚乙烯和尼龙绳直径应在3 cm以上。锚绳长通常为60~70 m。

(6)网箱组合

框架的设计要符合网箱大小及形状的要求,但一般要比箱体稍大一些。框架架在浮筒之上,并留出生产人员操作行走的通道。网衣挂在框架内,要高出水面40~50 cm,而且有时根据需要在网箱的顶部加一个盖子,称作网盖。网盖一般用不透光的合成纤维编织布制成,且长宽均比框架多出10~15 cm,以便操作。使用不透明的箱盖,可防止网箱内鱼受惊外逃,也可降低光照,抑制藻类的繁生,减少网箱壁附着生物生长,还可防止鸟类掠鱼。实践表明,加网盖还可降低饵料的消耗,提高养殖产量10%以上。

(7)网衣网目的选择

网衣网目的规格是依养殖对象的规格而定的。网目过小,不仅附着物增多,且成本增加;网目过大,要求入箱的鱼种规格大,推迟了鱼种入箱时间。生产实践中,一般4.5 cm体长的鱼种选用1.1~1.2 cm网目的网箱,12 cm的成鱼养殖可用2.5~3 cm网目的网箱。网目尺寸与鱼体长间的经验公式为:

$$a = 0.3L$$

其中:a为网目单脚长度,cm;L为鱼体体长,cm。

(三)饲养管理

海水网箱养鱼,目前我国一般养殖生长快或较名贵的鱼类,鱼苗和饲料来源容易。

1. 养殖种类

选择养殖种类,应从鱼类生态、生物学特性及养殖效益等方面进行综合考虑。一般选择生长快、肉味鲜美、增肉率高、苗种容易解决、饵料来源广泛、适应养殖区域的气候和水文条件、宜高密度养殖、抗病力强及商品价值高的鱼类。

日本主要养殖鰤、真鲷、红鳍东方鲀、黑鲷、褐牙鲆、罗非鱼、花鲈及金枪鱼等。美国、德国、智利、丹麦、法国及挪威等国主要养殖鲑鳟鱼类,英国除养殖鲑鳟鱼类外,还养殖大菱鲆等鱼类。东南亚各国主要养殖石斑鱼、尖吻鲈及鲷科鱼类。

我国目前主要养殖石斑鱼、鲷科鱼类、鲆鲽类、中国鲈、尖吻鲈、笛鲷、东方鲀类、大黄鱼、罗非鱼、鰤及黄姑鱼等。随着网箱养鱼业的发展,可养殖的种类也正在增多。

2. 养殖苗种及放养密度

海水鱼网箱养殖的苗种来源有以下几个途径。一是靠人工繁殖,自己培育苗种,如褐牙鲆、中国鲈、大黄鱼、真鲷、鮸状黄姑鱼等;还有一些是引进的鱼,经几年培育也掌握了通过人工繁殖自己培育养殖苗种技术,如美国红鱼等。二是靠自然海区捞取苗种,供网箱养殖用,如黄条鰤、大泷六线鱼等,也有些鱼是自己繁殖不够用,还需要捞取一部分苗种,如石斑鱼类。

网箱养鱼的放养密度与不同种类有关,与鱼种的规格、地区、网箱大小有关,目前各地放养的基本参考数量为每立方米水体 4~5 kg、6~8 kg、10 kg 等。一般水流畅通,鱼体小放养密度可大些,鱼体大放养密度可小些;水流较差的海域且耗氧量比较大的鱼类,放养密度要小些。

3. 饵料及投喂

(1)饵料

网箱养鱼的饵料有 3 种,即新鲜小杂鱼、冷冻鱼、人工合成饲料。

①新鲜小杂鱼与冷冻鱼

新鲜小杂鱼与冷冻鱼是我国目前网箱养殖最常使用的饵料,包括低值杂鱼、虾、贝等,绞成肉糜或切成碎块投喂,该类饵料相对价格便宜,但新鲜鱼有时来源困难,在温度高时,存放时间长容易变质,用变质后的饵料喂鱼常会引发疾病,对鱼的生长也有影响。冷冻鱼若用冷库,则保藏时间较长,但常会因脂肪酸的变化而降低饵料价值。再有,投喂的鲜饵料长时间单一,会导致鱼的营养不全,影响鱼体健康及生长。

②人工合成饲料

人工合成饲料的配制应考虑营养丰富、配料多样、配料来源方便、价格较便宜、能耐久保存等方面。

(2)投喂

投喂量一般为鱼体重的 3%~5%, 投喂次数 1~2 次/天。鱼苗投喂次数多,成鱼少些,投喂量要根据水温、鱼体大小、密度和鱼体摄食状态而定;投喂方法要考虑养殖对象。如真鲷摄食比较缓慢,投喂时间放长些;鰤晚上不摄食,从天亮到早晨要吃一天的饲料量的一半,到中午时食量减少,到傍晚再进行摄食,故鰤每天早、晚各投饵 1 次为宜。

投饵一般应充分,但不要超过限度,超过限度反而对鱼体健康有影响,因饵料转换效率最大为饱和量的 70%~80%, 故鱼一般吃到八分饱为宜,饵料转换效率最高。国外有人曾做过投饵试验,每天给鰤投饵 1 次,51 天体重增加 450 g,当投饵增加到 4 次/天,投喂量为前者的 4 倍,在相同时间里鰤的体重增加 550 g,虽然体重比前者增加了 100 g,但饵料转换效率很低,饵料消耗大。鰤在幼体饵料转换效率较高,1 kg 以上的鱼饵料转换效率比较低,故投喂时要根据不同种类和不同规格确定投喂量及投喂方法。

4. 日常管理

除正常投喂外,还应每天测定水温、盐度、天气情况和鱼的活动情况等。经常检查网衣及浮架有否损坏,防止逃鱼。经常洗刷网衣,保持水流通畅,台风季节要采取加固、转移海区或下沉网箱等措施。因鱼体生长和消除附着生物的需要,应定期换网衣。一般每周洗刷 1~2 次网衣,3~4 周换 1 次网衣,但待网目换到 4~5 cm 时可减少或停止换网,因网目 4~5 cm 时一般不易堵塞,水交换正常。

换网时可随机取样 50 尾鱼,测定其体长与体重,计算其平均值。然后将原投入网箱的鱼种数减去平时死亡鱼数,再乘以鱼体平均数,即为网箱内鱼体总质量,此重量是以后投喂的参考。

换下来的网衣,可先在海水中冲洗干净,然后放在阳光下晒 2~3 天,待晒干后用棍棒敲打,把网衣上的附着物打掉;另外要检查网衣,如有损坏应及时补好,有条件的地方,需要用淡水冲洗后再晒干,然后将网衣整理好,以便以后使用。

三、工厂化养殖

海水工厂化养殖(主要是养殖海水鱼类)是指采用现代工业技术和现代生物技术相结合,在半自动或全自动的系统中,高密度地养殖优质鱼类,并对其全过程实行半封闭或全封闭式管理的一种无污染、商业性、科学化的养殖生产方式。我国目前海水鱼养殖种类已有 50 多种,已进行工厂化养殖的约有一半。其中,褐牙鲆、大菱鲆、真鲷、红鳍东方鲀、石鲽等产量已形成一定规模。

(一)工厂化养殖形式

1. 开放式流水养鱼

整个水体系统较为简单。水从一端流入,从另一端流出。不能严格控制水质,受外界环境影响较大,要求有大量的优质水源,1 kg 的鲑每日耗水量可达 1 t 以上。在采用加温和冷却技术时,由于海水只能一次利用,因而水量耗用较大。但其结构简单,基本投资少,仍是目前主要的养殖形式。

2. 闭路式流水养鱼

用过的水需要回收,经过曝气、沉淀、过滤、消毒后,根据养殖对象不同生长阶段的生理要求,进行调温、增氧和补充适量的新鲜水,再重新输入养鱼池中,反复循环利用。设计理想的水处理系统是该养殖类型的技术关键。此外,还需附设水质监测、流速监测、自动投饵、自动排污等装置,并由中央控制室统一进行自动监控。该种类型是目前养鱼生产中整体性最强、自动化管理水平最高,且无系统内外环境污染的高科技养鱼系统,是工厂化养鱼的最高级形式。目前世界上技术水平最高的地区是欧洲,一些国家已能输出成套的养鱼装置。我国辽宁、山东、江苏等省已经建立了这种养殖模式。

在我国北方采用开放式流水养鱼时,冬季水需升温。目前有以下 3 种升温方式。

(1)锅炉升温:耗能大,养殖成本高。

(2)电厂温排水:耗能较小,但夏季水温难以控制。

(3)井水:井盐水水质优良,水温稳定,用于冷水性和冷温性海水鱼养殖温度适宜,既可大量节省加温用的能源、降低成本,又可缩短养殖生产周期,实现反季节生产,提高经济效益。同时,井盐水由于无污染,水质优良,能减少病害的发生,保证该产业的持续稳定发展。因此,应充分利用该自然优势,发展具有地方特色的养殖业。

(二)养殖场所的选择

养殖场所的选择非常重要,是能否养殖成功的关键。取水口应选择无河流入口处、无赤潮和工业废水、无生活废水污染、水温适宜(夏季水温褐牙鲆不超过 28 ℃、大菱鲆不超过 24 ℃的地区)、溶解氧、pH、盐度及其他水质指标达一类海区标准、悬浮物质少、水质清新的海区,最好是外海水能直接流入或与外海水交换良好的海区,取水口最好设在水较深的岩礁海底。应回避水温变化大、泥沙底质稍有风浪就混浊、与外海水交换差、浮游生物大量繁殖的浅滩或封闭的海区。车间应离取水口较近,尽量缩短以减少提水扬程,这样可大大节省泵水电费,降低生产成本。交通方便、淡水水源和供电充足、社会配套设施齐全。选择台风或其他自然灾害影响较小的海区也很重要。

目前养殖中,冬季采用锅炉升温耗能大、电厂余热水夏季水温高,限制冷水性鱼类度夏等问题已越来越突出,严重阻碍了北方工厂化养殖的进步发展。特别是大菱鲆等世界名贵海水冷水性鱼类不耐高温,即使在我国北方,夏季也不能存活,因此难以在我国开展养殖。而采用井盐水可解决这一难题,使这些名贵海水鱼类在我国养殖得以实现。因此,在养殖场区最好能打出海水井。

(三)工厂化养殖水处理

工厂化循环水养殖主要运用工程技术和生物技术为养殖对象创造良好的生存环境,即依靠工艺及技术装备的支撑,人为地建立近于自然甚至优于自然的水生环境,并结合科学饲养,达到优质、高产和高效的目的。其中技术装备主要围绕养殖水质的调控展开。工厂化循环水养殖由于水是以循环的方式重复使用,它的污染主要来源于水中生物(养殖对象、藻类、细菌等)的代谢、残饵及其他杂质,并以固体颗粒和溶解性物质形式存在于水中,需要特别清除。工厂化养殖用水的处理不同于工业和环保上的高浓度水处理,也有别于自来水厂和饮用水的深度处理,它系介于上述两者之间的低浓度处理类型,其处理技术和装备有自身的特殊性,除清除氨氮、亚硝酸盐等外,对鱼类所需的水中溶解氧、适宜温度、病害防治等都有特定的要求,而且由于受投入产出比的限制,对装备的体积、使用可靠性和经济性都有不同于其他行业的特殊要求。

工厂化养殖水环境调控的主要工艺环节为:

(1)去除固体废弃物;

(2)去除水溶性有害物质;

（3）杀菌消毒；

（4）增氧；

（5）调温；

（6）水质监测。

1. 固体废弃物的去除

一般传统的静水养鱼塘中,每年自净后的沉积淤层厚度可达 10 cm 之多,工厂化养鱼的单位密度相对要高,产生的固体废弃物量更大,其中包括鱼类残饵及其他纤维素、条块状杂物,颗粒大小分布范围广,大部分颗粒直径在 0.02~1 mm,比重小于 1.1 g/cm³,有机物含量占 80% 左右。工厂化养殖的循环系统首先要将其及时清除,这样才能减轻后续环节负荷和防止堵塞。比较有效的是采用固体颗粒和悬浮溶质二步法去除,相应的装置是过滤器(转鼓式微滤机、弧形筛)和泡沫分离器。转鼓式微滤机用于去除 60 μm 以上的固体颗粒物质。微滤机最大的特点是拥有自动清洗筛面的功能,可满足系统连续运行要求。不足之处在于运行过程中易使颗粒物质造成二次破碎,过滤筛网受反冲洗水流的冲击容易损耗,同时设备造价也较高。弧形筛是一种技术上源于矿砂筛分的分离装置,在养殖水处理上主要是利用筛缝排列垂直于进水水流方向的圆弧形固定筛面以实现水体固液分离。最常用的筛缝间隙为 0.25 mm,可有效去除约 80% 的粒径大于 70 μm 的固体悬浮物质。其具有结构简单、造价低廉等特点。弧形筛有逐步取代转鼓式微滤机的趋势。泡沫分离器(又称蛋白分离器)是海水处理中去除微小颗粒物质和可溶性有机物的有效装备。该技术目前已相当成熟,国内生产该产品的设备制造企业也很多。中国水产科学研究院渔业机械仪器研究所采用机械气浮原理研发了一种多用途的蛋白分离器,其气泡发生方式是运用高速旋转(2 900 r/min)的气泡发生头,以负压进气的原理产生微气泡,实现泡沫分离、增氧和脱气效果。

2. 水溶性有害物质的去除

固体废弃物去除后,循环系统中的水溶性物质主要以"三氮"的形式存在,氨态氮(NH_3-N)的毒性很强,它能通过鳃和皮肤很快进入血液,干扰鱼体正常的三羧酸循环,改变鱼体渗透压并降低鱼体对水中氧的利用能力,影响鱼类生长;亚硝酸盐(NO_2-N)能迅速渗透到鱼体,使血液中与氧结合的亚铁血红蛋白失活,使之成为铁血蛋白,从而失去携氧功能,严重时会导致鱼死亡;硝酸盐氮(NO_3-N)一般认为无毒或毒性很小,但浓度过高时会使鱼体色变差,肉质下降。可采用生物膜技术去除水质的氨氮,主要装备有浸没式生物过滤罐、滴流滤槽和水净化机等。我国海水养殖系统采用的生物滤器一般为浸没式生物滤器,通常采用立体弹性填料、立体网状填料(俗称净水板或"方便面")、生物球、生物陶粒等,比表面积一般为 100~1 000 m²/m³。现在国内运行最为成功的半滑舌鳎循环水养殖系统生物滤器均以立体弹性填料为主组成浸没式生物滤池,且多以多级串联方式使用,以避免单池使用时产生的生物膜意外脱落而引起的净化效果下降问题。

3. 消毒杀菌

消毒杀菌是养殖水处理中的重要环节,致病菌和条件致病菌不仅要消耗大量的氧气,在一定条件下还会引发鱼病。常用的消毒方法和设备有:臭氧发生器、紫外线杀菌器以及臭氧、负离子组合装置等。臭氧对水中细菌、病毒、寄生虫卵等具有良好的杀灭作用,同时对水体脱色也有良好效果,但易产生对鱼类和生物膜有害的臭氧残留和溴酸盐,杀菌浓度和残留量的控制有一定难度,有些企业虽在水处理工艺中设有臭氧杀菌环节,但因上述原因而放弃使用,目前有些企业是添加在泡沫分离器中使用。紫外线杀菌是目前广泛使用的水体杀菌技术,具有杀菌效果好、无残留、易控制等优点。水产养殖上主要选用对杀灭细菌效果最佳的 253.7 nm 波长的紫外装置。

4. 增氧和调温

工厂化养殖系统中,鱼池、生物过滤均需要大量氧气,一般采用罗茨鼓风机或浪涡式气泵进行充氧。另外,因高溶解氧养殖的良好效果,纯氧、液态氧和分子筛富氧装置(纯度达到90%以上)也逐渐得到推广应用。为提高氧气的利用率,使水体溶解氧达到饱和或过饱和,一般采用高效汽水混合装置,采用射流、螺旋、网孔扩散等汽水混合技术,并串联内磁水器,通过罗仑磁力作用,使水气分子变小,更易混合,同时有杀菌、防腐作用。为保证养殖鱼类始终处于一个适宜的水温环境下生活和生长,以环渤海湾地区为例,环湾主产区的鲆鲽类循环水养殖系统,冬、夏季节均需进行程度不同的调温。循环水养殖与流水式养殖模式相比,其最大优势就体现在养殖水体加热或制冷方面的节能效果,通常循环水要比流水式节能达70%以上。

(四) 目前我国海水工厂化养殖存在的问题

我国现有的海水工厂化养殖,多采用开放式循环流水生产,处于初级阶段,其特点是用水量过大,对水质的前处理过于简单,产量难以提高,通常不设后处理,用过的水直接排放入海,造成海区污染并危及养殖场自身的持久生存。从保护环境和可持续利用资源的全局出发,走封闭循环流水养鱼之路才是唯一的出路。

随着养殖规模的扩大、养殖时间的加长,病害已成为困扰海水鱼养殖进一步发展的难题,如褐牙鲆目前全年都有疾病发生,高温期有高温病,低温期有低温病。养殖者缺乏疾病防治知识,饵料不卫生、营养不全面、用药不规范等,导致疾病难以控制。

井盐水的开发在有些地区有失控现象。有些沿海地区由于井群开采密度过大,大面积连续抽水造成水位大幅度下降,在短短几年的时间里,有些地区就出现了井水枯竭现象,因此,今后对地下水的开发要有序、适度进行。

海水鱼类饲料开发

水产动物营养与饲料学是研究水产养殖动物的营养及其所需配合饲料的科学。饲料学是以营养学研究为依据,制定营养均衡的饲料配方,选择科学的加工工艺,生产出保证养殖动物正常生长、发育、繁殖、健康和成本合理的配合饲料,保障养殖产品的质量和食用安全。饲料工业的最终目的是更好地为人类提供营养丰富的食品,改善人类的饮食结构,增强人类体质。

水产动物饲料实现商业化生产最早在美国、日本及欧洲国家,但它们不是水产养殖主产区,东南亚地区是世界水产饲料的主要产区。我国渔用配合饲料随着国家经济的发展,经历了从小到大、从弱到强,再到产量跃居世界第一的发展历程。海水鱼类配合饲料的科学研究和商业化更是随着国家"蓝色粮仓"战略的推进得到了迅速发展。

一、主要养殖海水鱼食性

1. 中国鲈[Lateolabrax maculatus(McClelland)]

中国鲈,肉食性鱼类,自然水域以摄取活体动物为主。胃解剖内含物分析表明,摄取的食物中鱼类占胃含物重量的 62.5%,约 27 种;甲壳类占 33.2%,约 21 种。摄取食物依照生态类型分为游泳动物、底栖动物和浮游动物,占比分别为 63.6%、36.3% 和 0.1%。中国鲈摄食存在季节性差异,通常冬季摄食强度低于夏季,春季较高,秋季摄食强度最大。中国鲈养殖中会发生幼苗蚕食现象,研究观察可见 4 cm 幼鲈吞食 2 cm 幼鲈。

2. 褐牙鲆[Paralichithys olivaceus(Tem mincket schlegel)]

褐牙鲆,凶猛肉食性鱼类,自然水域中的成鱼摄取食物以鱼类为主。褐牙鲆幼鱼以无脊椎动物的卵、桡足类幼体为主要摄食对象;变态发育后营底栖生活时,摄食主要以糠虾为主,后逐渐以鱼类的幼鱼或小鱼为食。

3. 大菱鲆[Scophthalmus maximus(Rafinesque)]

大菱鲆,肉食性鱼类,自然水域中的成鱼摄取食物以鱼类、虾类、头足类为主。幼鱼以小型甲壳类为主要摄食对象。大菱鲆游动较少,营底栖生活,觅食时跃起争食。

4. 红鳍东方鲀[Takifugu rubripes(Tem mincket schlegel)]

红鳍东方鲀,肉食性鱼类。成鱼以甲壳类、贝类、鱼类为摄食主要对象,幼鱼食性贪婪,主要摄食对象以甲壳类幼体、贝类幼体、乌贼幼体和小鱼为主。

5. 真鲷[Pagrosomus major(Tem mincket schlegel)]

真鲷,杂食性鱼类,主要摄食底栖甲壳类、软体动物、棘皮动物、小鱼、头足类和藻类等。

6. 黑鲷[Sparus macrocephalus(Basilewsky)]

黑鲷,摄食以底栖动物为主的鱼类,食性贪婪。自然水域中的成鱼以钩虾、麦秆虫、双壳类、多毛类、虾蛄、藤壶、鱼类、虾类、蟹类和头足类为主要食物。

7. 许氏平鲉[Sebastes schlegeli(Hilgendorf)]

许氏平鲉,摄食范围广泛,以鱼、虾为主。

8. 大泷六线鱼[Hexagrammos otakii(Jordam et starks)]

大泷六线鱼,肉食性鱼类,摄食种类多样。

9. 大黄鱼[Pseudosciaena crocea(Richardson)]

大黄鱼,肉食性鱼类。成鱼以小型鱼类、甲壳类为主要食物,幼鱼摄食以桡足类、糠虾、磷虾等浮游动物为主。

10. 鮻[Liza haematocheile(Tem mincket schlegel)]

鮻,杂食性鱼类,食性范围广。

11. 鲻[Mugil cephalus(Linnaeus)]

鲻,杂食性鱼类,食性范围广,以刮食沉积泥表的生物为主,主要有硅藻、有机碎屑、丝状藻类、桡足类、多毛类和摇蚊幼虫,小虾和小型软体动物也在该鱼的摄食范围。

12. 半滑舌鳎[Cynoglossus semilaevis(Gunther)]

半滑舌鳎,成鱼为底栖动物食性,摄食主要有虾蛄、多毛类、虾类、蟹类、蛏、小鱼。

自然条件下,海水鱼类因生活习性不同,其摄食范围、种类都存在差异;每种海水鱼从幼苗到成鱼的摄食能力也存在差异。目前,冰鲜杂鱼在海水鱼喂料中占比较大,相对于价格较高配合饲料,冰鲜杂鱼因其价格低更具吸引力。但饲喂冰鲜杂鱼存在一些问题:①粗蛋白含量高的冰鲜杂鱼不如配合饲料营养全面、平衡;②微量元素、维生素含量不足;③消化吸收率低,浪费严重;④易带入病原菌造成水体污染,导致鱼类发病率增高。从综合成本角度分析,冰鲜杂鱼作为饲料的优势并不明显。

配合饲料是根据动物的营养需要,按照饲料配方,将多种原料按一定比例均匀混合,经适当加工制成的具有一定形状的饲料。不同的养殖对象或同一养殖对象的不同发育阶段及不同的养殖方式,配合饲料的配方、营养成分、加工成的物理形状和规格都可能不同。生产实践证明,配合饲料与生鲜饲料或单一的饲料原料相比有如下优点:①原料来源广:配合饲料除采用粮食、饼粕、糠麸和鱼粉等原料外,还可因地制宜、经济合理地利用屠宰场、肉联厂、水产品加工厂的下脚料以及酿造、食品、制糖等工业的副产品;②饲料利用效率增高:配合饲料依照海水鱼的种类、生长阶段的营养需要及其消化生理特点等进行配制,营养全面;③加工过程经过调质、熟化等工艺,能除去毒素,杀灭病菌和寄生虫卵,减少由饲料引起的疾病,提高了饲料的适口性、可消化性和利用效率;④预防疾病:通过添加抗病药物,防治鱼病;⑤降低养殖水体污染:配合饲料耐水性好、水体稳定性强,输入水体的有机物减少从而降低对水质的污染;⑥易储存和管理:配合饲料成型好、体积小、含水率低,便于运输和储存,可有效保障供给,增强生产计划性,从而保障增效增益。

二、配合饲料的分类

根据不同标准、商品形式,配合饲料可分成不同类型。

(一)按饲料形状

1. 粉状饲料

将各种原料粉碎到一定细度,按比例混合后得到产品。其可直接使用,也可与适量水或油脂搅拌混合后使用。

2. 颗粒饲料

(1)硬颗粒料,含水率在12%以下,颗粒密度在1.3 g/cm³左右,属沉性颗粒饲料,结构紧密,营养成分不易溶失,水中稳定性强。

(2)软颗粒料,含水率25%~30%,质地柔软,不耐储存,常在使用前临时加工。

(3)膨化饲料,具有多孔蓬松的特点,可分为浮性和沉性。含水率约8%,颗粒密度低于1 g/cm³,通常属于浮性饲料,浮性可通过颗粒密度和沉降速度进行调节。膨化饲料耐水性高、储存期长,尽管利于消化吸收、减少疾病发生,但加工成本高,热敏性物质如维生素C易遭破坏。

3. 微颗粒饲料

微颗粒饲料通常供幼体食用,需满足高蛋白低糖的条件,脂肪含量需在10%以上,投喂不易溶失,具有一定漂浮性。依据制备方法和性状分为微胶囊饲料、微黏饲料和微膜饲料。

4. 其他形状饲料

(1)破碎料,饲料原料制成大颗粒后破碎到一定粒度。

(2)冻胶饲料,鲜湿饲料冰冻成块状,饲喂时浮于水面,是一种便于幼鱼采食的软性饲料。

(3)香肠饲料,将饲料装入肠衣,存储运输方便,适口性好。

(4)薄片饲料,片状颗粒饲料。

(二)按营养成分

1. 添加剂预混合饲料

添加剂预混合饲料简称预混料,由一种或多种饲料添加剂与载体或稀释剂按一定比例配制的均匀混合物。按照活性成分种类可分为:①单项性预混料,由一种活性成分按一定比例与载体或稀释剂混合而成,如2%生物素预混剂。②维生素预混料,由各种维生素配制而成。③微量元素矿物质预混料,由各种微量元素矿物盐配制而成。④复合预混料指两类或两类以上的微量元素、维生素、氨基酸或非营养性添加剂等微量成分加载体或稀释剂的均匀混合物,是饲料生产中必然使用的一种复合原料。

2. 浓缩饲料

浓缩饲料为添加剂预混料与部分蛋白质饲料按照一定比例配制而成的均匀混合物,有时还包含油脂或其他饲料原料。其在基础饲料中的添加量约为 10%,一般附有推荐配方,如用多少浓缩饲料与多少其他饲料源配合,供用户使用时参考。

3. 全价配合饲料

全价配合饲料为由蛋白饲料、能量饲料与添加剂预混料按照一定比例配制而成的均匀混合物。配方科学合理,营养全面,理论上除水分以外,其元素能全部满足动物的生长发育需要。

此外,还可根据饲养动物的种类、养殖环境划分,如对虾饲料、网箱养殖饲料。根据生长发育阶段划分,如开口饲料、苗种饲料、育成饲料和亲体饲料。根据饲料的沉浮性划分,如沉性饲料、浮性饲料和半浮性饲料等。

三、配合饲料配方设计原则

生产实践证明,单一饲料无法满足水产动物的营养需求,需采用科学的研究方法把多种原料配合起来,使各种营养物质相互补充、搭配。配方设计的目的是:合理选材、科学配比,生产出低成本、高质量的配合饲料,以获取养殖生产的最大经济效益和环境效益。饲料配方设计应遵循以下原则:

(一)营养性原则

(1)根据营养标准规定的营养成分种类、数量和比例来选择和搭配多种饲料原料,贯彻营养平衡的原则,掌握饲料中蛋白质、脂肪、糖和能量/蛋白比的比例关系,各种必需氨基酸、必需脂肪酸之间的平衡与充足程度,矿物质和维生素的用量以及它们相互之间的关系等。

(2)充分考虑水产动物的生理特点、种类、生长发育阶段、年龄和个体大小。幼体阶段鱼类生长特点表现为新陈代谢旺盛,生长速度快,对蛋白质需要量较高。

(二)适口性原则

饲料适口性是否符合养殖对象的摄食行为特征,直接影响养殖动物的摄食量。适口性差或不符合养殖对象摄食行为特点的饲料,即使营养价值再全面,也会因摄食量不够而影响养殖效果。

(三)经济性原则

饲料配方需权衡质量与价格,在保证生产性能前提下,提高饲料配方的经济性。获得最佳性价比是配方设计的最终目标。

（四）可加工性原则

饲料原料的选择需考虑其特性、质量稳定性、种类与数量的稳定供应，以适应加工工艺要求。

（五）市场认同性原则

明确产品定位、客户范围及特定需求，现在与未来市场对产品的认可与接受前景等。

（六）稳定性原则

集约化和规模化养殖对配合饲料成分变化较敏感，若饲料配方突然改变，会影响水产动物的生长。配方的设计应保持相对稳定，如需调整应循序渐进。

（七）灵活性原则

受季节和天气变化、地域不同、环境差异、动物健康状况变化的影响，饲料配方需做相应调整。

（八）安全合法性原则

饲料配方应符合国家相关法律法规，不使用发霉、变质的原料，不添加不符合规定的药物与添加剂，严格限制含有有毒有害物质原料的用量，严防微量元素中重金属元素超标等。

除需遵循上述配合饲料设计原则外，水产动物饲料相关参数需要在设计配方时给予充分重视，相关参数如下：

（1）饵料系数，投喂的饵料和养殖对象的增重之间的比值。扣除饵料中的水分即为干饵料系数。饵料系数的倒数用百分比表示，称饵料效率。

（2）总饵料转化率，养殖对象增重（以干物质计）和消耗的饵料（干重）之间的比值，用百分数表示。

（3）蛋白质效率，消耗1单位饲料蛋白所得到的养殖对象的增重。

（4）蛋白质利用率，养殖对象体蛋白的积累和消耗的饵料蛋白之间的比值，用百分数表示。

（5）能量转化率，养殖对象增重部分所具有的能量和消耗的饵料所具有的能量之间的比值，用百分数表示。

（6）特定的生长率，即饲养到一定时间鱼体重量的自然对数值减去放养初重时的自然对数值，再除以饲养天数，用百分数表示。

四、水产动物营养学基础原理

水产养殖动物摄取饲料用以维持生命、生长和繁殖,获取并利用饲料的过程称为动物营养,动物营养学是研究动物营养的学科。饲料是营养素的载体,含有动物所需要的营养素。营养素是指能被动物消化吸收、提供能量、构成机体及调节生理机能的物质。动物需要的营养素包括蛋白质、脂类、糖类、维生素和矿物质等。

(一)蛋白质

蛋白质是生命体的重要组成物质,研究蛋白质的需求规律在水产动物营养与饲料中占有重要地位。部分幼鱼的最佳生长状态下的蛋白质需求量见表2-2。

表 2-2 部分幼鱼的最佳生长状态下的蛋白质需求量

品种	蛋白源	蛋白质需求(%)
大西洋鲑	酪蛋白、明胶	45
	鱼粉	55
银大马哈鱼	酪蛋白	40
大鳞大马哈鱼	酪蛋白、明胶	40
红大马哈鱼	酪蛋白、明胶	45
红鳍东方鲀	酪蛋白	50
真鲷	酪蛋白	55
黑鲷	酪蛋白	50.19
大黄鱼	鱼粉	47
黄条鰤	沙鳗、鱼粉	55

1. 最佳蛋白质需求量

最佳蛋白质需求量指能够满足水产动物氨基酸需求并获得最佳生长的最少蛋白质含量,通常以饲料干基百分比表示。饲料蛋白质不足会导致水产生物生长缓慢、停止,甚至体重减轻以及发生其他生理反应;饲料蛋白质过量,多余蛋白质会被转变成能量,造成蛋白质资源浪费,过多的氮排放会造成污染环境。最佳生长蛋白质需求量采用蛋白质浓度梯度的摄食-生长剂量反应法,根据试验对象在饲料中不同蛋白质浓度下出现的剂量效应曲线进行评定。评定效应指标通常是增重率,也会考虑饲料效率、氮积蓄率、蛋白质利用率、养成动物生化组成等。

蛋白质根据动物体能否合成分为必需氨基酸和非必需氨基酸。必需氨基酸,动物体自身不能合成,必须通过摄食才能补充;非必需氨基酸,动物体自身可合成,不必通过摄食补充。饲料中可利用必需氨基酸的组成和比例必须要与动物对必需氨基酸的需求相同或接近,这是氨基酸的平衡。该指标是衡量饲料蛋白质质量的重要指标,氨基酸平衡才能获得理想的蛋白质效率。氨基酸平衡如木桶原理(短板原理),氨基酸的不平衡导致蛋白质含量再高也无法获得高的蛋白质效率。

2. 蛋白质营养需求

蛋白质除提供机体组织更新、修复和生长所需的必需、非必需氨基酸和能量外,部分蛋白质如肽类激素、酶和卵黄蛋白等在水产动物的性腺发育和繁殖中所起的作用极为重要。亲体的性腺发育阶段,相关物质生物合成的强度较大,营养素需要量可能比非性腺发育期的个体高。随着性腺的发育和成熟,蛋白质会积极参与卵黄物质(卵黄脂磷蛋白和卵黄蛋白原)的合成,因此,卵巢中蛋白质含量升高。研究表明,提高饲料蛋白质含量可促进亲鱼卵巢发育,提高产卵力,但超过适宜需求量时未能改善生殖性能。初次性成熟亲鱼随着性腺成熟,体重不断增长,需要摄取较多的蛋白质来满足机体代谢、体重增长和卵子形成的需求。经产亲鱼(已经产过卵的亲鱼)一般体重增长不多,从饲料中摄取的蛋白质只需维持机体代谢和形成性产物,对蛋白质的需求比初次性成熟的亲体略低。幼鱼代谢率高,机体组织更新快,为满足生长需要,对饲料中蛋白质的需要量往往比亲鱼高。亲鱼和幼鱼对蛋白质需求因种类和生长发育阶段不同而存在差异。

(1)亲鱼

研究报道,真鲷生殖期间饲料中蛋白质为45%时,亲鱼可获得最高产卵量、成活卵数和孵化率,但饲料蛋白质含量与正常幼体孵出数量间无相关关系。另研究发现,真鲷雌鱼产卵成功率与饲料蛋白质质量紧密相关。以乌贼粉替代白鱼粉,亲鱼产卵成活率、孵化率和正常幼体数量可明显提高。因此,蛋白源是亲鱼成功繁殖的一个重要因素。

海水鱼类专用饲料需通过野生群体的卵巢、卵子、胚胎和幼体氨基酸组成和变化的研究,掌握生物合成所必需的氨基酸,进行配方设计,还需满足繁殖亲体生理代谢需要,并能提供胚胎发育和前期幼体的营养物质和能量。专用饲料的氨基酸组成可以卵黄脂磷蛋白的氨基酸的组成比例作为依据。雄性个体除考虑氨基酸平衡外,还要在饲料中添加足够的精氨酸,因为精子特有的鱼精蛋白中的精氨酸含量较高。

(2)幼鱼

幼苗个体小、口径小、消化道小,主动摄食能力弱,且摄食过程中可能会受光照影响。幼鱼专用饲料需具有良好的适口性,多种蛋白源可提高幼鱼成活率和生长率。幼鱼生长迅速、代谢旺盛,通常饲料中蛋白水平需调节至50%～70%。

(二)糖类

糖类又称碳水化合物,是动物体重要的能量来源。与畜禽相比,鱼类对糖类的利用率较低。少数软骨鱼类或以浮游动物、甲壳动物为食的鱼类消化道中发现了较高的几丁质酶活性,植食性鱼类及某些杂食性鱼类可较好地消化利用植物原料。尽管大多数肉食性、杂食性鱼类的食物中糖类不是主要成分,但饲料中糖类物质是不可缺少的部分,如某些鱼类所摄食中不含糖类物质时生长很差。研究表明,饲料不含糖,鱼类将分解更多的蛋白质和脂肪来提供能量及合成生命所必需的其他物质。饲料中合理使用糖类不仅可有效降低饲料成本,还可用作颗粒饲料和膨化饲料的黏合剂(如淀粉),改善饲料颗粒的物理性状。

1. 饲料中糖的含量

鱼类对糖的利用能力较差,饲料含糖量过高会导致糖原和脂肪在肝脏和肠系膜大量沉积,使肝功能下降,鱼体呈现病态肥胖体质。研究表明,当饲料中糖类含量为 20% 时,虹鳟对糊精和熟马铃薯淀粉的消化吸收率分别是 77% 和 69.2%,而当糖类含量达到 60% 时,两者的消化吸收率分别下降到 45.5% 和 26.1%。

粗纤维指不能被消化的植物性物质,如纤维素、半纤维素、木质素、戊聚糖等,这些物质只能在某些肠道细菌作用后才能被利用。饲料中适量的粗纤维有利于水产动物肠道的蠕动,对消化作用能力的提升有积极作用。纤维素饲料来源广、成本低,有助于降低配合饲料成本,拓宽饲料原料来源,但饲料纤维素含量过高会导致食糜通过消化道速度加快、消化时间缩短、蛋白质和矿物元素消化率下降、粪便不易成型、水质易污染等。渔用配合饲料标准对粗纤维含量做了上限规定,通常,鱼类饲料中粗纤维适宜含量为 5%~15%。植食性鱼类对粗纤维有较高的耐受性,成鱼较幼鱼能适应较多的粗纤维。

2. 糖与免疫

部分糖类物质,如葡聚糖、脂多糖、肽聚糖、几丁质和壳聚糖等,可以刺激水产动物免疫能力的增强。

(1)葡聚糖能够提高水产动物的溶菌酶活力、替代途径补体活力、吞噬指数和呼吸爆发活力,增强抵抗疾病的能力。葡聚糖对水产动物非特异性的保护具有暂时性、非永久性,依赖于给予方式和持续给予时间。持续给予时间过长会产生免疫疲劳,即不再产生免疫刺激作用。

(2)脂多糖是革兰氏阴性菌细胞壁的主要成分之一,含有 O-抗原和 G-细菌内毒素。鱼类试验证明,口服或注射脂多糖能够激活鱼类白细胞,促进淋巴细胞增生,提高吞噬细胞活力,增加免疫球蛋白含量,降低兽生气单胞菌感染后的死亡率。体外试验证明脂多糖能够诱导干扰素-β 和肿瘤坏死因子 TNF-α 的表达,增强血清溶菌酶活力、巨噬细胞的吞噬活力和呼吸爆发活力,诱导干扰素-β 类似物的产生,增加受体含量。但高浓度脂多糖可能对鱼体产生毒性。研究发现,口服添加 0.1% 脂多糖的饲料降低了大西洋鲑对杀鲑气单胞菌感染的抵抗力。

(3)肽聚糖是原核生物细胞壁成分,由聚糖链、肽亚单位和间肽桥组成的大分子聚合物。研究发现,口服肽聚糖能够增强黄条鰤巨噬细胞吞噬活力和对鳗弧菌的抵抗力,注射肽聚糖能够增加牙鲆巨噬细胞的超氧阴离子含量,促进淋巴细胞增生。

(4)几丁质也称甲壳素、壳聚糖,是 N-乙酰葡糖胺的同聚物,广泛分布于虾、蟹、软体动物的外壳与内骨骼,节肢动物的外骨骼,以及真菌、酵母菌等微生物细胞壁中。研究发现,注射几丁质能够提高黄条鰤巨噬细胞活力,增强对巴斯德氏菌的抵抗力。隆颈巨额鲷通过注射、口服和体外试验均证明,几丁质可显著增强试验鱼的非特异性免疫力。

(5)壳聚糖,又称几丁聚糖,是几丁质经脱乙酰作用得到氨基多糖。壳聚糖通过口服、浸浴等方法都可以增强鱼类的吞噬活力、溶菌酶活力、凝集效价以及抗病力。

(三)脂类

饲料中的脂类物质是指在饲料分析过程中采用乙醚浸出物的方法测得的粗脂肪。天然脂肪中根据氢原子与碳原子数量关系分为饱和脂肪酸和不饱和脂肪酸：

①饱和脂肪酸，氢原子数为碳原子数的两倍，熔点较高，常温下多为固态的脂，常见的有月桂酸（12：0）、软脂酸（16：0）、硬脂酸（18：0）等。

②不饱和脂肪酸，氢原子数低于碳原子数的两倍，熔点较低，常温下多为液态的油，常见的有油酸（18：1 n-9）、亚油酸（18：2 n-6）、亚麻酸（18：3 n-3）、花生四烯酸（20：4 n-6）、二十碳五烯酸（20：5 n-3）和二十二碳六烯酸（22：6 n-3）。

脂类在水产动物生命代谢过程中具有多种生理功能，属必需营养物质。主要功能有：

①细胞构成成分，磷脂和糖脂是细胞膜的重要组成成分。

②供能和储能的主要物质，每克脂肪在体内氧化可释放出 37.656 kJ 的能量，产热量高于糖类和蛋白质，是含能量最高的营养素。直接来自饲料的甘油酯或体内代谢产生的游离脂肪酸是鱼类生长发育的重要能量来源。

③利于脂溶性维生素的吸收与运输，维生素 A、维生素 D、维生素 E 和维生素 K 属脂溶性维生素，只有在溶于脂类物质时才被吸收。

④提供必需脂肪酸，水产动物无法合成，必须由饲料直接提供。

⑤激素和维生素的合成原料，如麦角固醇可转化为维生素 D_2。

⑥提高蛋白质利用率，鱼类利用脂肪能力较强，饲料中含有适量脂肪可减少蛋白质的分解供能，节约饲料蛋白质用量。脂肪的节约蛋白质作用对处于快速生长阶段的仔鱼和幼鱼较为显著。

脂肪的吸收利用受许多因素影响，其中脂肪种类对脂肪消化率影响最大。通常，植食性鱼类利用脂肪的能力较弱，肉食性鱼类和杂食性鱼类利用脂肪的能力较强。熔点较低的脂肪消化吸收率较高，熔点较高的脂肪消化吸收率较低。此外，饲料中其他营养物质的含量对脂肪的消化代谢也会产生影响。如饲料中钙含量过高，可与脂肪发生螯合，使脂肪消化率降低；饲料充足的磷、锌等矿物元素可促进脂肪的氧化，避免脂肪在体内大量沉积；维生素 E 能防止并破坏脂肪代谢过程中产生的过氧物；胆碱不足，脂肪在体内的转运和氧化受阻，导致脂肪在肝脏大量沉积，造成脂肪肝。

1. 必需脂肪酸的种类与海水鱼营养需求

必需脂肪酸是指生长所必需，但水产动物本身不能合成或者合成量不能满足需要，必须由饲料直接提供的脂肪酸。n-3、n-6 系列不饱和脂肪酸为水产动物的必需脂肪酸。

研究结果证实，海水鱼的亚油酸和亚麻酸为非必需脂肪酸，二十碳以上 n-3 高度不饱和脂肪酸才是海水鱼的必需脂肪酸。文献报道，比目鱼各种必需脂肪酸的添加效果依次为鳕鱼肝油（含 15% 的 22：6 n-3）>18：3 n-3>20：4 n-6>18：2 n-6。研究证实了大菱鲆、真鲷、黑鲪和鲕等不能将饲料中的 18：3 n-3 有效地转变为组成磷脂质的 22：6 n-3，因此，这些鱼类的饲料必须直接提供 22：6 n-3。同位素标记法研究比目鱼饲料中 18：3 n-3 的代谢结果发现，比目鱼饲料即使将 18：3 n-3 提高至 4%，也不见肝脏磷脂质中的 22：6 n-3 有明显增加。

必需脂肪酸的需求会受环境与生长阶段的影响。冷水性鱼对 n-3 系列脂肪酸的需要量大于 n-6 系列的脂肪酸。温水性鱼类需要 n-3 与 n-6 系列脂肪酸的混合物。繁殖期鱼类对 n-3 系列脂肪酸的需要量大于 n-6 系列的脂肪酸。因雌鱼的卵巢对 n-3 不饱和脂酸需求更多，在饲料配方设计中应着重考虑 n-3 不饱和脂肪酸,以便满足孵化后鱼苗的需要。幼鱼生长也需要 n-3 不饱和脂肪酸。

2. 必需脂肪酸缺乏症

必需脂肪酸缺乏可导致生长减慢、成活率降低、饲料效率下降、肌肉含水量增加等现象。真鲷的幼鱼和成鱼都需要 n-3 系列多不饱和脂肪酸(Poly unsaturated fatty acid,PUFA),如 20∶5 n-3 和 22∶6 n-3。真鲷幼鱼投喂缺乏 n-3 PUFA 的轮虫和卤虫会导致鱼鳔发育不完全、脊柱侧凸畸形,死亡率升高。

3. 必需脂肪酸需要量

饲料中应含有适量必需脂肪酸,不宜超过鱼类需要,否则不仅不利于饲料贮藏,而且还会抑制鱼类生长。必需脂肪酸依据鱼的种类需要量存在差异,表 2-3 列举了部分海水鱼类的必需脂肪酸需要量。

表 2-3 部分海水鱼类的必需脂肪酸需要量

种类	必需脂肪酸需要量
银大麻哈鱼	1% 18∶3 n-3
大麻哈鱼	1% 18∶3 n-3 + 1% 18∶2 n-6 或 1% n-3 PUFA
马苏大麻哈鱼	1% 18∶3 n-3 或 0.5% n-3 PUFA
大菱鲆	0.6–1% n-3 PUFA
牙鲆	0.5% EPA + 1.0% DHA
真鲷	0.5–2% n-3 PUFA
黄条鰤	0.8% n-3 PUFA

注:PUFA,Poly unsaturated fatty acid,多不饱和脂肪酸;EPA,Eicosapentaenoic acid,二十碳五烯酸;DHA,Docosahexaenoic acid,二十二碳六烯酸。

高不饱和脂肪酸(Highly unsaturated fatty acid,HUFA),指含有 3 个或 3 个以上双键且碳链长度在 20 个以上碳原子的脂肪酸。研究结果表明,HUFA 会影响鱼性腺的发育和成熟。如隆颈巨额鲷的卵子脂肪酸组成与饲料中 n-3 HUFA 含量密切相关,随着饲料中 n-3 系列高度不饱和脂肪酸(n-3 HUFA)添加量的增加,卵子中 n-3 脂肪酸和 n-3 HUFA 都随之升高,其中主要是 18∶3 n-3、18∶4 n-3 和 20∶5 n-3(EPA)含量的升高。回归分析发现,饲料中 n-3 HUFA 与卵子中的 n-3 HUFA 呈显著正相关。另有研究表明,n-3 HUFA 与隆颈巨额鲷的产卵力、受精率、孵化率和幼体成活率呈现正相关。HUFA 对幼苗的生长和存活至关重要,其中二十碳五烯酸(EPA,20∶5 n-3)、二十二碳六烯酸(DHA,22∶6 n-3)和花生四烯酸(ARA,20∶4 n-6)是海水鱼类幼苗成活和正常生长的重要因子。幼鱼自身不能合成 n-3 和 n-6 系列高度不饱和脂肪酸,必须通过摄食来补充,海水幼鱼饲料中 HUFA 的需要量一般为 3%左右。

4. 脂肪酸氧化

脂肪酸氧化酸败会产生大量具有不良气味的醛、酮、酸等低分子化合物,使脂质营养价值和饲料适口性下降,且在氧化过程中产生的大量过氧化物会破坏某些维生素及其他营养成分,蛋白质的消化率也会显著下降。另外,醛、酮、酸等物质对水产动物还有直接毒害作用。通过改善仓储条件,缩短贮存时间,可防止饲料脂肪氧化酸败和霉变,还可通过在脂肪含量较高的饲料中加入抗氧化类物质防止酸败和霉变,如胆碱、维生素 E 以及蛋氨酸等,其他如丁基羟基甲氧苯、亚甲蓝、乙氧基喹啉等都有一定的抗氧化作用,但成本较高,且可能有潜在毒性,不如天然抗氧化剂好。抗氧化剂应该在脂肪酸未氧化前加入。

(四)维生素

维生素(Vitamin)是维持动物机体正常生长、发育和繁殖所必需的微量小分子有机化合物。动物日常维生素需要量很少,以毫克(mg)或微克(μg)计算,但其生理作用极为重要,主要作用有:

①作为辅酶参与物质代谢和能量代谢的调控;

②作为生理活性物质直接参与生理活动;

③作为生物体内的抗氧化剂,保护细胞、组织和器官的正常结构和生理功能;

④作为细胞和组织的结构成分。

维生素通常按溶解性分为脂溶性维生素和水溶性维生素。脂溶性维生素,不溶于水可溶于脂肪或脂肪溶剂(乙醚、三氯甲烷、四氯化碳等),包括维生素 A(视黄醇)、维生素 D(钙化醇)、维生素 E(生育酚)和维生素 K。水溶性维生素,可溶于水的维生素,对酸稳定,易被碱破坏,包括维生素 B_1(硫胺素)、维生素 B_2(核黄素)、维生素 B_3(泛酸、遍多酸)、维生素 B_6(吡哆素)、维生素 B_{12}(氰钴素)、维生素 C、维生素 H(生物素)、叶酸、烟酸(尼克酸、烟酰胺、尼克酰胺)、胆碱、肌醇等。

1. 维生素 A

维生素 A 主要生理功能为维持视觉正常,参与细胞分化与胚胎发育、精子生成和部分免疫等。鱼类在维生素 A 缺乏时会出现眼球水肿突出、晶体移位、视网膜退化、贫血、鳃盖扭曲、眼和鳍基出血,伴有厌食、体色发白、生长不良等症状,死亡率上升。

2. 维生素 D

维生素 D 主要生理功能是通过增强肠道对钙、磷的吸收和增强肾脏对钙、磷的重吸收来维持动物体内血钙和血磷浓度的稳定,参与体内矿物质的平衡。其缺乏症主要表现在体内钙平衡失调,骨骼系统发育受阻,有钙参与的系列生理反应缺陷等。

3. 维生素 E

维生素 E 有生育酚和生育三烯酚两类。已经发现的生育酚有 α、β、γ 和 δ,其中以 α-生育酚的生理效用最强。生育三烯酚在自然界分布较少,营养作用不如生育酚重要。维生素 E 为油状物,无氧条件下耐热性高,对酸和碱较稳定;有氧条件下对氧敏感,被氧化后即失效。维生素 E 在大多数动、植物饲料中含量都很丰富,特别是在谷物胚芽、籽实、青饲料中含量都很高。

维生素 E 生理学功能是作为对自由基的清除剂,防止自由基或氧化剂对生物膜中不饱和脂肪酸、膜的含巯基蛋白成分、细胞骨架和细胞核的损伤。维生素 E 缺乏症常表现为细胞膜脂质过氧化增高而导致线粒体能量产生下降、DNA 氧化和突变,膜功能改变,伴随血液白细胞、巨噬细胞的增加,动物繁殖力下降。

4. 维生素 K

维生素 K 性质较稳定,有耐热性,对碱、光敏感,易被破坏。维生素 K 参与凝血与成骨作用,其缺乏会导致动物血液中凝血因子的生物合成不能正常进行,出现与凝血相关的系列症状。维生素 K 以甲基醌盐的形式作为饲料添加剂,如亚硫酸氢钠甲萘醌和亚硫酸氢二甲基嘧啶甲萘醌。

5. 维生素 B_1

维生素 B_1 又称硫胺素,单纯维生素 B_1 为白色粉末,其盐酸盐为针状结晶体,有特殊香味,极易溶于水,对酸较稳定,加热至 120 ℃不被破坏。维生素 B_1 在碱性与中性溶液中易被氧化。酵母、谷类胚芽及皮层、瘦肉、核果及蛋类中含维生素 B_1 较多。商品形式为盐酸硫胺素、单硝酸盐硫胺素等。维生素 B_1 缺乏症主要表现在神经系统和心血管系统损伤,如神经系统失调将导致神经错乱、身体失去平衡、鱼群紧张不安等反应。维生素 B_1 营养状况的生理生化评价可通过测定红细胞转酮醇酶活性、全血或红细胞硫胺素含量来进行。

6. 维生素 B_2

维生素 B_2 又称核黄素,微溶于水和酒精,遇酸性溶液较稳定,碱性溶液和见光易分解。维生素 B_2 参与谷胱甘肽氧化还原,有防止生物膜过氧化损伤的作用。维生素 B_2 含量可通过测定红细胞中谷胱甘肽还原酶的活性和以 D-氨基酸氧化酶活性进行判定。维生素 B_2 广泛分布于动植物中,如米糠、酵母、肝、奶、豆中含量都很高。

维生素 B_2 衍生的辅酶广泛分布于中间代谢中,缺乏维生素 B_2 会影响肝功能,严重时会导致肝的组织结构发生变化,对能量、蛋白质和脂质的代谢产生不利影响。在生长方面表现为摄食率降低,生长缓慢,表皮病变和生殖力下降。食物中的核黄素化合物需水解为游离核黄素才能被肠道吸收,通常以干粉形式直接加到多维预混料中使用。

7. 维生素 B_5

维生素 B_5 又称为泛酸,溶于水和乙醚,对氧化剂和还原剂较稳定,在干热和酸碱性介质中加热易被破坏。泛酸是辅酶 A(CoA)重要组成成分,CoA 在中间代谢过程中起着关键性作用。泛酸的非辅酶作用表现在刺激抗体的合成,进而提高机体对病原的抵抗力。泛酸也是蛋白质及其他物质的乙酰化、酯酰化修饰所必需的物质。信号传递作用相关蛋白质,如红细胞、免疫系统、神经系统和对激素有反应的各种蛋白均会被乙酰化,这些修饰作用可以影响到蛋白质定位和活性。由乙酰 CoA 与乙酸形成的活性乙酸盐与胆碱结合形成乙酰胆碱,而乙酰胆碱是神经细胞重要的神经信号传递物质。

水生动物泛酸缺乏表现为生长迟缓、摄食下降等,较为特异性的症状如鳃丝增生,棒槌鳃,还有贫血、游泳异常等。泛酸广泛存在于动植物中,在酵母、种皮、米糠、饼粕类饲料中含量尤为丰富。泛酸主要以 D-泛酸钙(92%活性)或 DL-泛酸钙(46%活性)的干粉形式通过多维预混料加入饲料中使用。

8. 维生素 B_6

维生素 B_6 又称为吡哆醇,与蛋白质代谢紧密相关,饲料蛋白质质量和含量的改变使动物对维生素 B_6 的需求量也发生相应调整。缺乏症主要表现为生长效率下降、饲料转化效率下降等。维生素 B_6 参与神经递质5-羟色胺的合成,其缺乏将在神经系统功能方面产生明显的影响,如游泳不协调、高度不安和惊厥等反应。可测定血液中5-磷酸吡哆醛的含量,或以5-磷酸吡哆醛为辅酶的转氨酶活力进行评价。维生素 B_6 在自然界中分布广泛,谷物、豆类、种子外皮及禾本科植物含量较多。

9. 维生素 B_{12}

维生素 B_{12} 又称为钴胺素,为粉红色结晶,在弱酸中稳定,pH 在 3 以下或 9 以上时易分解,因氧化剂、还原剂存在而遭破坏。动物肝脏、肌肉中含有较多的维生素 B_{12},植物不含维生素 B_{12}。微生物(如动物消化道中的某些微生物)可合成维生素 B_{12}。维生素 B_{12} 缺乏症与叶酸的缺乏症相似,表现为生长缓慢、蛋白质沉积率降低、饲料转化效率下降、贫血等症状。部分鱼类肠道微生物可合成维生素 B_{12},缺乏症出现较少。维生素 B_{12} 可以干粉的形式通过多维预混料添加到饲料中。

10. 维生素 C

维生素 C 又名抗坏血酸,易溶于水,在酸性溶液中稳定,其水溶液有较强酸性。维生素 C 能使难吸收的 Fe^{3+} 还原成易吸收的 Fe^{2+},促进铁的吸收,利于血红素的合成。维生素 C 能够促进血清中溶血性补体的活性、免疫细胞的增殖和吞噬作用、信号物质的释放和抗体的产生。维生素 C、维生素 E 是定位于生物膜的抗氧化剂,缺乏症状是生长下降、脊柱弯曲、鳃软骨弯曲、皮肤出血、色素沉积异常、伤口愈合能力差、免疫力和抗应激能力下降等。高剂量维生素 C 可提高水产动物抵抗细菌和病毒病原体的能力。饲喂缺乏维生素 C 饲料的水产动物对因恶劣的水质(如氨含量过高和溶解氧量过低)引起的应激反应更为敏感。

维生素 C 的主要来源是新鲜水果、蔬菜和动物的肾、肝及脑垂体等。维生素 C 极不稳定,在贮藏、加工(特别是在高温膨化加工过程中)中易被氧化破坏。渔用饲料多维预混料中一般不加晶体维生素 C,而是使用各种包被的维生素 C 或者是稳定的维生素 C 多聚磷酸酯。

11. 维生素 H

维生素 H,又称生物素,微溶于水,钠盐形态易溶于水,不易受酸碱及光的破坏,高温和抗氧化剂会使其失活。生物素在代谢方面与维生素 C、维生素 B_6、维生素 B_{12}、叶酸和泛酸密切相关。水生动物对生物素的需要量很低,部分水生动物肠道微生物可以合成一定量生物素,因此,较少出现缺乏症。当出现缺乏症时其症状也是综合性的,如厌食、生长减慢、饲料转化率下降、皮肤色素沉积异常等。在需要时,以 D-生物素干粉形式通过多维预混料加入饲料使用。生物素在蛋黄、肝、蔬菜中的含量较高。

12. 叶酸

叶酸为黄色结晶,微溶于水,在酸性溶液中稳定,遇热或见光易分解。叶酸是生成红细胞的重要物质,缺乏叶酸会引起动物的巨红细胞性贫血或巨幼红细胞性贫血。叶酸缺乏症较为广泛,可影响到氨基酸转化、嘌呤与脱氧尿苷酸的全程合成等,综合表现为生长缓慢、饲料效率下降等症状。可测定全血叶酸含量或血浆同型半胱氨酸含量作为叶酸营养状况的功能性评价指标。叶酸通常以干粉形式通过多维预混料加入饲料使用。

13. 烟酸

烟酸又称尼克酸,是烟酸和具有烟酰胺生物活性的衍生物的统称,为白色针状晶体,对热、光、酸均较稳定。烟酸微溶于水,能大量溶于碱性溶液。烟酰胺易溶于水和乙醇,碱性溶液中加热可水解为烟酸。烟酸的突出药理功能是降低血脂的作用,可将血液胆固醇降低 22%、血液甘油三酯降低 52%。在人体,烟酸能够降低血浆游离脂肪酸浓度,并能阻止去甲肾上腺素引起的游离脂肪酸浓度升高。多数鱼类容易出现烟酸缺乏症,出现摄食下降、生长不良、饲料转化率降低等症状,对消化系统、神经系统也产生不利影响,如肠道病变、腹水肿、易出血和鳍条溃烂等综合症状。烟酸和烟酰胺的分布很广,以酵母、瘦肉、肝脏、花生、黄豆、谷类皮层及胚芽中含量较多。在生产中可以干粉直接使用。

14. 胆碱

胆碱是动物机体组成成分,对部分代谢具有一定调节作用,可在肝(胰)脏中合成。胆碱缺乏症是肝(胰)脏出现脂肪浸润、脂肪肝,在鱼类还会出现肝脏变黄、肠壁变薄、眼球突出、贫血等症状。胆碱一般以 20%~60% 的氯化胆碱干粉形式加入渔用饲料。

15. 肌醇

肌醇通常作为一种促生长因子起作用。水生动物对肌醇具有特殊的需要,其缺乏症主要是食欲下降、胃排空缓慢、生长率下降、贫血、水肿、皮肤和鳍条溃烂、胆碱酯酶和某些转氨酶活力下降、肝脏中性脂肪大量沉积等症状。饲料中可以肌醇干粉形式通过多维预混料加入渔用饲料。

(五)矿物质元素

矿物质元素是水产动物营养中的无机营养素,与大多数陆生动物不同,水产动物除了从饲料中获得矿物质元素外,还可从水环境中吸收矿物质。依据在机体的含量,矿物质元素可以分为三大类:①大量元素:碳、氢、氮、氧、硫等;②常量元素:钙、磷、镁、钠、钾、氯等;③微量元素:锌、铁、铜、钴、碘、硒、钼、铬、氟等。

1. 钙、磷、镁

钙、磷是构成骨骼、牙齿、鳞片的重要组成成分。水产动物可从水体中获得钙,钙缺乏症很难发现。磷需要从饲料中获取。

镁大部分存贮鱼骨骼,其余分布在脏器、肌肉组织和细胞外液。镁作为辅酶和激活剂参与机体代谢。海水中富含镁元素,海水养殖鱼类出现镁缺乏症的较少。

2. 钠、钾、氯

钠、钾、氯是生物体最丰富的电解质,主要分布在体液和软组织中,维持机体渗透压。此类缺乏症较少。研究表明,银大麻哈鱼幼鱼饲料中添加 1.5%～2%过量盐导致其生长和饲料效率下降。

3. 铁、铜、锌、硒

铁是构成血红蛋白的主要成分,参与氧气运输,摄入不足会产生贫血。铁过量会导致生长停滞、厌食、腹泻、死亡率增高。

铜参与铁的吸收与新陈代谢,是软体动物和节肢动物血蓝蛋白组成成分。铜缺乏症仅在特殊实验条件下发生。

锌是多种酶的组成成分,是胰岛素和核蛋白的结构构成,参与前列腺素的代谢。饲料中缺锌时,鱼生长缓慢、食欲减退、死亡率增高。骨骼中的锌和钙含量下降会造成皮肤及鳍糜烂、躯体变短。锌的缺乏会引起核酸和蛋白质的代谢紊乱,蛋白质消化率也降低。在繁殖期,饲料中缺锌可降低鱼的产卵量及孵化率。虽然鱼粉中含锌较高,但受磷酸三钙的影响,仍需另加锌盐,否则会影响鱼的生长,出现短躯、白内障等症状。

硒既是动物体必需元素,又是毒性较大的元素。硒的生理作用与维生素 E 有关,研究表明,大西洋鲑硒与维生素 E 同时存在可降低鱼初期死亡率,并能预防白肌病。

4. 锰、钴、碘

锰为多种酶的激活剂,参与重要生理代谢。饲料中锰不足,鱼会出现生长不良。钴是构成维生素 B_{12} 的重要元素。饲料中钴不足,鱼容易发生骨骼异常、短躯症。碘是合成甲状腺激素的主要原料,饲料中缺乏碘会导致鱼甲状腺增生、肿大。鱼类可从水体中摄取碘,因此,在水体中加少量碘可防止甲状腺肿大。

(六)营养物质代谢关系

饲料为动物体提供营养物质,维持正常发育、生长和繁殖,或在某生长阶段饲喂专用饲料,以达到促生长、防控疾病等目的。营养成分在动物体内消化、吸收、运输,甚至排泄都存在相互影响,此外,部分营养物质成分直接参与或间接影响其他营养物质在动物体内的代谢。

1. 蛋白质、脂肪和糖类

氨基酸可在动物体内转化成脂肪,生酮氨基酸可转化成非必需脂肪酸,生糖氨基酸可转化成糖类,然后转化成脂肪。脂肪又可转化为蛋白质,脂肪组成中的甘油可转化为丙酮酸和其他一些酮酸,然后进一步经转氨基或氨基化而形成非必需氨基酸,参与蛋白质的合成。组成蛋白质的各种氨基酸均可经脱氨基作用生成酮酸,然后经糖异生途径合成糖。反之,糖类可转化成蛋白质,尽管这一转化十分有限。脂肪可转化成糖类,脂肪中的甘油可通过糖代谢的中间产物磷酸二羟丙酮而转化为糖类,然而脂肪酸并不能合成糖类。糖类代谢的中间产物磷酸二羟丙酮可还原生成磷酸甘油,而乙酰辅酶 A 则可缩合成长链脂肪酰辅酶 A,然后磷酸甘油与脂肪酰辅酶 A 经酯化则可生成脂肪。

蛋白质、脂肪和糖类这三大营养素是能量物质,它们在体内氧化供能,通常这三大能量物质之间可以在供能上相互转化,如当脂肪和糖类供给不足时,蛋白质便作为能量物质被消耗。很多鱼类饲料脂肪含量在10%~20%水平时,能够很好改善饲料蛋白质的利用状况,并且不发生鱼体脂肪沉积。

2. 能量物质与维生素

维生素以辅酶或辅基参与动物机体物质代谢,在糖、蛋白质和脂肪的代谢和转化中发挥着重要作用。维生素 C 含量可影响蛋白质消化率;维生素 B_6 的需求量受蛋白质含量影响;脂溶性维生素 A、D、E、K 受脂肪含量影响;维生素 A 能够影响糖类正常代谢。

3. 能量物质与矿物质

蛋白质、脂肪和糖类与矿物质的关系较为复杂,高蛋白质饲料能提高钙、磷吸收,而高脂肪饲料则不利于钙、磷吸收。氨基酸、乳糖、甘露糖等能改善钙的吸收,而植酸、草酸等有机物则抑制钙的吸收。

4. 矿物质与维生素

（1）矿物质间的相互作用

鱼体内各矿物盐之间相互作用、相互影响,这种作用可能发生于消化吸收过程,也可能发生于中间代谢过程。钙磷比通常会影响鱼类的生长和饲料利用,不同鱼类对饲料中的钙磷比要求不同。通常,随着饲料中磷含量的增加鱼体磷含量显著增加,钙含量也有增加的趋势。研究发现,硒能对真鲷肝脏碱性磷酸酶活性起到抑制作用。

（2）维生素间协同作用

维生素 E 可保护维生素 A 和胡萝卜素免遭氧化破坏,还能促进它们(包括维生素 D)的吸收及其在组织中的贮存,减少维生素 A 和胡萝卜素的损耗。维生素 E 对胡萝卜素在动物体内转化为维生素 A 具有促进作用。

维生素 B_1 和维生素 B_2 可联合应用,对机体的糖代谢和脂肪代谢起到促进作用。若缺乏其中的一种,会对另一种在体内的利用产生不利影响。维生素 C 可促进维生素 B_1 和维生素 B_2 的利用。有实验证明,维生素 C 能够减轻因维生素 B_1 和维生素 B_2 不足所出现的症状。维生素 B_2 和烟酸具有协同作用,当维生素 B_2 缺乏时,体内的色氨酸转化为烟酸的过程受阻,出现烟酸缺乏症。维生素 B_{12} 与叶酸、维生素 B_6、胆碱之间存在着协同作用。

（3）维生素间拮抗作用

维生素 B_1 对叶酸有一定的破坏性。维生素 B_2 含量增加可加快维生素 B_1 在水溶液中的氧化。维生素 B_2 和维生素 C 的破坏作用是相互的,维生素 C 水溶液呈酸性,且具有较强的还原性,可使叶酸、维生素 B_2 失活。胆碱易溶于水,碱性极强,可使维生素 C、维生素 B_1、维生素 B_2、维生素 B_3(泛酸)、维生素 B_6、烟酸、维生素 K 等遭到破坏,所以这些维生素不可与胆碱在预混料中混合。

从营养学的角度看,实际应用时应该特别注意维生素的实际活性和各种维生素之间的比例平衡。某种维生素摄入过低可能会影响其他维生素作用的发挥,摄入过量也可能引起或加剧其他维生素的缺乏症。

（4）矿物质与维生素的相互作用

陆生动物体内维生素 D 及其中间产物可参与钙的吸收和代谢调节，鱼类可从水体吸收钙，其体内钙调节机制较为复杂，但鱼类饲料中添加维生素 D 是必要的。维生素 E 和硒在鱼类体内具有协同作用，可增强抗氧化能力和提升抗病能力。

五、配合饲料原料

饲料源是饲料工业的物质基础，饲料工业的可持续发展需要以饲料原料的充足供应作为保障。依据饲料工业总量，我国是世界饲料工业大国，但依据饲料源，我国是一个饲料资源短缺的国家。我国主要饲料原料如鱼粉和豆粕大都依赖进口，原料价格的不断上涨推动了饲料成本的上升，使我国饲料和养殖产品在国际市场的竞争力日益下降。饲料原料的短缺是我国饲料工业发展的限制因素，该问题的解决关系到饲料业和养殖产业的可持续发展，关系到人民生活水平的提高。

我国疆域辽阔，饲料原料种类繁多，根据其来源可分为植物性原料、动物性原料、矿物性原料等天然饲料原料及人工合成饲料原料；从形态方面可分为固态原料和液态原料；从所提供的养分种类和数量方面，又可分为精饲料和粗饲料等。随着工业科技的发展，这些习惯性或经验性的分类方法已不再能适应现代化饲料工业的要求。国际上，饲料分类法尚未完全统一，习惯性根据 1956 年美国学者 Harris 的八大分类法：粗饲料、青绿饲料、青贮饲料、能量饲料、蛋白质饲料、矿物质饲料、维生素饲料和添加剂饲料。

我国饲料分类方法参照了国际惯性八大分类法，结合实际生产进行了饲料分类的继承和发展。根据国际惯性原则形成了中国饲料分类依据原则（见表2-4），结合饲料种类繁多的特点以及传统的饲料分类方法形成了中国现行饲料分类编码（见表2-5）。中国饲料编码（Chinese feeds numbers, CFN）共 7 位数：首位数 1~8 为国际分类法的八大类，2、3 位为亚类，4~7 位为饲料顺序号。可根据饲料分类原则判断饲料性质，又可根据传统习惯从亚类中检索饲料资源出处。

表 2-4　中国饲料分类依据原则

大类序号	饲料分类名	划分饲料类别依据（%）		
		天然水分含量	粗纤维含量（干基）	粗蛋白含量（干基）
1	粗饲料	<45	≥18	
2	青绿饲料	≥45		
3	青贮饲料	≥45		
4	能量饲料	<45	<18	<20
5	蛋白质饲料	<45	<18	≥20
6	矿物质饲料			
7	维生素饲料			
8	添加剂饲料			

表 2-5　中国现行饲料分类编码

亚类序号	饲料分类名	前三位编码可能形式	分类依据条件
01	青绿植物类	2～01	天然水含量
02	树叶类	1～02,2～02,5～02,4～02	水、纤维、蛋白质
03	青贮类	3～03	水、加工方法
04	块根、块茎、瓜果类	2～04,4～04	水、纤维、蛋白质
05	干草类	1～05,4～05,5～05	水、纤维、蛋白质
06	农副产品类	1～06,4～06,5～06	水、纤维
07	谷实类	4～07	水、纤维、蛋白质
08	糠麸类	4～08,1～08	水、纤维、蛋白质
09	豆类	5～09,4～09	水、纤维、蛋白质
10	饼粕类	5～10,4～10,1～10	水、纤维、蛋白质
11	糟渣类	1～11,4～11,5～11	纤维、蛋白质
12	草籽树实	1～12,4～12,5～12	水、纤维、蛋白质
13	动物性饲料	4～13,5～13,6～13	来源
14	矿物质饲料	6～14	来源、性质
15	维生素饲料	7～15	来源、性质
16	饲料添加剂	8～16	性质
17	油脂类饲料及其他	4～17	来源、性质

（一）植物性蛋白质饲料

植物性蛋白质饲料主要包括豆类籽实、各种油料籽实提取油脂后的饼粕,以及某些谷实加工的副产品等。

1. 大豆、豌豆、蚕豆

大豆原产于我国东北,根据种皮颜色可分成黄、青、黑、褐等色,其中黄豆产量最大,其次为黑豆。大豆籽实富含蛋白质和脂肪,且大豆蛋白质品质较好,赖氨酸含量较高,缺点是蛋氨酸等含硫氨基酸含量不足。大豆脂肪含不饱和脂肪酸较多,亚油酸可占 55%,粗脂肪中含有 1% 的不皂化物,由植物固醇、色素、维生素等组成,还含有 1.8%～3.2% 的磷脂类,为一些水产动物的生长和发育所必需。大豆含碳水化合物 30% 左右,淀粉含量甚微,矿物质中以钾、磷、钠居多,其中磷约有 40% 为植酸磷,钙含量低于磷。

大豆含有的主要抗营养因子有:胰蛋白酶抑制因子、血细胞凝集素、大豆抗原蛋白、皂苷、植酸等,它们会降低饲料的适口性和可消化性,并对动物的一些生理机能和消化道组织造成负面影响。胰蛋白酶抑制因子、血细胞凝集素经热处理可丧失活性,但大豆抗原蛋白、皂苷等对热稳定,热处理难以去除。因此,生大豆不宜直接饲用,需经热处理后才有良好的饲用效果。热处理不宜过度,因赖氨酸和精氨酸的 ε-氨基与还原性糖的羰基会发生梅拉德反应,导致相关氨基酸不能被利用而降低蛋白质的营养价值。通过检测经热处理后大豆中脲酶活性和水溶性氮指数来评估热处理的效果,检测指标通常为脲酶活性 $0.05 \sim 0.5$(pH 法)、水溶性氮指数降低到 $20\% \sim 25\%$ 较为合适。

豌豆和蚕豆的粗蛋白质含量和粗脂肪含量低,淀粉含量高,能值比不上大豆。豌豆和蚕豆的价格较高,国内一般很少用作饲料原料,几种豆类的基本成分见表2-6。

表2-6　几种豆类的基本成分(%)

内含物质	黄豆	黑豆	豌豆	蚕豆
干物质	88.0	88.0	88.0	88.0
粗蛋白	37.0	36.1	22.6	24.9
粗脂肪	16.2	14.5	1.5	1.4
粗纤维	5.1	6.8	5.9	7.5
无氮浸出物	25.1	29.4	55.1	50.9
钙	0.27	0.24	0.13	0.15
磷	0.48	0.48	0.39	0.40
赖氨酸	2.30	2.18	1.61	1.66
蛋氨酸	0.40	0.37	0.10	0.12

2. 饼粕类饲料

饼粕类饲料是指豆类籽实或油料籽实提取油脂后的副产品,经压榨提油后的饼状副产品称为油饼,经溶剂浸提脱油后的碎片状或粗粉状副产品称为粕。

(1)大豆饼粕

国内使用的大豆饼粕大多为美国、巴西等国进口的大豆在国内加工的产品,有时也直接进口豆粕。大豆饼粕是使用广泛、用量最多的植物性蛋白质饲料原料。大豆饼粕的优点是:风味好,色泽佳,成分变异少,质量稳定,蛋白质含量高,氨基酸组成平衡,若加工得当,剔除营养拮抗物质,大豆饼粕能够高比例取代昂贵的动物性蛋白质原料。大豆饼粕的缺点是:蛋氨酸含量不足。因此,大豆饼粕饲料的使用应注意与富含蛋氨酸的原料合理搭配,才能满足水产动物对蛋氨酸的营养需要。

(2)棉仁饼粕

棉仁饼粕中的棉壳、棉绒含量是影响水产动物对其营养物质利用率高低的主要因素。棉仁饼粕的赖氨酸和蛋氨酸含量低,精氨酸含量较高,可达 $3.6\% \sim 3.8\%$,在饼粕类饲料中居第二位。利用棉仁饼粕配制饲料时,应与含赖氨酸、蛋氨酸高的原料和含精氨酸低的原料相搭配。

棉仁饼粕中含有游离棉酚,具有毒性,在饲料中的用量应有一定限制。单胃动物摄食游离棉酚过量或摄食时间过长可导致中毒,表现为:动物生长受阻,贫血,呼吸困难,生产性能下降,繁殖能力下降甚至不育,有时还会发生死亡。特别是雄性动物,游离棉酚可使其生殖机能下降。不同鱼类对棉酚敏感程度不同,但高浓度的游离棉酚会抑制鱼类的生长,并会导致器官组织的损伤。热处理后的游离棉酚可与蛋白质、氨基酸等结合,变成结合棉酚。结合棉酚对动物没有毒害,在消化道不被吸收,随粪便排出体外,但这会使饼粕中赖氨酸的有效性降低。除热处理方法脱毒外,硫酸亚铁中的亚铁离子能与游离棉酚螯合,形成棉酚-铁复合物(在动物消化道内难以被吸收),使棉酚中的活性醛基和羟基失去作用。脱毒时根据棉仁饼粕中游离棉酚的含量,按铁元素与游离棉酚1∶1的质量比,向饼粕中加入硫酸亚铁。棉仁饼粕中的丙烯类脂肪酸(主要有苹婆酸和锦葵酸),主要对禽类蛋品的质量有不良影响。

(3)菜籽饼粕

菜籽饼的粗蛋白质含量为36%左右,菜籽粕的粗蛋白质含量为38%左右。氨基酸的组成特点:蛋氨酸含量较高,为0.6%左右,在饼粕类饲料中仅次于芝麻饼粕,名列第二;赖氨酸的含量为1.3%~1.97%,次于大豆饼粕,名列第二;精氨酸含量低,是饼粕类饲料中含精氨酸最低者,为1.8%左右。菜籽饼粕与棉仁饼粕搭配,可以改善赖氨酸与精氨酸的比例关系。

菜籽饼粕中含有多种有毒有害物质,如硫代葡萄糖苷及其降解产物、芥子碱、单宁、植酸等,极大地限制了其在动物料中的应用。硫代葡萄糖苷本身没有毒,但当菜籽被粉碎后,在一定水分和温度条件下,经本身的芥子酶(硫代葡萄糖苷酶)的酶解作用,可水解成硫酸盐、葡萄糖、异硫氰酸酯、硫氰酸酯、恶唑烷硫酮及腈类。异硫氰酸酯有辛辣味,严重影响菜籽饼粕料的适口性。另外,高浓度异硫氰酸酯对黏膜有强烈的刺激作用,长期或大量饲喂菜籽饼粕可引起胃肠炎、肾炎及支气管炎,甚至肺水肿。动物血液中,异硫氰酸酯含量高时,可与碘竞争性抑制甲状腺滤泡细胞聚集碘的能力,导致甲状腺肿大,动物生长速度降低。恶唑烷硫酮是菜籽饼粕中主要有毒成分,毒理表现为阻碍甲状腺素的合成,引起脑垂体促甲状腺素的分泌增加,导致甲状腺肿大。甲状腺肿大的动物,甲状腺机能减退,血液中的甲状腺素减少,营养素利用率下降,生长和繁殖受到抑制。氰进入体内后通过代谢能迅速析出氰离子,可引起细胞窒息,抑制动物生长,是菜籽饼粕中的生长抑制剂。芥子碱具有苦味,是适口性差的主要因素之一。单宁具有苦涩味,也是影响菜籽饼粕适口性的主要原因之一,单宁还会影响动物采食,降低蛋白质利用率,抑制动物生长。植酸是强金属螯合剂,能与钙、镁、锌等金属离子螯合,影响矿物质吸收,植酸对动物的毒害作用主要表现为锌的缺乏症,如厌食、消瘦、生长缓慢等。

水产动物对菜籽饼粕毒害物质有一定耐受性,但从食品安全考虑,我国农业行业标准NY 5072—2001规定:各类渔用配合饲料中异硫氰酸酯和恶唑烷硫酮的含量应控制在不大于500 mg/kg。利用菜籽饼粕必须对其进行脱毒处理,脱毒处理方法可分为两大类:一是使有毒有害成分发生钝化、破坏或结合等作用;二是将有害物质从菜籽饼粕中提取出来,达到去毒目的。

(4)花生仁饼粕

机榨花生仁饼含粗蛋白约为44%,浸提粕含粗蛋白约为47%。花生仁饼粕的赖氨酸和蛋氨酸含量较低,精氨酸含量较高,可达5.2%,是所有动植物性饲料中含量最高的。花生仁饼粕应与含精氨酸低的菜籽饼粕、血粉等搭配使用才有利于饲料氨基酸平衡。花生仁饼粕代谢能水平是饼粕类饲料中可利用能量水平最高者,可达12.43 MJ/kg。花生仁饼粕的胡萝卜素、维生素 D 和维生素 C 的含量较低,维生素 B 族含量丰富。

花生仁饼粕很易感染黄曲霉,产生黄曲霉毒素,其种类有黄曲霉毒素 B_1、B_2、G_1、G_2、M_1、M_2 等。黄曲霉毒素 B_1 的毒性最强,可侵害动物的肝、血管及神经系统。花生含水量超 9%,环境温度为 30 ℃、相对湿度为 80% 时,即可使黄曲霉繁殖。玉米等谷物在相同条件下,含水量在 14% 才会使黄曲霉繁殖。花生仁饼粕饲料的使用应特别注意检测黄曲霉毒素的含量,各类渔用配合饲料中黄曲霉毒素 B_1 含量不得高于 0.01 mg/kg(《无公害食品　渔用配合饲料安全限量》,NY 5072—2002)。

(5)芝麻饼粕

芝麻饼粕粗蛋白质含量较高,可达 40% 以上,蛋氨酸含量约在 0.8% 以上,位于饼粕类饲料之首。精氨酸和色氨酸含量较高,赖氨酸含量低。芝麻饼粕的植酸含量较高,会抑制钙、磷、锌等的吸收。植酸与蛋白质结合,形成植酸钙镁蛋白复合物,导致蛋白质消化率下降。芝麻籽实外壳中含有大量草酸,会影响矿物质的消化吸收。

(6)瓜子仁饼粕

瓜子仁饼粕由于品种、脱壳程度和榨油方法的不同,饼粕成分变动较大。瓜子仁饼粕的营养价值主要取决于脱壳程度,粗纤维含量在 18% 以上时不属于蛋白质饲料范畴,应属粗饲料,不宜在水产饲料中使用。完全脱壳的瓜子仁饼粕营养价值高,粗蛋白可达到 48%,蛋氨酸含量比豆粕高,赖氨酸含量比豆粕低,但也可达 1.63%,是一种优质蛋白质饲料资源。

(7)玉米蛋白粉

玉米蛋白粉是玉米淀粉的副产品之一,因加工工艺不同造成其蛋白质含量变化较大,低者约 40%,高者约 60%。玉米蛋白粉的氨基酸组成不平衡,蛋氨酸含量高,与相同蛋白质含量的鱼粉相当;赖氨酸含量严重不足,不及相同蛋白质含量鱼粉的 1/4。玉米蛋白粉粗纤维含量低、能值高,属高热能饲料。由黄玉米制成的玉米蛋白粉富含叶黄素和玉米黄质,可用作一些鱼类的着色剂。

(8)酒糟蛋白饲料

酒糟蛋白饲料为含有可溶固形物的干酒糟。以玉米为原料发酵制取乙醇过程中,淀粉被转化成乙醇和二氧化碳,其他营养成分如蛋白质、脂肪、纤维等均留在酒糟中。玉米酒糟蛋白饲料产品有两种:①DDG(Distillers dried grains),玉米酒糟做简单过滤,滤渣干燥,滤清液排放掉,只对滤渣单独干燥而获得的饲料;②DDGS(Distillers dried grains with solubles),滤清液干燥浓缩后再与滤渣混合干燥而获得的饲料。DDGS 最大限度地保留了原谷物的蛋白营养成分,其能量和营养物质总量均明显高于 DDG。发酵作用使得部分植物性蛋白转化为微生物蛋白,DDGS 的蛋白品质更适合动物营养需求。但经发酵处理后 DDGS 的霉菌毒素含量约是普通玉米的 3 倍,必须严格检测 DDGS 霉菌毒素含量。由于 DDGS 的蛋白质含量在 26% 以上,粗脂肪含量在 8% 以上,如果能较好地控制霉菌毒素含量,在畜禽及水产配合饲料中 DDGS 通常可替代部分豆粕和鱼粉。

(二)动物性蛋白质饲料

动物性蛋白质饲料包括水产品、畜禽产品的加工副产品等,是营养价值较高的蛋白质原料。

1. 鱼粉

鱼粉的主要生产国为智利、秘鲁、美国、俄罗斯、日本、丹麦、挪威、南非、新西兰、冰岛及泰国等,其中以智利、秘鲁产量最高。我国鱼粉主要依靠进口。

（1）分类

鱼粉加工厂位置:工船鱼粉和沿岸鱼粉。工船鱼粉,远洋渔船上生产的鱼粉,边捕捞边生产,原料鱼非常新鲜,鱼粉质量较好。沿岸鱼粉,加工厂设在陆地上,渔获物在海上捕捞后经运输至陆地上加工成鱼粉,新鲜度不如工船鱼粉。原料鱼种类:鳕、鲱、沙丁鱼等。以鳕等冷水性鱼为原料生产的鱼粉质量较好。根据原料鱼利用程度的不同,鱼粉可分为全鱼粉和鱼粕粉。全鱼粉是把制造鱼粉时产生的鱼汁,经脱脂、浓缩后再回添到鱼粕里制成的产品。除鱼油外,利用了鱼的全身,所以叫作全鱼粉或全身鱼粉。鱼粕粉是利用鱼加工后的残屑(头、骨、内脏和鱼皮)加工而成的鱼粉。它的蛋白质含量较低,灰分含量高。根据加工工艺的不同,鱼粉可分为脱脂鱼粉和全脂鱼粉。脱脂鱼粉,蛋白质含量高、脂肪含量低,营养价值高且不易在贮存过程中发生脂肪氧化。全脂鱼粉,加工过程中未经压榨脱脂,与脱脂鱼粉特点恰好相反。根据原料鱼肌肉颜色的不同,鱼粉可分为白鱼粉和红鱼粉。鳕和蝶等冷水性鱼类的肌红蛋白含量较少,经加工成鱼粉后呈淡黄或灰白色,叫作白鱼粉。鲱、沙丁鱼、鲲等暖水性鱼类的肌红蛋白含量较高,经加工成鱼粉后呈淡褐色或红褐色,叫作红鱼粉。只要新鲜度好,二者在营养价值上并无很大差别。根据鱼粉生产国别的不同,鱼粉可分为秘鲁鱼粉、智利鱼粉、国产鱼粉等。

（2）鱼粉基本成分与规格

我国参照了国际鱼粉生产国的相关标准,制定了鱼粉的国家标准《饲料原料　鱼粉》（GB/T 19164—2021）,对鱼粉的基本成分和规格做了界定（见表2-7）。

表 2-7　鱼粉的基本成分和规格（GB/T 19164—2021）

组成物质	指标			
	特级	一级	二级	三级
粗蛋白（%）	≥65	≥60	≥55	≥50
粗脂肪（%）	≤11（红鱼粉）	≤12（红鱼粉）	≤13	≤14
	≤9（白鱼粉）	≤10（白鱼粉）		
水分（%）	≤10			
盐分（以 NaCl 计,%）	≤2	≤3		≤4
灰分（%）	≤16（红鱼粉）	≤18（红鱼粉）	≤20	≤23
	≤18（白鱼粉）	≤20（白鱼粉）		
砂分（%）	≤1.5	≤2	≤3	
赖氨酸（%）	≥4.6（红鱼粉）	≥4.4（红鱼粉）	≥4.2	≥3.8
	≥3.6（白鱼粉）	≥3.4（白鱼粉）		

（续表）

组成物质	指标			
	特级	一级	二级	三级
蛋氨酸(%)	≥1.7(红鱼粉)	≥1.5(红鱼粉)	≥1.3	
	≥1.5(白鱼粉)	≥1.3(白鱼粉)		
胃蛋白酶消化率(%)	≥90(红鱼粉)	≥88(红鱼粉)	≥85	
	≥88(白鱼粉)	≥86(白鱼粉)		
油脂酸价(mg KOH/g)	≤3	≤5	≤7	
组胺(mg/kg)	≤300(红鱼粉)	≤500(红鱼粉)	≤1 000(红鱼粉)	≤1 500(红鱼粉)
	≤40(白鱼粉)			
挥发性盐基氮(mg/100 g)	≤110	≤130	≤150	
尿素(%)	≤0.3			
铬(6价铬,mg/kg)	≤8			

（3）质量判定

鱼粉质量的判别涉及指标较多,除了根据表2-7所列出的化学指标外,还必须结合颜色、味道、镜检和掺杂物进行判定。颜色、色泽因鱼种而异,若加热过度或含脂高的呈褐色,褐色化和焦化的鱼粉为劣质鱼粉。味道,优质鱼粉有烘烤过的鱼香味,混入鱼溶浆的腥味较重,不可有酸败、氨臭等味道。镜检,有些杂质是肉眼发现不了的,需用显微镜检查。杂物血粉、羽毛粉、皮革粉、肉骨粉、三聚氰胺、聚缩脲等往往掺杂在鱼粉中,需镜检或配合必要的化学检验才能判定。

2. 肉粉、肉骨粉

肉粉、肉骨粉来源于畜禽屠宰场、肉品加工厂的下脚料,即为将可食部分除去后的残骨、内脏、碎肉等经适当加工而得到的产品。我国规定,产品中骨含量超过10%的为肉骨粉。美国将含磷量在4.4%以下的称为肉粉,在4.4%以上的称为肉骨粉。美国饲料管理协会(Association of American feed control officials, AAFCO)规定:肉骨粉除不可避免的微量夹杂物外,不得混杂毛、角、蹄、皮、排泄物和胃内容物,也不得掺杂血粉,胃蛋白酶不消化物应在14%以下。虽然肉粉、肉骨粉是良好的蛋白质、钙、磷、维生素 B_{12} 的来源,但饲用价值不及鱼粉甚至大豆饼粕。水产动物利用能力有一定差异,此外,还应注意肉骨粉引起的食品安全问题。

3. 血粉

血粉是动物屠宰时采收的血液经加工而成的动物性蛋白质饲料。血粉的粗蛋白质含量高达80%~90%,高于鱼粉和肉粉。赖氨酸含量比鱼粉中的含量要高,为7%~8%。血粉的异亮氨酸含量极少,在配料时应特别注意满足异亮氨酸的需要。

4. 羽毛粉

羽毛粉是由各种家禽屠宰时产生的羽毛以及不适宜作羽绒制品的原料加工成的动物性蛋白质饲料原料,角蛋白含量较高,需双硫键破坏才能提高羽毛蛋白质的饲用价值。水解羽毛粉的粗蛋白质含量达 80% 以上,高于鱼粉。羽毛粉的胱氨酸含量是所有饲料原料中含量最高的,尽管水解时被破坏,但仍有 4% 左右。

5. 蚕蛹粉、蚕蛹粕

蚕蛹粉和蚕蛹粕是一种动物性蛋白质饲料。新鲜蚕蛹经干燥处理后,粉碎制成蚕蛹粉或脱脂后制成蚕蛹粕。蚕蛹粉粗脂肪含量高达 22% 以上,蚕蛹粕含粗脂肪一般为 10% 左右。蚕蛹粉和蚕蛹粕的粗蛋白含量都比较高,蛋氨酸含量与同等蛋白质水平的鱼粉相当,色氨酸含量比鱼粉高 70%～100%,精氨酸含量低。蚕蛹粉或蚕蛹粕是平衡饲料氨基酸组成的较好原料,优质蚕蛹粕在水产动物饲料中的使用效果不亚于鱼粉。尽管蚕蛹粕已脱脂较易贮存,但也应现产现用,不宜久存。蚕蛹粉脂肪含量高,易氧化酸败,并发出恶臭。

6. 皮革蛋白粉

制革下脚料经碱性水解、过滤、浓缩、干燥后制成的蛋白粉称为皮革蛋白粉。鞣制后的皮革含有大量的铬,对动物有害,在水解加工时需脱铬,使含铬量不超过 60 mg/kg,以保证饲用安全。皮革蛋白粉有天然黏性,既可用作水产动物饲料的部分蛋白源,又可兼作黏合剂,增加颗粒饲料的水中稳定性,减少营养成分的溶失。

7. 其他

鱼溶粉,制造鱼粉时所得的鱼汁或以鱼体内脏经加酶或自行消化后的液状物,经脱脂、浓缩、干燥等制得的产品。如果以麸皮、脱脂米糠等吸附,所得的产品则称为混合鱼溶粉或鱼精粉。鱼溶粉所含的蛋白质以水溶性蛋白为主,其中有少部分非蛋白氮。矿物质及水溶性维生素含量较多,并含有多种未知促生长因子和对水产动物有诱食作用的物质。虾粉,将虾可食部分除去后的新鲜虾杂(虾头、虾壳)或低值全虾,经干燥、粉碎后的产品称为虾粉,一般含粗蛋白质 40% 左右。虾粉含具有着色效果的虾红素。鱿鱼内脏粉,鱿鱼或乌贼加工过程中产生的内脏、皮、足等不可食用的部分经酶解、蒸煮、脱脂、干燥等加工工艺生产而成的产品,粗蛋白质含量为 50%～60%,氨基酸组成良好,并富含高度不饱和脂肪酸、胆固醇、维生素、矿物质等许多营养物质。鱿鱼内脏粉含有对水产动物有强烈诱食作用的成分,是水产饲料,尤其是虾、蟹饲料的重要原料。纯天然鱿鱼内脏粉会含有 13～86 mg/kg 的重金属镉,极容易导致饲料的镉超标(0.5 mg/kg)。

(三)单细胞蛋白质饲料

单细胞蛋白质是单细胞或具有简单构造的多细胞生物的菌体蛋白的统称,由单细胞生物个体组成的蛋白质含量较高的饲料,称为单细胞蛋白质饲料。可用来生产单细胞蛋白质饲料的微生物种类很多,主要有酵母类,如酿酒酵母、产朊假丝酵母、热带假丝酵母等;细菌类,如假单胞菌、芽孢杆菌等;霉菌类,如青霉、根霉、曲霉、白地霉等;微型藻类,如小球藻、螺旋藻等。

工业化生产的单细胞蛋白质饲料主要是酵母和微藻类,如啤酒酵母、糖蜜酵母、味精废液酵母、小球藻粉、螺旋藻粉等。啤酒酵母和糖蜜酵母在水产动物养成饲料中使用较多。小球藻和螺旋藻因价格高,一般只在水产动物种苗饲料或观赏鱼饲料中作为营养强化剂和着色剂使用。

(四)能量饲料

能量饲料以饲料干物质中粗纤维含量小于18%为第一条件,同时粗蛋白质小于20%的饲料。能量饲料的主要成分是可消化的糖和油脂。在水产饲料中能量饲料和蛋白质饲料所占的比例最高。

1. 谷实类

玉米是畜禽饲料中用量最大、使用最普遍的饲料原料。但因玉米蛋白质含量较低、氨基酸不平衡,一般在水产饲料中的使用比例不高。黄玉米中含有较高的β-胡萝卜素、叶黄素和玉米黄质,可影响养殖动物的皮肤颜色。小麦和次粉的能值略低于玉米,但粗蛋白质含量较高,为玉米的1.5倍,在水产饲料中被广泛用作能量饲料。小麦中的谷朊蛋白和淀粉是水产饲料良好的营养型黏合剂,次粉是小麦精制过程中的副产品,又称黑面、黄粉、下面或三等粉,其营养组成和饲料功用与小麦相差无几。

2. 糠麸类

糠麸类饲料是谷物加工的副产品,制米的副产品称为糠,制面的副产品称为麸。米糠的营养价值受大米精制程度的影响,精制程度越高,米糠中混入的胚乳就越多,营养价值就越高。米糠的粗脂肪含量高达15%,是同类饲料原料中的最高者,因而能值也为糠麸类饲料之首。米糠中含有胰蛋白酶抑制因子,采食过多易造成蛋白质消化不良。米糠中脂肪酶活性较高,长期储存易引起脂肪变质。小麦麸俗称麸皮,同次粉都是以小麦籽实为原料加工面粉后的副产品。小麦麸和次粉的主要区别是无氮浸出物和纤维素含量的不同。

3. 淀粉

淀粉广泛存在于植物的种子、块茎和块根等器官中。天然淀粉一般含有两种组分:直链淀粉和支链淀粉。在水产饲料中使用纯淀粉作为能量饲料的情况并不多见。

4. 饲用油脂

油脂的能值为所有饲料源的能值最高,为玉米的2.5倍。水产饲料中添加油脂的主要目的是提供能量和必需脂肪酸。大多数水产动物特别是肉食性鱼类对淀粉等碳水化合物的利用率低,但对油脂的利用率很高,因此,在水产饲料中添加油脂可以起到提高饲料中的能量和节约蛋白质的作用。在水产饲料中常用油脂的种类有植物性的大豆油、玉米油、米糠油等,以及动物性的海水鱼油。在必需脂肪酸得到满足的情况下,可用植物油等其他油脂替代海水鱼油以节约成本。在水产饲料中油脂的使用种类以及使用量应根据养殖动物对必需脂肪酸和能量的需求而定。

（五）粗饲料、青绿饲料

1. 粗饲料

粗饲料指干物质中粗纤维含量≥18%，以风干物为饲用形式的饲料，主要包括干草类、干树叶类、稿秕等。粗饲料一般难消化、可利用养分少，即使在草食性鱼饲料中使用也要限量。

2. 青绿饲料

中国饲料分类将青绿饲料定义为：天然水分含量≥45%的栽培牧草、草地牧草、野菜、鲜嫩藤蔓、秸秧、水生植物和未成熟的谷物植株等。青绿饲料直接用于饲用，是对精饲料的补充。水生植物中的"三水一萍"，即水浮莲、水葫芦、水花生（喜旱莲子草）和绿萍，是我国养殖草食性鱼类常用的青绿饲料。适当地补充青绿饲料，既可以补充维生素等营养素，又可以节约饲料成本。

六、配合饲料添加剂

饲料添加剂是为了保证或改善饲料品质，促进饲养动物生产，保障饲养动物健康，提高饲料利用率而添加到饲料中的少量或微量物质。配合饲料质量的优劣好坏，除取决于主要饲料原料的合理搭配外，还取决于饲料添加剂的质量。饲料添加剂的主要作用：补充配合饲料中营养成分的不足；提高饲料利用率；改善饲料口味，提高适口性；促进鱼、虾正常发育和加速生长；改进产品品质；提高机体免疫力和抗病力；改善饲料的加工性能和饲料的物理性状，减少饲料贮藏和加工运输过程中营养成分的损失等。作为饲料添加剂，必须满足：

①不产生毒害作用和不良影响；

②具有确实作用，产生良好的经济效益和生产效果；

③具有较好的稳定性；

④不影响饲料的适口性和消化吸收率；

⑤在动物体内的残留量不得超过规定标准，不得影响动物产品的质量和危害人体健康；

⑥有毒金属含量不得超安全限度，不得发霉变质，不得含有有毒有害物质；

⑦维生素、酶、活菌制剂（微生态制剂）等生物活性物质不得失效，或超过有效期限。

载体和稀释剂是保障微量添加剂能够与主体原料充分混合均匀的重要条件，在饲料添加剂中占例很大，可达饲料添加剂总重的70%以上。载体，是指用于承载微量添加剂活性组分，并改变其物理性状，保证添加剂成分能够均匀地分布到饲料中去的可饲物料。稀释剂，是掺入一种或多种微量添加剂中起稀释作用的物质，它可以稀释活性组分的浓度，但它不起承载添加剂的作用。用作载体的有脱脂米糠、稻壳粉、玉米粉、麸皮、小麦粉、大豆粉等。稻壳粉、脱脂米糠、玉米芯粉等分散均匀的效果最佳，经过浸提油的大豆粕、磷酸二氢钙和苜蓿草粉，其亲和性差，加工时易产生粉尘和分离，不宜作为载体。承载性能最佳的载体粒度为30~80目。可作为稀释剂的原料有：脱胚玉米粉、葡萄糖、磷酸氢钙、石灰石粉、高岭土、沸石、牡蛎壳粉、食盐、

硫酸钠、次粉等,其粒度较细且均匀,为 30~200 目。载体和稀释剂应符合以下条件:

①含水量不超过 10%,最高不超过 12%;

②容重和密度与添加剂微量活性组分基本一致,容重一般在 0.5~0.8 kg/L;

③附着性好,表面粗糙或具多孔;

④酸碱度接近中性;

⑤无静电吸附现象或其静电荷易消除;

⑥吸湿性弱;

⑦流动性强;

⑧无毒无害。

预混合饲料是指一种或多种饲料添加剂与载体或稀释剂按一定比例配制的均匀混合物,又称添加剂预混合饲料,简称添加剂预混料。预混合饲料按照活性成分种类分为单项预混料、微量矿物元素预混料、维生素预混料和复合预混料。单项预混料由一种活性成分按一定比例与载体或稀释剂混合而成。微量矿物元素预混料由各种微量元素矿物盐配制而成。维生素预混料由各种维生素配制而成。复合预混料是指两类或两类以上的微量元素、维生素、氨基酸或非营养性添加剂与载体或稀释剂配制而成的均匀混合物。

(一)营养性饲料添加剂

1. 氨基酸类

在饲料中添加满足水产动物生长所需的氨基酸,用以平衡饲料中的必需氨基酸。常用氨基酸添加剂主要有赖氨酸、蛋氨酸,可先用载体预混合,常用载体有脱脂米糠、麦麸、玉米粉等,氨基酸与载体比例为 1∶4。

2. 维生素类

维生素大多不稳定,制造维生素预混料添加剂时需进行预处理,加以保护。维生素还会受到微量元素的破坏,因此,复合维生素添加剂和复合微量元素应分开包装。维生素添加剂载体应选择含水率低于 5% 的,如麸皮、脱脂米糠。

3. 矿物质类

常量元素添加量:从饲养标准中规定的需要量减去所用饲料中的实际含量之差作为添加量,可根据实际生产需要进行微调。微量元素添加量:饲料中添加量很少,在基础饲料中变化较大,按成分表间接计算误差也很大,在设计配方时,普遍将饲料标准中规定的微量元素需要量作为添加量,将基础饲料中的含量忽略不计。

(二)非营养性饲料添加剂

1. 促生长剂

促生长剂也称为生长促进剂,主要是通过刺激内分泌系统、调节新陈代谢、提高饲料利用率来促进动物的生长。传统上最常用的非营养性生长促进剂有抗菌剂(如抗生素、磺胺类和呋喃类等)以及激素或激素类似物。大量和滥用药物已造成集聚效应增强、抗药性增强、环境污染加剧等现象,这已成为威胁人类免疫和健康的重要因素。因此,我国已严格限制在水产饲料中使用抗生素。《饲料和饲料添加剂管理条例》已明令禁止在饲料中添加肾上腺素受体激动剂、性激素、蛋白同化激素、精神药品等。美国食品和药物管理局未批准在食用鱼饲料中使用任何激素刺激生长。免疫增强剂无害无污染、绿色环保,在水产养殖中具有广泛的应用前景。

2. 防霉剂

防霉剂可抑制霉菌生长,延长饲料的保藏期。凡食品中被批准的防霉剂,如丙酸、丙酸钠、丙酸钙、山梨酸、山梨酸钠、苯甲酸钠等都可用于饲料。饲料防霉剂可由单一型向复合型转变。

3. 抗氧化剂

抗氧化剂能起稳定作用,可延长饲料的保藏期限。使用较普遍的有乙氧基喹啉(EQ,亦称乙氧喹、山道喹)、丁基羟基甲氧苯(BHA)和二丁基羟基甲苯(BHT)。其他如五倍子酸酯、生育酚及抗坏血酸等,也属于抗氧化剂。EQ、BHA 和 BHT 在一般饲料中添加量为 0.01% ~ 0.02%,当饲料中含脂量较多时应适当增加添加量。BHT、BHA 若与抗坏血酸、柠檬酸、葡萄糖或其他还原剂同时使用,用量减为 1/4~1/2 时,抗氧化效果显著。

4. 酶制剂

添加酶制剂可促进营养成分的吸收和利用,复合酶制剂在促进作用方面的积极效果更显著。水产动物饲料加工过程的高温会使酶活性降低甚至失活,应选择温度耐受性更高的酶。

5. 诱食剂

诱食剂也称促摄食物质,可提高饲料的适口性和利用率,促进生长,提高经济效率。摄食抑制剂是使摄食行为终止或忌讳的一类物质,摄食抑制剂往往具有毒性。

6. 着色剂

人工养殖的水产动物的体色往往不如天然的水生生物鲜艳,这反映了这些养殖动物可能处于亚健康状态,显著影响其商品价值。在饲料中补充合适的色素(着色剂)可以改善养殖鱼、虾的健康和体色。天然色源如虾粉、苜蓿、黄玉米、绿藻等都是良好的色源原料,但成分不稳定,有的价格较高。角黄素,又称裸藻酮,应用范围较广。虾青素为红色系列着色剂。

7. 黏合剂

黏合剂将饲料组成成分黏合在一起,防止饲料成分在水中溶失和溃散,便于摄食,提高饲料效率,防止水质恶化。常用的植物性黏合剂有淀粉、小麦粉、玉米粉、小麦面筋、褐藻胶等,动物性黏合剂有骨胶、皮胶、鱼浆等,化学合成物质有羧甲基纤维素、聚丙烯酸钠等。

8. 免疫增强剂

免疫增强剂是无害、无污染的绿色环保产品,在水产养殖中具有广阔的应用前景。从食品的安全性、人类的健康和环境保护的角度来讲,免疫增强剂作为水产饲料添加剂符合可持续发展的要求,是饲料业发展的必然方向。表2-8列举了部分常见免疫增强剂。

表2-8　部分常见免疫增强剂

种类	举例
化学合成类	左旋咪唑、胞壁酰二肽
多糖类	几丁质、壳聚糖、黄芪多糖、灵芝多糖、海藻多糖、香菇多糖
寡糖类	甘露寡糖、寡果糖、寡乳糖、异麦芽寡糖
细菌提取物	β-葡聚糖、肽聚糖、脂多糖
微生物	微生态制剂、疫苗
中草药	黄芪、当归、党参等
蛋白多肽类	细胞因子、乳铁蛋白、干扰素、生长激素
维生素类	维生素A、维生素E、维生素C等
其他	蜂胶、皂苷、多聚核苷酸类、聚肌胞、福氏佐剂、不溶性铝盐佐剂等

9. 其他

抗结块剂可防止饲料结块,在饲料中添加适量的膨润土、二氧化硅、石英粉或硅酸铝钙等,可改善饲料的混合均匀度,增强配合饲料在加工过程中的流动性。中草药添加剂,无毒副作用、无抗药性,资源丰富、来源广泛,价格便宜,既有营养价值,又可防病治病。

海水鱼类病害防控技术

一、传染性胰腺坏死病

1. 病原

病原为传染性胰腺坏死病毒（IPNV）。病毒粒子呈正二十面体，无囊膜，直径 55~75 nm，是最小的鱼类 RNA 病毒。

IPNV 对不良环境有极强的抵抗力。在温度为 56 ℃ 时经 30 min 仍具感染力，温度为 60 ℃ 时经 1 h 才能灭活。pH 值适应范围为 4~10。在过滤除菌的水中，在温度 4 ℃ 下感染力至少可保持 5~6 个月；在养鳟的环境中感染力可保持几周。对酸不敏感，pH 值为 3 时，经 30 min，侵染率为 100%；对碱敏感。

2. 症状

虹鳟鱼苗及稚鱼患急性型传染性胰脏坏死时，病鱼在水中旋转狂奔，随即下沉池底，1~2 h 内死亡。患亚急性型传染性胰脏坏死时，病鱼体色变黑，眼球突出，腹部膨胀，鳍基部和腹部发红、充血，肛门多数拖着线状粪便。病鱼有时有腹水，幽门垂出血，肝脏、脾脏、肾脏、心脏苍白；消化道内通常没有食物，充满乳白色或淡黄色黏液（见图 2-3）。该病典型的病理变化是胰腺坏死，胰腺泡、胰岛及细胞几乎都发生异常，多数细胞坏死，特别是核固缩、核破碎明显，有些细胞的胞浆内有包涵体。

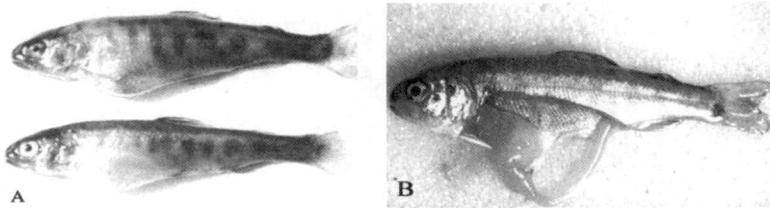

图 2-3　感染 IPNV 病鱼的症状

A—感染 IPNV 濒死虹鳟鱼苗体色变黑，眼球突出；B—腹部膨胀、腹水，肛门拖线状粪便

（来自富永正雄等，1977）

3. 流行情况

IPNV 广泛流行于欧洲国家、美国、日本等地区。我国各地养殖虹鳟均有此病报道。

已知 IPNV 在 1 种圆口类、37 种鱼类、6 种瓣鳃类、2 种腹足类和 3 种甲壳类中均有感染。许多海水鱼如海鲈、五条鰤、大菱鲆、欧洲黄盖鲽、庸鲽、多佛鳎和大西洋鳕等都是 IPNV 的宿主。IPNV 易侵染大西洋鲑、虹鳟、棕鳟、北极红点鲑和几种太平洋大马哈鱼类。

IPNV 主要侵害鲑科鱼类开始摄食后的鱼苗和 3 个月内的稚鱼。发病水温一般为 10~15 ℃。2~10 周龄的虹鳟鱼苗，在水温 10~12 ℃ 时，感染率和死亡率可高达 80%~100%。20 周龄以后的鱼种一般不发病，但可成为终身带毒者。本病可经水做水平传播和经鱼卵做垂直传播。

4.诊断方法

根据外观症状进行初步诊断。解剖病鱼取胰脏组织做切片、HE染色可进一步诊断。确诊可选用免疫学中和试验,直接(间接)荧光抗体或酶联免疫吸附(ELISA)等方法鉴定病毒,也可用免疫荧光技术直接在组织切片中查找病毒粒子。核酸探针和聚合酶链式反应技术(PCR)已逐渐应用于检测IPNV。

5.防治方法

预防措施:

(1)不用带毒亲鱼采精、采卵;不从疫区购买鱼卵和苗种。

(2)严格检疫,发现病鱼或检测到病原时应实施隔离养殖,严重者应彻底销毁。

(3)疾病暴发时,降低饲养密度,可减少死亡率。

(4)鱼卵用每立方米水体50 g的碘附(PVP-Ⅰ)消毒15 min;疾病早期用PVP-Ⅰ拌饲投喂,每千克鱼每天用有效碘1.64~1.91 g,连续投喂15天。

(5)苗种生产的水源、养殖设施和工具等应消毒处理,避免混用。

(6)水温10 ℃以下可减少IPNV发生和降低死亡率。

治疗方法:尚无有效治疗方法。

二、病毒性神经坏死病

1.病原

病原为罗达病毒,病毒粒子呈球形,为二十面体,无囊膜,直径25~34 nm,类晶格状或单个或成团状排列在细胞质内。

2.症状

主要病症为病鱼表现出不同程度的神经异常。病鱼不摄食,腹部朝上,在水面做水平旋转或上下翻转,呈痉挛状。解剖病鱼,鳔明显膨胀;中枢神经组织空泡变性,通常在视网膜中心层出现空泡(见图2-4)。

3.流行情况

病毒性神经坏死病病毒分布广泛,是流行于除美洲和非洲外几乎世界所有地区的海水鱼苗的严重疾病。到目前为止,已在牙鲆、大菱鲆、红鳍东方鲀、尖吻鲈、齿舌鲈、赤点石斑鱼、条石鲷、条斑星鲽、庸鲽等至少11个科22种鱼上发现。

该病毒可经亲鱼产卵垂直感染仔、稚鱼,感染后可引起仔、稚鱼的大量死亡,对幼鱼和成鱼也有危害。夏、秋季水温25~28 ℃时为发病高峰期。

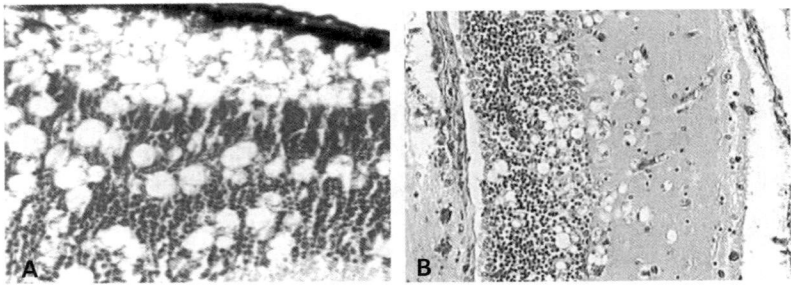

图 2-4　病毒性神经坏死病

A—患病石斑鱼中脑组织空泡变性；B—患病石斑鱼视网膜有大量空泡

4. 诊断方法

初诊可用光学显微镜观察鱼脑、脊索或视网膜出现空泡。进一步诊断，取可疑患鱼的脑、脊髓或视网膜等做组织切片、HE 染色，观察到神经组织坏死并有空泡。通过电镜，可在受感染的脑和视网膜中观察到病毒粒子，有时可观察到约 5 μm 大小的胞浆内包涵体。利用分子生物学逆转录 PCR（RT-PCR）方法增殖病毒的衣壳蛋白基因，检测病毒核酸可进行确诊。

5. 防治方法

预防措施：

（1）加强鱼苗进出口检疫工作。

（2）放养经检测无病毒侵染的健康苗种。

（3）用于产卵的亲鱼，性腺经检测不携带病毒；避免用同一尾亲鱼多次刺激产卵。

（4）受精卵用含 0.2~0.4 μg/mL 臭氧的过滤海水冲洗。

（5）育苗用水经紫外线过滤消毒。

（6）在温度为 20 ℃时用每立方米水体 50 g 的次氯酸钠、次氯酸钙、氯化苯甲烃铵或 PVP-Ⅰ浸泡鱼卵 10 min。

治疗方法：无有效的治疗药物。

三、淋巴囊肿病

1. 病原

病原为淋巴囊肿病毒，病毒粒子为二十面体，其轮廓呈六角形，有囊膜，囊膜厚 50~70 nm。大量病毒颗粒堆积可呈晶格状排列；大小随宿主鱼而异，直径一般为 200~260 nm。生长温度为 20~30 ℃。该病毒对乙醚、甘油和热敏感；对干燥和冷冻很稳定。其传染性在 18~20 ℃的水中能保持 5 天以上；经冰冻干燥后同样温度下能保持 105 天；在温度为-20 ℃下经两年仍具感染力。病毒对寄主有专一性。

2. 症状

淋巴囊肿病是一种慢性皮肤瘤,从外观上看近似于体表乳头状肿瘤。病鱼的皮肤、鳍和尾部等处出现许多水泡状囊肿物,严重时可遍及全身(见图2-5)。这些囊肿物有各个分散的,也有聚集成团的。囊肿物多呈白色、淡灰色、灰黄色,有的带有出血灶而显微红色,较大的囊肿物上有肉眼可见的红色小血管;囊肿大小不一,小的近 $1\sim2$ mm,大的 10 mm 以上,并常紧密相连成桑葚状。鱼发病时行为和摄食正常,但生长缓慢;病症严重的基本不摄食,部分死亡。

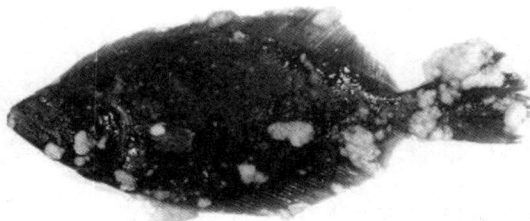

图 2-5　淋巴囊肿病

水泡状的囊肿物是鱼的真皮结缔组织中的成纤维细胞被病毒感染后肥大而成,叫作淋巴囊肿细胞,直径可达 500 μm,体积是正常细胞的数百倍。

3. 流行情况

该病呈世界性流行,世界各地都有发生。该病至少可以感染 125 种以上的野生和养殖的鱼类,主要是鲈形目、鲽形目、鲀形目的鱼类。网箱和室内水泥池工厂化养殖的感染率可高达90% 以上,池塘养殖的感染率为 20%～30%。

该病全年可见,但在水温 10～20 ℃时为发病高峰期。一般不会引起大量死亡,但如果环境差或与细菌并发感染,可引起严重疾病,甚至导致死亡。

4. 诊断与检测

肉眼观察病鱼外观症状即可做出初诊。确诊可用 BF-2、LBF-1 等细胞株分离出培养病毒或通过电镜观察到病毒粒子。

5. 防治方法

预防措施:

(1)放养前彻底清塘、清池。

(2)引进亲本、苗种应严格检疫,发现携带病原者,应彻底销毁。

(3)严格控制养殖密度,防止高密度养殖。

(4)加大换水量,保持水质优良。

(5)操作谨慎,防止鱼体表受损。

(6)提高养殖鱼体抗病力。

(7)养殖池塘(或网箱)发现病鱼,及时拣出并进行隔离养殖;排出的水用 10×10^{-6} 浓度的漂白粉消毒。

治疗方法：

（1）发病初期用浓度为每立方米水体 300 mL 的福尔马林浸浴 30～60 min，再饲养在清洁的池中，精心管理。

（2）投喂抗生素药饵，每千克饵料拌诺氟沙星 50～100 mg 或土霉素 1～2 g，连续投喂 5～10 天，可防止继发性细菌感染。

（3）使用 $50×10^{-6}$ 浓度的 H_2O_2，浸洗 20 min，然后将鱼放入 25 ℃水中饲养一段时间后，淋巴囊肿会自行脱落。

四、鳜虹彩病毒病

1. 病原

病原为传染性脾肾坏死病毒（ISKNV），属于虹彩病毒科，习惯上也叫鳜虹彩病毒病。完整病毒颗粒直径约 135±10 nm，具包膜，切面为六角形、二十面体。成熟病毒核壳体约 90±5 nm，包膜厚度约 18±3 nm，感染初期以内吞方式入侵，感染中后期在侵入细胞内发生基质及病毒核壳、包膜的形成和病毒的释放。

2. 症状

病鱼口腔周围、鳃盖、鳍条基部、尾柄处充血。有的病鱼眼球突出，有蛀鳍现象。濒死鱼表现嘴张大，呼吸加快、加深，身体失去平衡，鳃苍白，部分鱼体表变黑。剖解，可见肝脏、脾脏和肾脏肿大，并有出血点，肝上还可见坏死灶，肠壁充血或出血。有的还有腹水，肠内充满黄色黏稠物。

观察组织切片，肾中的马氏小体大部分坏死解体，肾小管上皮细胞水泡变性。脾组织发生变性、坏死。肝细胞排列稀疏，有的细胞坏死、崩解形成坏死灶。在脾脏和肾脏中还能见到具有特征性的强嗜碱性、肿大的细胞。

3. 流行情况

（1）ISKNV 感染宿主具有一定的选择性，鳜和大口黑鲈较敏感。

（2）1993 年以来，每年 5—10 月都暴发流行本病，以 7—9 月为高峰期。

（3）水温是鳜病毒致病的限制因子，25～34 ℃是该病适合流行的水温，而 28～30 ℃是其最适流行水温。在 25～34 ℃时，受感染鳜在 7～12 天内的死亡率为 100%。在发病池中，鳜一般 10 天内死亡率可达 90%左右。20 ℃以下时，鳜一般不发病。

（4）传播路径：ISKNV 的传播方式可以分为水平感染和垂直感染两种方式。

4. 诊断方法

根据临诊症状及流行情况进行初步诊断，采用常规的组织学方法（HE 染色）进行病理组织学诊断，且在电镜下见有大量六角形的病毒颗粒可做进一步确诊。

5. 防治方法

目前尚未找到防治该病的特效药，只能加强综合措施，以防为主。

（1）严格检疫，对检测呈病毒阳性的鱼要及时做淘汰处理。

（2）加强饲养管理，改良水质，对饵料鱼在饲喂前进行消毒处理，保证鳜的良好环境。

探索安全、高效、廉价的鳜病毒疫苗来防治该病是今后研究的方向。

五、弧菌病

1. 病原

病原为鳗弧菌、副溶血弧菌、溶藻胶弧菌、哈维氏弧菌、创伤弧菌等弧菌属细菌，其中以鳗弧菌最常见。其主要性状为革兰氏阴性，有运动力，短杆状，稍弯曲，两端圆形，$(0.5\sim0.7)$ μm×$(1\sim2)$ μm，没有荚膜，兼性厌氧。其在普通琼胶培养基上形成正圆形、稍凸、边缘平滑、灰白色、略透明、有光泽的菌落，在 TCBS 培养基上易生长。生长温度为 $10\sim35$ ℃，最适温度为 25 ℃左右。生长盐度（NaCl）为 $0.5\%\sim6\%$，最适盐度为 1%左右。生长 pH 值范围为 $6\sim9$，最适为 pH 值 8。哈维氏弧菌是河鲀最常见的细菌性病原，高密度生长时可发光，是一种发光细菌。

2. 症状

弧菌病的症状既与不同种类的病原菌有关，又随着患病鱼的种类不同而有所差别。比较共同的病症是体表皮肤斑块状褪色并逐渐形成溃疡。病鱼食欲缺乏，缓慢地浮游于水面，有时回旋状游动；鳍基部、躯干部等发红或出现斑点状出血；随着病情的发展，患部组织浸润呈出血性溃疡（见图 2-6）；有的鳞片脱落，吻端、鳍膜烂掉，眼内出血，肛门红肿扩张并常有黄色黏液流出。牙鲆、真鲷、黑鲷等苗种期感染后，可使病鱼胃囊特别膨大，甚至使腹壁胀破，胃囊突出至体外。鮋科鱼类或香鱼等，在稚鱼期发生弧菌感染时，往往尚未显示症状时便出现大量死亡。哈维氏弧菌感染红鳍东方鲀时主要表现为腐鳍，感染许氏平鲉时主要表现皮肤褪色进而溃疡缺损（见图 2-7）。

图 2-6　大马哈鱼鳗弧菌病，眼球突出，腹部和鳍基部出血

图 2-7 许氏平鲉哈维氏弧菌病,尾部皮肤溃疡

3. 流行情况

弧菌在海洋环境中是最常见的细菌类群之一,是海水和原生动物、鱼类等海洋生物的正常优势菌群。目前已知弧菌的种类超过 37 种,其中霍乱弧菌、创伤弧菌和溶藻胶弧菌对人类具有致病性。

弧菌病是海水鱼类最常发生的细菌性疾病,呈世界性分布。已报道的鱼类致病性弧菌有 10 多种。弧菌是条件致病菌,海水养殖鱼类弧菌病的发生与弧菌数量密切相关,也与环境条件和饲养管理水平、养殖动物抵抗力密切相关。

不同鱼类弧菌病的发生虽有差别,但以水温 15~25 ℃时的 5 月末至 7 月初和 9—10 月为发病高峰期。

4. 诊断方法

从有关症状可进行初步诊断。确诊应从可疑病灶组织上进行细菌分离培养,用 TCBS 弧菌选择性培养基。已有鳗弧菌、溶藻弧菌、创伤弧菌等的单克隆抗体,可采用间接荧光抗体(IFAT)技术和 ELISA 免疫检测,对上述弧菌引起的弧菌病进行早期快速诊断;分子生物学PCR 技术在某些情况下也可应用于对弧菌病的检测。

5. 防治方法

预防措施:保持优良的水质和养殖环境,不投喂腐败变质的小杂鱼、虾。

治疗方法:

(1)投喂磺胺类药饵,例如磺胺甲基嘧啶,第一天用药 200 mg/kg,第二天以后减半,制成药饵,连续投喂 7~10 天。

(2)投喂抗生素药饵,例如土霉素,用药 70~80 mg/(kg·d),制成药饵,连续投喂 5~7 天。

(3)在口服药饵的同时,用漂白粉等消毒剂全池泼洒,视病情用 1~2 次,可以提高防治效果。

六、爱德华氏菌病

1. 病原

病原为迟缓爱德华氏菌,又名迟钝爱德华氏菌、缓慢爱德华氏菌。该菌呈革兰氏阴性的短杆状,周生鞭毛大小(0.5~1.0)μm×(1.0~3.0)μm。具有运动性,无荚膜,不形成芽孢,兼性厌氧,在普通营养琼脂上形成半径 1 mm 左右灰白色半透明的圆形菌落。发育的温度范围为 15~42 ℃,最适温度为 28~37 ℃;在盐度 0%~30% 条件下可生长,低盐条件下生长繁殖较快。

2. 症状

迟钝爱德华氏菌可感染多种海水鱼类,在不同患鱼中症状不同。养殖牙鲆稚鱼患病症状是腹胀,腹腔内有腹水,肝脏、脾脏、肾脏肿大、褪色,肠道发炎,眼球白浊等;幼鱼患病症状是肾脏肿大,并出现许多白点(见图2-8),腹水呈胶水状。鲻鱼生病时,腹部及两侧发生大面积脓疡,脓疡的边缘出血,病灶因组织腐烂而放出强烈的恶臭味,腹腔内充满气体使腹部膨胀;真鲷、锄齿鲷、鲕等生病时,肾、脾上有许多小白点。

鳗鲡感染发病时,病鱼症状有以侵袭肾脏为主的肾脏型和主要侵袭肝脏的肝脏型两种类型。肾脏型病鱼肛门红肿,肾脏附近体壁肌肉隆起、出血和软化,肾脏和脾脏上出现白色点状病灶;肝脏型病鱼的肝部躯体肿大,肝区腹部皮肤出血、软化、溃疡穿孔,肝脏肿大、出现化脓性溃疡(见图2-8)。

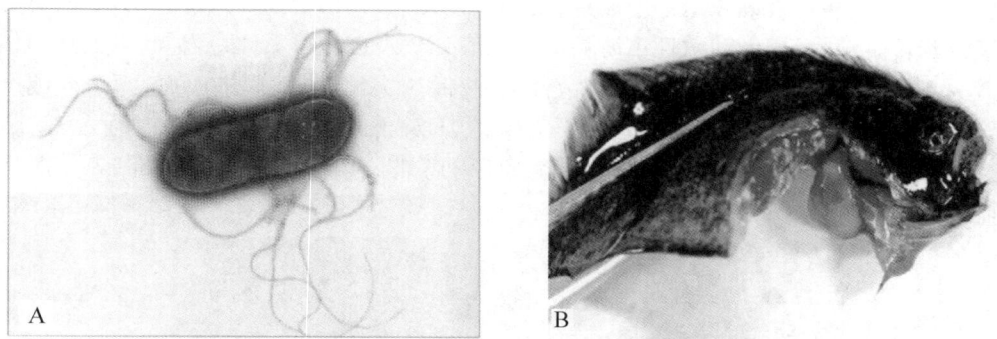

图 2-8　迟钝爱德华氏菌及患病牙鲆

A—迟钝爱德华氏菌电镜照片;B—患病牙鲆肾脏肿大并出现许多白点

3. 流行情况

迟钝爱德华氏菌流行于夏、秋季节,是条件致病菌,在养鳗池水和底泥中一年四季都可找到。其宿主范围广泛,牙鲆、真鲷、锄齿鲷、鲕、鳗鲡、罗非鱼、虹鳟等都十分易感,经常发生此病。

4. 诊断方法

可根据各种患鱼的症状,做出初步诊断。确诊应从可疑患鱼的病灶组织分离病原菌进行培养和鉴定。也可以采用血清学方法完成快速诊断,或采用抗迟钝爱德华氏菌单克隆抗体通过玻片凝集试验、ELISA 等方法来确诊。

5. 防治方法

预防措施:同弧菌病。

治疗方法:

(1)用漂白粉(浓度为 $1×10^{-6}$~$1.2×10^{-6}$)全池泼洒。

(2)四环素,用药 50~70 mg/(kg·d),制成药饵,连续投喂 7~10 天。

(3)诺氟沙星,用药 100 mg/(kg·d),制成药饵,连续投喂 3~5 天。

七、链球菌病

1. 病原

病原为海豚链球菌,菌体卵圆形,有荚膜,β 溶血阳性,大小 0.7 μm×1.4 μm,革兰氏阳性,二链或链锁状的球菌,无运动力。生长温度为 10~45 ℃,最适温度为 20~37 ℃。发育的盐度范围为 0%~7%,最适盐度为 0%。发育的 pH 值为 3.5~10,最适 pH 值为 7.6。

2. 症状

病鱼以眼球突出、鳃盖内侧充血发红而鳃贫血和剧烈肠炎为主要症状。在水温较高时,常呈急性发作,初期病鱼食欲减退甚至废绝,游动缓慢无力,常浮于水面或静止于水底,有时在水中翻滚或旋转游动,后期做间歇性窜游后沉于水底死亡。剖检可见体色发黑,有的病鱼体表出血或溃疡,吻端、下颌及两鳃盖下缘有弥散性出血,眼球突出,眼眶周围出血,鳃盖内侧严重充血,而鳃贫血,严重肠炎。肝、脾肿大并伴有出血、坏死灶,肠道内有黄色或带血黏液,脑膜充血、出血。在水温较低时,病情发展较慢,病鱼体表局部、鳍条边缘出血(见图 2-9)、溃烂或形成出血性化脓性疖疮。

图 2-9 牙鲆链球菌病,严重肠炎,鳍条边缘出血

3. 流行情况

链球菌是一种典型的条件致病菌,具有广温、广盐的适应特性,广泛分布于各种水环境和底泥中,也可来自陆地或由饵料鱼带入。链球菌可感染鰤、牙鲆、鳗鲡、香鱼、虹鳟、罗非鱼、团头鲂等多种海水、半咸水及淡水养殖鱼类,为国家规定的三类动物疫病病原。本病的发生与饲养管理水平和环境条件关系密切,养殖密度高、投饵过多、饵料不新鲜、鱼体抵抗力降低等因素都可引发该病。本病的发生与水温有关,一般在高水温时发病迅速,水温较低时则以慢性感染为主。

4. 诊断方法

一般从眼球突出和鳃盖内侧出血等典型的外观症状和内部组织器官的病理变化就可初诊。进一步诊断需从病灶组织分离细菌,进行细菌学鉴定。另可制备链球菌标准菌株全菌抗血清,进行免疫学诊断。

5. 防治方法

预防措施:

(1)放养密度适宜,网箱养殖每立方米水体控制在 10 kg 左右,池塘养殖每立方米水体 7 kg 以下为宜。

(2)饵料鱼必须新鲜,最好不要长期投喂同一种饵料。

(3)长期投喂一种鲜活饵料(如沙丁鱼)应添加 0.3% 的复合维生素,并勿过量投喂。

(4)加强养殖环境管理,改进水体交换,增加水体的溶解氧量。

治疗方法:

(1)盐酸多西环素,用药 20~50 mg/(kg·d),制成药饵,连续投喂 5~7 天。

(2)四环素,用药 75~100 mg/(kg·d),制成药饵,连续投喂 10~14 天。

八、杀鲑气单胞菌病

1. 病原

本病病原为杀鲑气单胞菌,主要感染鲆鲽和鲑科鱼类。杀鲑气单胞菌有杀鲑亚种、溶果胶亚种、杀日本鲑亚种、史氏亚种和无色亚种等 5 个亚种,其中杀鲑亚种为典型株,其他均为非典型株。该菌为嗜冷气单胞菌,呈短杆状或球杆状,无鞭毛,革兰氏染色阴性,无运动性,在普通营养琼脂上生长缓慢,形成白色不透明的圆形菌落。

2. 症状

杀鲑气单胞菌感染鱼类时既可形成典型的"疖疮"症状,也可形成皮肤溃疡型败血症。病鱼食欲减退,体色发黑,体表出现单个或多个小的隆起,剖开可见肌肉出血,逐渐坏死形成皮下脓肿剖检可见肠道充血发炎,肾脏肿大呈淡红色或暗红色,肝脏褪色等。有的病鱼则在初期即出现"出血性疖疮"的症状,很易破溃在皮肤形成开放性溃疡。大菱鲆暴发疖疮病时(见图

2-10），主要侵染背部肌肉，形成串珠状脓肿，脓肿一般不破溃。

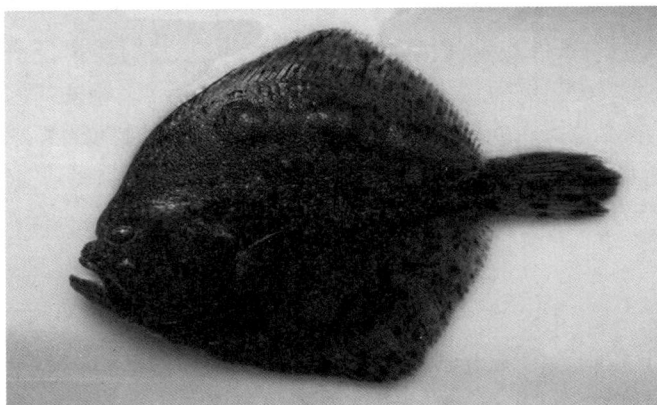

图 2-10　大菱鲆疖疮病，病鱼靠近背鳍部分的背部肌肉发白，呈串珠状隆起甚至连成一串

3. 发病规律

杀鲑气单胞菌都是条件致病菌，在环境中普遍存在，鲑科鱼类和鲆鲽类较敏感。鲑科鱼类疖疮病也没有明显季节性，但以较低水温发病为多。鲑科鱼类疖疮病既有散发病例，也有暴发流行的报道。

4. 诊断方法

鱼类疖疮病是一种疖疮形成为主要特征的全身感染性疾病，确诊需要进行细菌的分离和鉴定，在临床诊断时需要注意以下几点：

（1）病鱼常形成典型的皮下肌肉脓肿或开放性溃疡即可初步诊断。

（2）取隆起部位组织，制作组织触片经迪夫快速染色后见大量短杆菌可进一步诊断。

（3）注意与肌肉黏孢子虫病鉴别，后者组织压片可见大量形态一致的寄生虫孢子。

（4）鳗鲡感染鳗弧菌时也会出现疖疮样病变，但后者破溃后为出血性溃疡，化脓病变不明显。

5. 防治方法

该病的预防与治疗方法同嗜水气单胞菌病。体表机械损伤是本病的重要诱发因素，养殖过程中应特别注意规范操作，避免出现鱼体损伤和突然环境变化等应激因素。

治疗方法：

（1）盐酸多西环素，用药 20~50 mg/（kg·d），制成药饵，连续投喂 5~7 天。

（2）四环素，用药 75~100 mg/（kg·d），制成药饵，连续投喂 10~14 天。

九、黏孢子虫病

1.病原

病原为黏孢子虫。寄生在鱼类的约1 000余种,寄生部位包括鱼的皮肤、鳃、鳍和体内的各器官组织。寄生在海水鱼类的黏孢子虫有29个属,其中17个属只出现在海水鱼类,危害较大的有弯曲两极虫、小碘泡虫、角孢子虫、尾孢子虫、肌肉单囊虫、库道虫、金枪鱼六囊虫、安永七囊虫等。

海水鱼常见寄生黏孢子虫(见图2-11)的形态差别很大,但每个孢子都具有壳片和极囊,极囊内有极丝,有的虫体有嗜碘泡。黏孢子虫的生活史必须经过裂殖生殖和配子形成两个阶段,通过孢子感染宿主,其通过被鱼类吞食或通过伤口进入鱼体,并在其中不断繁殖。

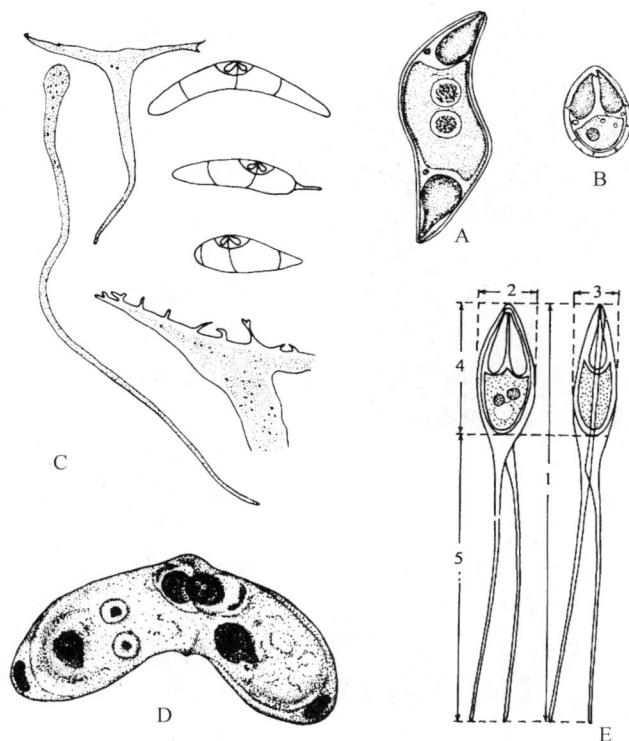

图2-11　海水鱼常见寄生黏孢子虫

A—弯曲两极虫;B—小碘泡虫;

C—镰菱鲆角孢子虫;D—沙斯塔角孢子虫;

E—尾孢子虫模式图及其测量;左—壳面观;右—缝面观;

1—孢子全长;2—孢子宽度;3—孢子厚度;4—孢子内腔末端至前端距离;5—后端突起长

2. 症状

病鱼的症状与黏孢子虫种类和寄生部位有关。通常在组织中寄生的种类,可在寄生部位形成肉眼可见的白色孢囊,例如鳃、体表皮肤、肌肉和内脏组织中的库道虫、小碘泡虫、尾孢子虫等;腔道寄生种类一般不形成孢囊,孢子游离在器官腔中,例如胆囊、膀胱和输尿管中的弯曲两极虫、角孢子虫等,严重感染时,胆囊膨大,胆管发炎,胆囊壁充血,成团的孢子可以堵塞胆管。七囊虫寄生在脑颅内,可引起病鱼游动反常,体色变黑,身体瘦弱,脊柱弯曲,肝脏萎缩并有淤血。

3. 流行情况

黏孢子虫病是一种世界性鱼病,发病没有明显的季节性,常年可见。鲆鲽类、鲈鱼、石斑鱼、鲷类、海龙、海马以及鲤、鲫、鲢、鳙、鲂等各种海、淡水鱼类都可感染发病。

黏孢子虫的生活史比较复杂,不同种类之间也有差别,其感染途径还不清楚,通常认为其生活史包括裂殖生殖和配子形成两个阶段。有报道认为水蚯蚓等水栖寡毛类动物可能是黏孢子虫的中间寄主,在其发育和传播过程中发挥重要作用。

4. 诊断方法

(1)在鳃、肌肉、脑等各个部位出现大小不一、肉眼可见的孢囊时,结合流行情况可做出初步诊断。当病鱼表现出瘦弱、贫血等疑似寄生虫寄生症状,但未见明显孢囊时,应仔细检查各腔道组织,确认是否有黏孢子虫感染。

(2)用显微镜进行检查,做出诊断。因有些黏孢子虫不形成肉眼可见的孢囊,仅用肉眼检查不出;同时,即使形成肉眼可见的孢囊,也必须将孢囊压成薄片,用显微镜进行检查,因形成孢囊的还有微孢子虫、单孢子虫、小瓜虫等多种寄生虫,用肉眼无法鉴别。

(3)当出现严重组织坏死时,应取坏死边缘组织压片,制作水浸片仔细镜检是否有寄生虫存在,应注意区分组织细胞与寄生虫虫体。

5. 防治方法

预防措施:

(1)不从疫区购买携带有病原的苗种。

(2)用生石灰彻底清池消毒。

(3)发现病鱼、死鱼及时捞出,并泼洒防治药物(同以下治疗方法)。

(4)对有发病史的池塘或养殖水体,每月全池泼洒敌百虫 1~2 次,浓度为 0.2~0.3 g/m^3。

治疗方法:

(1)体表和鳃上寄生的黏孢子虫可参考预防方法全池泼洒晶体敌百虫,或全池泼洒百部贯众散使水体浓度成 3 g/m^3,连用 5 天。

(2)肠道寄生的黏孢子虫可在泼洒敌百虫的同时,按一次量每 1 kg 鱼用 2.0~2.5 mg(按有效成分计)的地克珠利给药。

十、微孢子虫病

1. 病原

病原为匹里虫、小孢子虫等微孢目的寄生虫,主要危害鱼类、昆虫和甲壳动物,是水产动物寄生虫病中危害较大的种类。已知寄生在海水鱼上的微孢子虫有 11 个属的 16 种。微孢子虫的孢子呈梨形、水滴形、椭圆形或茄形,长度一般为 2~10 μm。内部构造必须在电镜下才能看清楚,微孢子虫模式图见图 2-12。

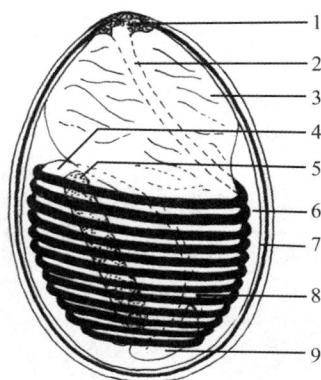

图 2-12　微孢子虫模式图

1—极帽;2—极管;3—极泡(积层部);4—孢子质;5—核;6—极管(盘曲部);7—孢子膜;8—极管的囊状末端;9—极泡(颗粒部)

2. 症状

匹里虫可在生殖腺、胃肠外壁、幽门垂、脂肪组织、肝脏、腹壁等部位寄生,形成白色小孢囊。轻度感染时,病鱼体表没有明显症状;严重感染时,病鱼腹部膨大,极度瘦弱,腹腔内充满孢囊,使生殖腺萎缩,部分被虫体取代。

小孢子虫寄生在鲕的体侧肌肉内,被寄生处的肌肉溶解,外观上体表形成凹陷,这是该病的主要症状。病灶多的鱼显著瘦弱,最终导致死亡。有的病鱼在肌肉溶解处有继发性的细菌菌落。

3. 流行情况

大眼鲷匹里虫病发生在南海北部湾、广东和广西沿岸水域中的长尾大眼鲷和短尾大眼鲷。以前者受害最大,感染率在全年各月中都很高;8 月最低,也达 67.9%;11 月、2 月、3 月都为100%。

小孢子虫在日本的养鲕场中流行,对稚鱼危害尤为严重。我国养殖的大眼鲷中检出了湛江小孢虫,有时与前述的大眼鲷匹里虫同时存在于同一宿主,难以区分。

4.诊断方法

剖开大眼鲷腹部,看到白色成团的孢囊即可做出初步诊断。取 1 个孢囊压片后镜检可以确诊。

小孢子虫一般依据病鱼体表出现凹陷症状,剖开发现有孢囊块,可做出初步诊断。取孢囊做涂片后,用吉姆萨染色后再在显微镜下观察到孢子可确诊。

5.防治方法

目前尚无有效防治方法。

十一、车轮虫病

1.病原

病原为车轮虫,为车轮虫属和小车轮虫属的一些种类。车轮虫侧面观似毡帽状,反口面观可见几丁质的齿环和辐线规则排列成环状,因运动时形似车轮转动而得名,车轮虫水浸片见图2-13。

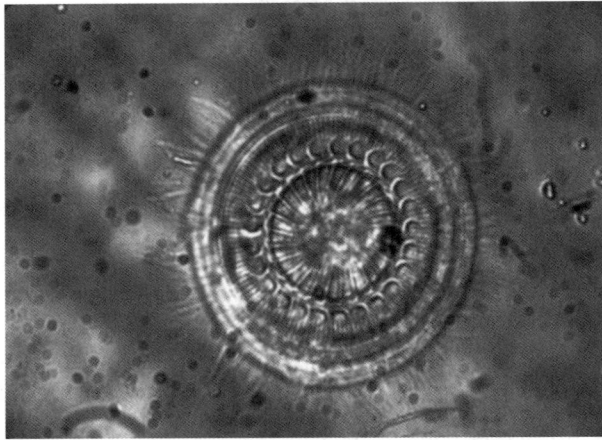

图 2-13　车轮虫水浸片

2.症状

车轮虫在海水鱼类中主要寄生在鳃上。当寄生数量少时宿主鱼不显症状;但大量寄生时,由于它们的附着和来回滑行,刺激鳃丝大量分泌黏液,形成一个黏液层,病鱼游动缓慢,食欲减退或废绝,最终因呼吸困难而死。

3.流行情况

车轮虫病一年四季均可发生,以夏季水温较高时多发,流行水温为 20～28 ℃。本病在水质肥沃的小面积浅水中易暴发,通过接触传播。海水养殖的真鲷、黑鲷、鲈、鲻、梭鱼、牙鲆、大菱鲆、东方鲀、石斑鱼、尖吻鲈等都较普遍,大小鱼均可感染发病,对鱼苗危害较大,常造成3 cm以下苗种大量死亡。

4. 诊断方法

摄取一点鳃丝或从鳃上、体表刮取少许黏液,置于载片上,加一滴清洁海水制成水封片,在显微镜下可看到虫体。需要注意车轮虫少量寄生时并不造成很大危害,一般低倍镜下一个视野达30个以上虫体时,可诊断为车轮虫病。

5. 防治方法

预防措施:加强日常检测,抽检病鱼鳃上车轮虫寄生情况。当发现低倍镜下一个视野达到30个以上虫体时,用硫酸铜全池泼洒,用法用量见治疗方法。

治疗方法:用淡水浸洗5~10 min;或全池泼洒硫酸铜和硫酸亚铁合剂(5:2),使池水成1.2~1.5 g/m³浓度;或全池泼洒福尔马林,使池水成25~30 mg/L浓度。

十二、隐核虫病

1. 病原

病原为刺激隐核虫,也称海水小瓜虫。虫体球形或卵圆形,成熟个体直径为0.4~0.5 mm,具有1个由4个卵圆形团块呈马蹄状排列组成的大核。

其生活史分为营养体、孢囊前期、孢囊期和幼虫四个阶段,不需要中间宿主。寄生在鱼体上的虫体为营养体,呈球形或卵圆形,全身披均匀一致的纤毛,直径为400~500 μm(见图2-14)。营养体成熟后离开寄主鱼,落于池底或其他固体物上并形成孢囊(见图2-14)。虫体在孢囊内经多次分裂,最后形成许多纤毛幼虫。纤毛幼虫冲破孢囊在水中游泳,遇到宿主后附着上去,钻入上皮组织下,重新开始营养体的发育并营寄生生活。

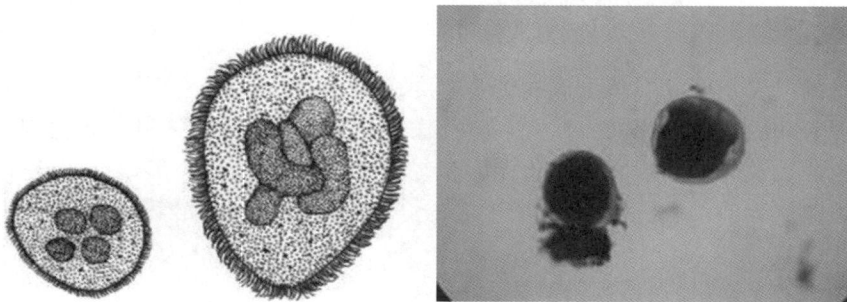

图2-14 刺激隐核虫营养体和孢囊

2. 症状

刺激隐核虫感染时,病鱼游动无力,呼吸困难,喜与固体物摩擦,最终可能窒息而死。体表、鳍、鳃、口腔和眼等处出现数量不等的小白点(见图2-15),并有大量黏液,也称白点病或海水鱼白点病。隐核虫在皮肤上寄生得很牢固,必须用镊子用力才能刮下。眼角膜上被寄生时可导致失明。

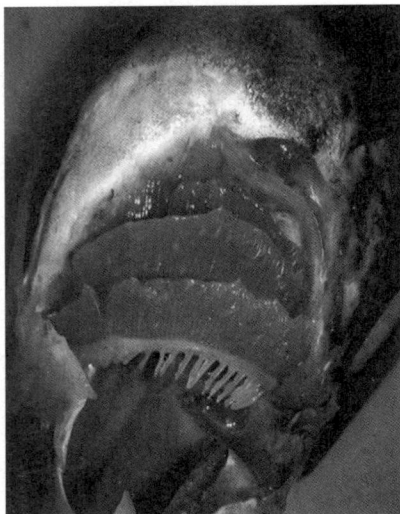

图 2-15　许氏平鲉刺激隐核虫病,鳃中布满白点

3. 流行情况

刺激隐核虫病是世界性流行鱼病,几乎所有的硬骨海水鱼类都可被感染,没有宿主专一性。刺激隐核虫的繁殖适温为 10~30 ℃,最适繁殖水温为 25 ℃左右,夏季和秋初是隐核虫病的流行季节。本病的暴发也与饲养管理不当、水质恶化和鱼体抵抗力下降有关。

4. 诊断方法

将鳃或体表的白点取下,制成水浸片,在显微镜下看到圆形或卵圆形全身具有纤毛、体色不透明、缓慢地旋转运动的虫体,就可以诊断。

5. 防治方法

预防措施:

(1)适宜的放养密度。隐核虫病的传播速度,随着鱼类的放养密度的增大而增大。

(2)发现疾病后及时治疗,并对病鱼隔离,病鱼池中的水不要流入其他鱼池中。

(3)病鱼死后及时捞出。因为病鱼死后有些隐核虫就离开鱼体,形成孢囊进行增殖。

(4)养鱼池放养前彻底洗刷,并用浓度大的漂白粉溶液或高锰酸钾溶液消毒,以杀灭槽壁上的孢囊。

(5)增加水的交换量,保持水质清洁。

治疗方法:

(1)用醋酸铜全池泼洒,使池水醋酸铜浓度成为 0.3×10^{-6}。

(2)用硫酸铜全池泼洒:泼洒在静水池中使池水硫酸铜浓度成为 1×10^{-6};泼洒在流水池中使池水硫酸铜浓度成为 $17 \times 10^{-6} \sim 20 \times 10^{-6}$,同时关闭进水闸停止水的循环,过 40~60 min 后再开闸,每天 1 次,连续治疗 3~5 天。

（3）在疾病早期全池遍洒福尔马林使池水成为 25 mg/L 浓度,每天 1 次,连用 3 次。

十三、瓣体虫病

1. 病原

病原为石斑瓣体虫(见图 2-16)。虫体侧面观,背部隆起,腹面平坦,前部较薄,后部较厚。腹面观虫体为椭圆形,幼小个体则近于圆形。虫体大小(45~80)μm×(29~53)μm(固定标本),大核呈椭圆形,在体中间稍偏后处;小核呈椭圆形或圆形,紧贴于大核前。圆形胞口在腹面前端中间,活体的胞口稍凸出于腹面。与胞口相连的是由 12 根刺杆围成的漏斗状口管。在大核后方的腹面有 1 个形如花朵的瓣状体。腹面的中部和前部两侧有 32~36 条纤毛线,背面无纤毛线。

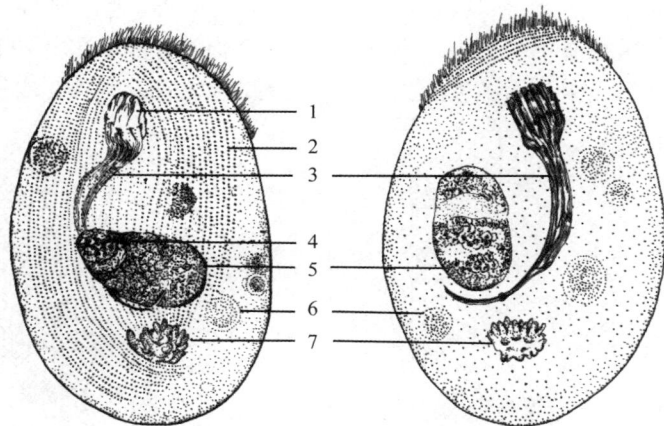

图 2-16 石斑瓣体虫

(左图为腹面观;右图为背面观)

1—胞口;2—纤毛线;3—口管;4—小核;5—大核;6—食物粒;7—瓣状体

2. 症状

石斑瓣体虫寄生在石斑鱼的皮肤和鳃上,使皮肤和鳃上黏液分泌增多,病鱼常浮于水面,游动迟缓,呼吸困难。寄生处出现许多大小不一的白斑(白点),病情严重的鱼,白斑扩大成一片,所以也叫作白斑病。病死的鱼胸鳍向前方伸直,几乎贴近于鳃盖上。

3. 流行情况

瓣体虫的流行季节是夏季和初秋高温期。虫体以横分裂方式进行繁殖,通过新生虫体感染鱼体,主要危害赤点石斑鱼、青石斑鱼和真鲷等,多分布在福建、浙江、两广和海南等省区。瓣体虫在高密度养殖的池塘、网箱和水族馆中较为常见,感染率和死亡率均较高,有时又与单殖吸虫或隐核虫形成并发症,从而加速宿主死亡。

4. 诊断方法

从白斑处取样,做成水浸片进行镜检,看到虫体即可诊断。

5. 防治方法

(1)用淡水浸洗病鱼 2~4 min。

(2)用硫酸铜(浓度为 $2×10^{-6}$)浸洗病鱼 2 h,次日再重复 1 次,疗效显著。

十四、盾纤毛虫病

1. 病原

病原为盾纤毛虫(见图 2-17),在分类上隶属于纤毛门、寡膜纲、盾纤目,已报道的常见种类有海洋尾丝虫、水滴伪康纤虫、指状拟舟虫、蟹栖异阿脑虫和贪食迈阿密虫等。纤毛虫体表被有均匀一致的纤毛,尾端有单一尾毛。不同种类的大小不同,多为几十微米。虫体形态与生存条件有关,一般刚从组织中分离出来的虫体较为浑圆,经培养后虫体变瘦变长,呈瓜子形。

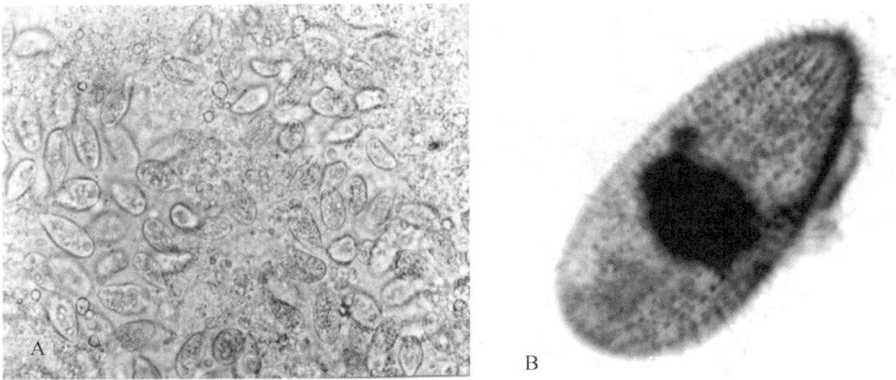

图 2-17　鱼的指状拟舟虫病——盾纤毛虫病

A—指状拟舟虫活体;B—扫描电镜示外观形态

2. 症状

盾纤毛虫是一类组织内寄生的兼性寄生虫,可以感染多种鱼类并表现出不同的症状。大多数病鱼表现为体色发黑,活力减弱,游动慢,摄食减少。鲆鲽类感染发病后,初期体表和鳃上黏液增多,体表常形成局灶性褪色斑,鳍条边缘充血、出血、变红。严重时病鱼体表大片褪色并形成溃疡(见图 2-18),鳍基部出血。除侵害鱼体表皮肤、鳍、肌肉外,纤毛虫还可侵入眼球、腹腔、肾脏、胰脏甚至脑而造成鱼大量死亡。

盾纤毛虫感染河鲀时,病鱼有两种独特表现。第一种是病鱼全身体表发红,出现大量红斑,体表黏液显著增多,增生的黏液呈棉毛或絮状覆盖在鱼体,鱼体上像长了白毛一般。第二种情况是病原侵入鱼体内部组织,尤其是头背部较为常见,导致病鱼眼球浑浊,眼周围组织肿胀(见图2-19)。

图 2-18 牙鲆盾纤毛虫感染,病鱼体表溃疡灶

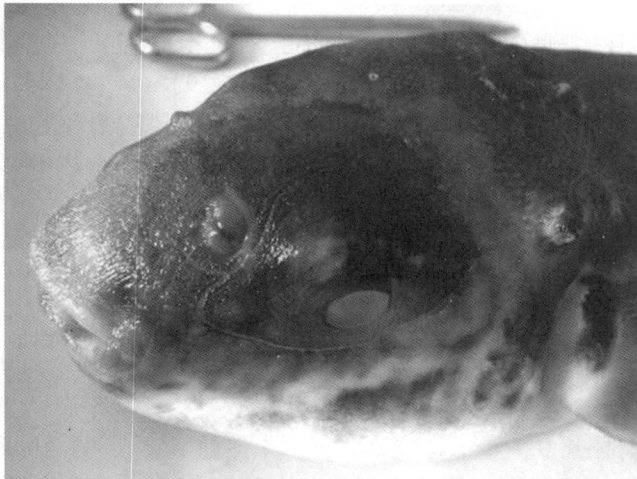

图 2-19 河鲀盾纤毛虫病病鱼眼球浑浊发白,眼周围肿胀

3. 流行情况

盾纤毛虫是一种兼性寄生虫,以水中悬浮的细菌、微藻和原生动物等颗粒物质为食,在鱼体受伤、环境恶化等情况下则可引起海水动物感染发病。

本病是海水鱼类最重要和最常见疾病之一,鲆鲽类、鲷鲈类、鲀类等皆可发病。该病在育苗和养成期均可发生,一旦发病后可快速传染扩散,发病率高,常造成大量死亡。本病对于不同鱼类的流行季节和水温略有不同,通常在春末和夏初水温15~20℃时暴发流行。

4. 诊断方法

根据外观症状进行初步诊断。取病鱼皮肤黏液或鳃等患处组织,制成水浸片在显微镜下观察,看到虫体即可确诊。

5. 防治方法

预防措施:

(1)苗种培育期或工厂化养殖用水先经过滤或严格消毒处理,避免虫体随水带入。

(2)投喂的鲜活小杂鱼(鱼、贝肉糜原料)先经淡水浸洗5 min后再加工投喂。

(3)饲养期间要及时清除死鱼和残饵,保持水体清洁。

治疗方法:

(1)用福尔马林(浓度为50×10^{-6})全池泼洒,5~6 h换水,视病情连续用药2~3次。

(2)用高锰酸钾(浓度为10×10^{-6})浸洗7 min。

(3)提升温度至20 ℃以上。

十五、本尼登虫病

1. 病原

病原为本尼登虫属,常见的种类有鲕本尼登虫、石斑本尼登虫。虫体略呈椭圆形,背腹扁平(见图2-20 A),大小一般为$(5.4~6.6)$ mm×$(3.1~3.9)$ mm。身体前端稍突出,两侧各有1个前吸盘;后端有一个卵圆形的后吸盘。后吸盘中央有2对锚钩和1对附属片。口下为咽,从咽向后分出2条树枝状的肠道,伸至身体的后端。雌雄同体。虫体中央有精巢2个,前方有卵巢1个,虫体内密布卵黄腺。1只虫子可以产卵数次,每次产卵数与虫体长度有关,一般为50~200粒。

卵壳呈四面形,边长0.13~0.15 mm,卵壳的后端有1条长1.8~2.7 mm的卵丝。产出的卵被缠绕成团附着在网箱上或其他物体上进行发育和孵化。产卵的温度范围为13~29 ℃,最适水温为20 ℃左右。孵化的适宜水温为18~24 ℃,9 ℃以下和30 ℃以上不能孵化。孵化的速度随着水温的升高而加快,在20 ℃时需7~8天,在24 ℃时仅5~6天就可孵出。刚孵出的幼虫形状与成虫相近,体长0.5 mm,体宽0.2 mm,虫体前部、后部的两侧和固着盘的后半部密生纤毛,有趋光性,靠近水面游泳,遇到适宜的宿主后就附着上去,蜕掉纤毛,开始新的寄生生活。水温在20~26 ℃时,幼虫寄生后20天就可生长发育为成虫。

2. 症状

本尼登虫寄生于鲕鱼的体表皮肤,寄生数量多时患鱼呈不安状态,往往在水中异常游动或向网箱及其他物体上摩擦身体;体表黏液增多,局部皮肤粗糙或变为白色或暗蓝色(见图2-20 B);严重者体表出现点状出血,如有细菌继发感染,还可出现溃疡,食欲减退或不摄食,鳃褪色呈贫血状。本尼登虫感染大黄鱼时,病鱼体表出现白点,随后白点扩大成片,呈白斑状,有时鳍条或尾鳍全部发白;鱼眼变白,严重时眼球充血或发黑,甚至脱落;白斑部位鳞片脱落,鳍条充血溃烂。

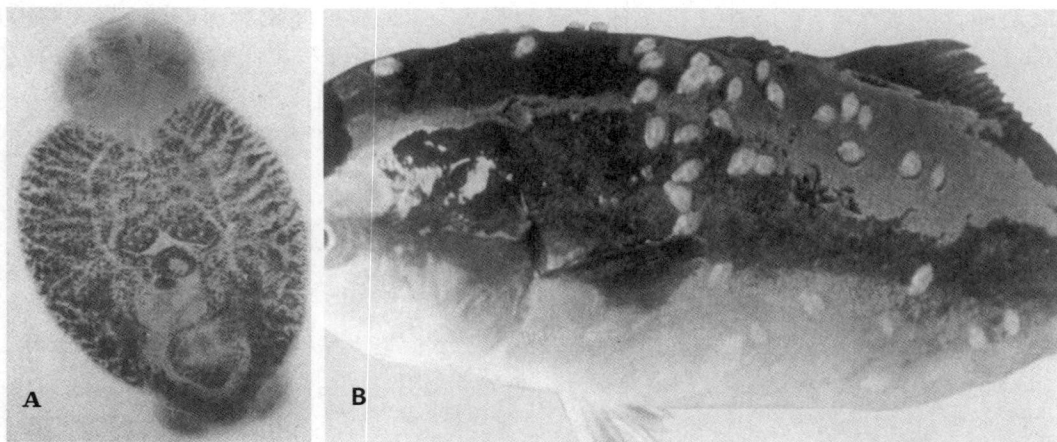

图 2-20　鲫本尼登虫病

A—鲫本尼登虫；B—鲫本尼登虫寄生于鲫鱼体表皮肤

3. 流行情况

鲫本尼登虫在日本主要危害养殖鲫，在我国福建等地区主要危害养殖大黄鱼。一般放养密度大及外海的水域，本病多发。在河口附近受淡水影响的水域受害较轻。

本病全年都可发生，但冬季和盛夏较少。本病对于我国福建地区网箱养殖的大黄鱼，流行季节是 11—12 月至翌年 1—3 月，可引起死亡。真鲷、黑鲷和石斑鱼也较易感染，感染率可高达 100%，引起患鱼鳍的基部或体表局部炎症和溃疡。

4. 诊断方法

将鱼体捞起置于盛有淡水的容器内 2~3 min，如能观察到近于椭圆形的虫体从鱼的体表脱落，即可诊断。确诊或种类鉴定时，将虫体置于载片上，做成水浸片或聚乙烯醇封片，用显微镜观察。

5. 防治方法

苗种放养前或转换养殖网箱时，预防和治疗同步进行。

（1）用淡水浸洗 5~15 min（视不同种鱼），同时淡水中加入浓度为 $2×10^{-6}$~$5×10^{-6}$ 抗生素（吡哌酸、诺氟沙星、恩诺沙星），预防细菌性继发感染。

（2）用浓度为 $500×10^{-6}$ 的福尔马林，浸洗 5 min 左右；或用浓度为 $250×10^{-6}$ 的福尔马林，浸洗 10 min 左右。

十六、异沟虫病

1. 病原

病原为鲀异沟虫，分类地位上隶属于单殖吸虫纲，寡钩亚纲，钩铗虫目，八铗虫科，异钩盘虫属,为鲀科鱼类所特有的寄生虫。虫体背腹扁平,呈舌状,成虫体长可达 2 cm,有 4 对构造相同的固着铗,对称排列在虫体后部。虫卵呈梭形,黄绿色,由卵丝串联成串。卵在壳内发育成纤毛幼虫后冲开卵盖游出,遇到宿主后附着在鳃上,逐步发育为成虫(见图 2-21)。

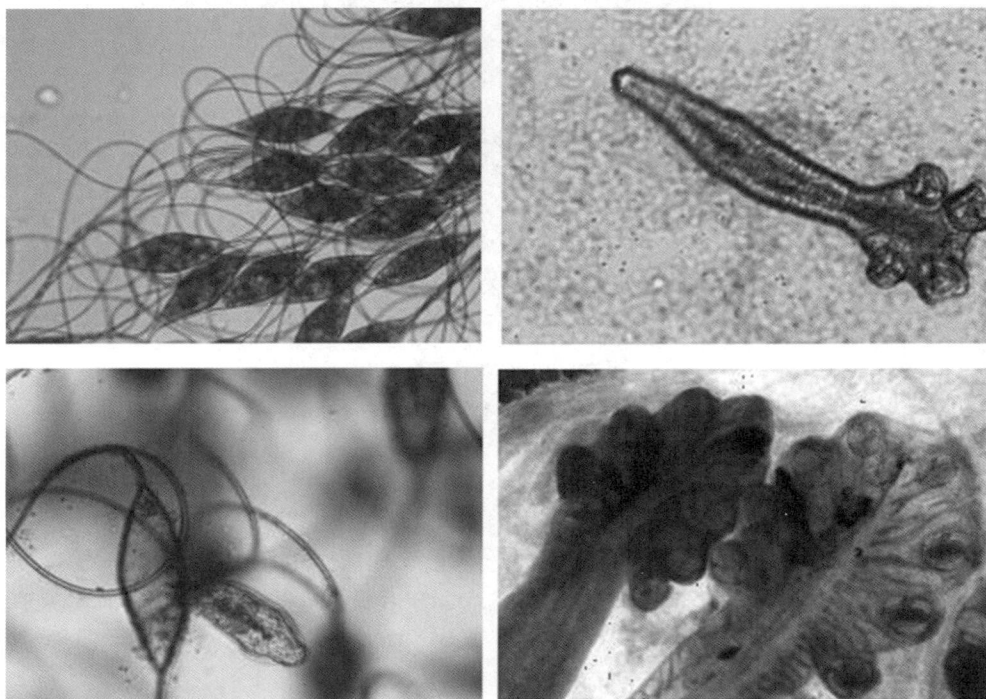

图 2-21　鲀异沟虫的孵化和发育过程

2. 症状

病鱼体色发黑,呼吸困难,食欲减退或停止摄食,游动无力,逐渐消瘦直至死亡。在夏、秋繁殖季节,病鱼鳃孔外面常常拖挂着链状黄绿色卵丝,上有梭形虫卵,这是本病的显著特征。

异沟虫幼虫寄生在河鲀鳃丝上,成虫则寄生在鳃腔后部的肌肉上。剪开鳃盖可见鳃片苍白贫血,鳃丝末端组织坏死、解体,黏液增多,鳃丝上有蠕动的片形虫体。鳃腔深处有黑色或灰褐色的舌状虫体,虫体可长达 2 cm 左右,虫体寄生处肌肉组织隆起。异钩虫寄生较多的病鱼,鳃丝严重受损糜烂,上有异沟虫卵丝缠绕,组织溃疡崩解,发出腐臭气味。

3. 发病规律

异沟虫主要寄生于鲀科鱼类的鳃上,是鲀科鱼类最常见的寄生虫病之一。本病一年四季均可发生,流行于夏、秋季节。该病病程较长,发病率可达 90 % 以上,发病后若未及时处置,死亡率可超过 75 %。

4. 诊断方法

(1)本病主要发生于鲀科鱼类。

(2)观察鳃腔中是否有卵丝,或取鳃丝和鳃腔肌肉隆起部位的组织压片,镜检看到虫卵或虫体可以确诊。

5. 防治方法

预防措施：

（1）鱼苗放养前，使用 500 mL/m³ 的福尔马林浸洗 5 min，以杀灭鳃上的幼虫。

发病后可采用以下方法之一进行治疗：

（2）鱼体质量约为 20 g 及以上的红鳍东方鲀患病后，可以使用 600 mL/m³ 福尔马林溶液浸浴 1 h，8 天后重复药浴 1 次，可以控制本病的发展和扩散，但不能杀灭成虫。

（3）用淡水浸洗 5~15 min，同时，淡水中加入浓度为 2~5 mg/L 的恩诺沙星，预防细菌性继发感染。

（4）全池遍洒甲苯达唑，使水体浓度为 1 g/m³，间隔 1 周左右要再泼药 1 次。

十七、长颈棘头虫病

1. 病原

病原为鲷长颈棘头虫。虫体呈圆筒形，长 10~20 mm，吻和颈呈白色。吻的大小为（0.9~1.3）mm×（0.5~0.6）mm，上有 11~15 行吻钩，每行 9~12 个。颈长约 5 mm。躯干部呈橘黄色，长 12~17 mm。

2. 症状

鲷长颈棘头虫寄生在真鲷直肠内，吻刺入直肠内壁，破坏肠壁组织，引起炎症、充血或出血。病鱼食欲减退，身体消瘦，成长缓慢。

3. 流行情况

长颈棘头虫病发现于中国和日本天然和养殖的真鲷、黑鲷。其感染率为 70%~80%。幼虫的感染期一般为 6—7 月。

4. 诊断方法

对瘦弱的鱼进行解剖检查，如发现直肠内有虫体，可以诊断。

5. 防治方法

尚无有效的驱虫药，投喂经过冷冻处理的鱼或配合饵料，可预防棘头虫的感染。

十八、鱼虱病

1. 病原

病原为鱼虱，常见种类有东方鱼虱、鰤鱼虱、刺鱼虱和宽尾鱼虱等，雌雄异体，不同种类形态略有差异。以东方鱼虱(见图 2-22)为例:雌体长 2.2~4.5 mm。头胸部呈盾形,两侧有缘膜。第四胸节短小,两侧突出。生殖节近方形。卵囊内含卵 19~43 个。腹部一节。第一触角分两节。胸叉呈倒"U"形。第一胸足外肢第一节大、第二节小,内肢退化成一小突起。第二胸足内、外肢均为 3 节。第三胸足内、外肢相距甚远。第四胸足分为 3 节。第五、六胸足分别为 1 和 2 根刚毛,位于生殖节的外末角。雄体长 3.7~6.6 mm。生殖节较小,两侧缘各有 11~12 个管状突起(低倍显微镜下呈钝齿状),每一管中伸出一细刚毛。腹部分为 2 节。

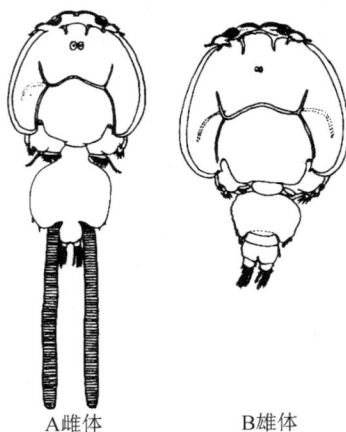

A雌体   B雄体

图 2-22 东方鱼虱

2. 症状

东方鱼虱寄生于鱼的体表和鳍。被侵袭的鱼黏液增多,急躁不安,往往在水中狂游或跃出水面;以后病鱼食欲减退,身体逐渐瘦弱;严重时体表充血,体色变黑,最终失去平衡而死。

刺鱼虱寄生在鲕鱼的鳃部和口腔,引起鳃上黏液增多,呼吸困难,口腔壁发炎、充血,甚至溃烂。当寄生虫数量很多时,鱼体消瘦,体色发黑,浮游于水面,严重病鱼逐渐死亡。

3. 流行情况

鱼虱属种类较多,现已记载 250 种以上,多数寄生在海水鱼上,世界各地都有分布。我国从渤海到南海的多种鱼上都有发现。养殖的鲻、梭鱼、比目鱼、鲷类和罗非鱼等受害较为严重。流行季节为 5—10 月,以水温 25~30 ℃的 7、8 月最为严重。

4. 诊断方法

通常在鱼体表或鳍上肉眼可观察到体色透明、前半部略呈盾形的虫体即可诊断。种类鉴定要用显微镜观察。

5. 防治方法

预防措施:养鱼前彻底清池;放养鱼种时如发现鱼虱,用 2.5%浓度为 $2×10^{-6}$~$5×10^{-6}$ 的敌百虫粉剂浸洗 20~30 min。

治疗方法:

（1）用90%晶体敌百虫（$0.2×10^{-6}$～$0.5×10^{-6}$）全池泼洒。

（2）用淡水浸洗15～20 min（梭鱼、罗非鱼）。

十九、类柱鱼虱病

1.病原

病原为长颈类柱鱼虱。雌雄异体，雌体长1.8～2.2 mm（从附着点到躯干部末端）；头胸部长2.0～3.5 mm，向背面弯曲，头部不膨大。卵囊呈香肠形，长1.75 mm，每一卵囊内含2列卵。雄虫虫体较小，体长0.4～1 mm，吸附在雌体的头胸部（见图2-23）。

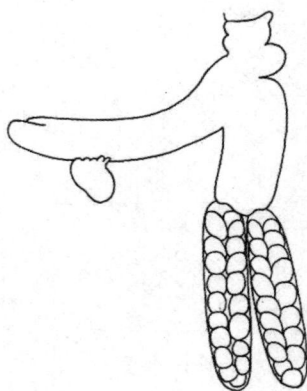

图2-23　长颈类柱鱼虱

2.症状

长颈类柱鱼虱的雌体以第一颚足末端的蕈状泡吸附在黑鲷鳃上，并伸入鳃丝软骨组织中，造成机械损伤。同时，头胸部可自由活动，摄食宿主的鳃上皮和血细胞，使被寄生部位鳃丝末端形成肉眼明显可见的缺损。

3.流行情况

长颈类柱鱼虱对于宿主的选择性很强，仅寄生于黑鲷鳃上，适宜的水温为15～20 ℃，12 ℃以下的冬季和23 ℃以上的夏季幼虫不孵化；盐度低于8.6%时，幼虫全部死亡。日本和我国都有发生。

4.诊断方法

取病鱼鳃于解剖镜下观察，如发现虫体，可以诊断。

5.防治方法

目前尚无报道。可试用敌百虫全池泼洒或浸泡病鱼的方法。也可利用长颈类柱鱼虱在

12 ℃以下、23 ℃以上、盐度 8.6% 以下时幼虫不孵化来控制。

二十、破裂鱼虫病

1. 病原

病原为破裂鱼虫。

2. 症状

破裂鱼虫寄生于真鲷、针鱼口腔（见图 2-24），引起口部异常，摄食困难，使鱼呈极度饥饿状态。

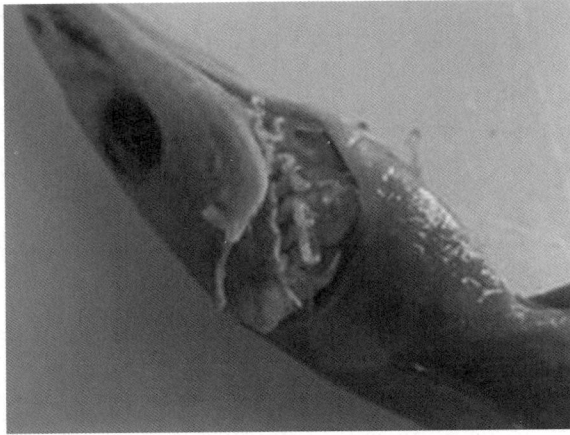

图 2-24　寄生于针鱼口腔的破裂鱼虫

3. 流行情况

寄生于海水鱼类的等足类，多见于体表和鳃部，但目前少见公开报道。

4. 诊断方法

肉眼观察鱼体表或口腔看到虫体即可诊断。

5. 防治方法

（1）养鱼池经 3~5 天逐步换成淡水，可有效地控制病情。

（2）在鱼种放养或转换养殖网箱时，全池遍洒 90% 晶体敌百虫，使池水敌百虫浓度成为 $0.2×10^{-6}~0.3×10^{-6}$。

第三章

虾、蟹类
健康养殖技术与模式

虾、蟹类养殖生物学

一、外部形态

虾、蟹与蜘蛛、蜈蚣,以及其他的陆生昆虫等均属于节肢动物门,顾名思义,它们具有分节的肢体。而与其他节肢动物不同,虾、蟹类具有鳃,它们多生活在水中,而又外被坚硬而愈合的外骨骼(甲壳),因此被划分入甲壳类。迄今已鉴定的甲壳动物超过了 38 000 种,其形态各异,分布广泛,适应性强。除了陆生的潮虫外,绝大多数甲壳动物生活在水中,尤其是海洋中,可以认为甲壳动物是水中的昆虫。称为虾、蟹的甲壳动物也有上万种,它们形体差异非常大,有螯足展开间距达 4 m 的巨螯蟹,也有体长不到 1 mm 的小型种类。这些虾、蟹类虽然形态、色彩各异,却有着结构上的类似与统一。因此,本部分内容综合现有相关研究,以十足目中常见种类为代表进行介绍。

1.虾类的外部形态

虾类身体修长,外被甲壳,可分为头胸部和腹部(见图 3-1)。头胸部由头部 6 个体节与胸部 8 个体节愈合而成,被一完整的甲壳,即头胸甲包被。头胸甲中央部分前伸,形成突出的额角,其上、下缘具齿,数目因种而异。头胸甲以对应的内脏器官分为若干个区,其上生有刺、脊、沟等,亦多以所对应的脏器命名,为重要的分类特征。

头部与胸部以颈沟为分界,前端腹面有口,被大颚、小颚及颚足形成的口器包围;后侧缘与体壁之间有鳃腔,其中生有鳃。对虾雌性个体通常在头胸部后方腹面有纳精囊,能够存储雄性的精荚,而真虾类则缺失此典型结构。

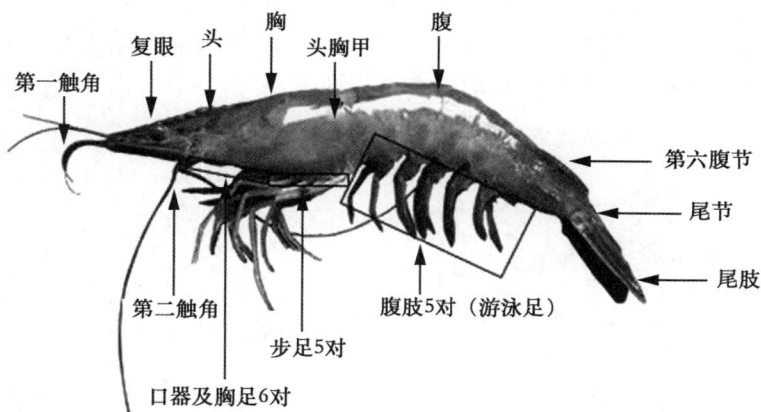

图 3-1　对虾(中国对虾)的外部形态

虾类腹部发达,可分为 7 节,各节甲壳相互分离,由薄的关节膜相连,可以自由屈伸。腹甲的大小和形态也是重要的分类依据,如匙指虾科、长臂虾科等真虾类,其第二腹甲较宽,覆盖在第一腹甲之上;其雌虾具抱卵习性,腹甲向腹部下方延伸,体型较雄性略显粗壮,常作为区分雌雄的特征之一。最末一节为尖锐三角形,称为尾节,其基部腹面为肛门开口处。

虾类身体共分为 21 节,除头部第一节为 1 对复眼及末端尾节无附肢外,其余每节对应生有 1 对附肢。其形态与功能各异。依次为头部 5 对,包括第一触角 1 对、第二触角 1 对、大颚 1 对、小颚 2 对;胸部 8 对,包括颚足 3 对、步足 5 对;腹部附肢 6 对,包括游泳足 5 对、尾肢 1 对 (其向后延伸,与尾节共同构成尾扇,有辅助游泳及弹跳的功能)。

虾、蟹类动物的附肢通常为双肢型,其基本结构由原肢和其顶部发出的内、外肢构成(见图 3-2)。附肢分节,每节称为肢节,不同着生部位或种类间变异较大。有些种类的附肢在幼体时为双肢型,成体时退化为单肢型。原肢与身体相连接,分为 3 节,但第一节常与身体愈合,仅见 2 节。

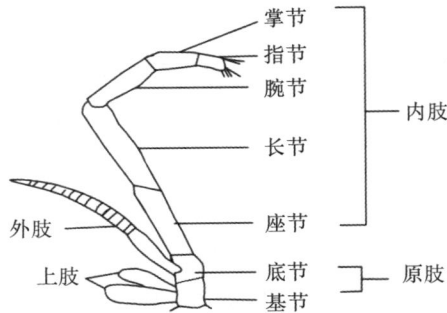

图 3-2　虾类附肢的结构模式

对虾类腹部第一、二腹部附肢(游泳足)通常为雌、雄异形,雌体第一腹部附肢内肢极小,雄体第一腹部附肢内肢变形形成雄性交接器(见图 3-3)。其左右两肢可以并拢,略呈钟形;中部纵向曲卷,呈圆筒状,用于在交配时输送精荚。雄性第二腹部附肢内侧还具有一小型附属肢体,称为雄性附肢。雌虾腹部附肢上则无这些特化结构,而在其步足基部具有存储雄性精子功能的雌性特化结构——纳精囊。凡纳滨对虾雌虾为开放式纳精囊,交配前无黏附精荚,看不出明显的结构,这与中国对虾具有封闭式纳精囊有区别。

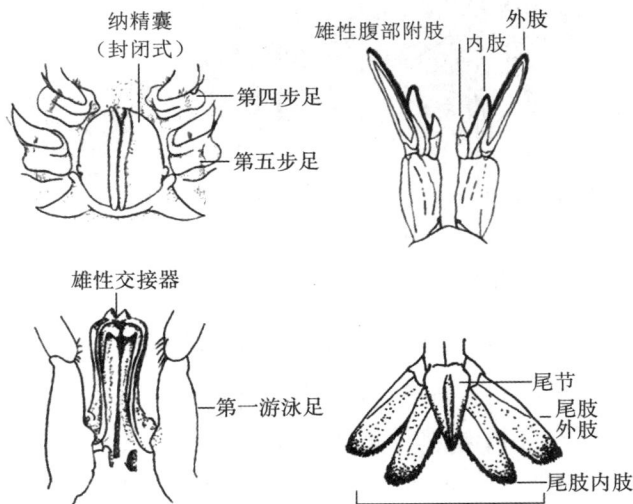

图 3-3　虾类(对虾)雄性交接器及尾扇结构

2. 蟹类的外部形态

蟹类形体多样,有圆形、方形、近方形、梨形和梭形等,其身体也分为头胸部、腹部及附肢等部分。蟹类头部6节与胸部8节愈合,覆盖以整片的头胸甲。蟹类头胸甲发达,与体壁间形成鳃腔,其边缘与步足之间有缝隙,形成水流的入鳃孔。依据头胸甲下方对应的内部器官,将其划分为若干个区(见图3-4)。头胸甲表面有各种刺、沟、缝及突起等结构,边缘多具齿,这些分区、表面结构及齿等常作为分类依据。头胸甲在其后缘折向腹面与腹甲相接。

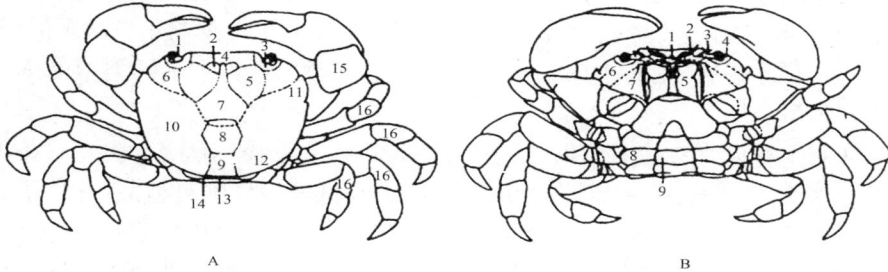

图3-4 蟹的外部形态

A—背面:1—眼柄;2—前胃区;3—眼区;4—额区;5—侧胃区;6—肝区;7—中胃区;8—心区;9—肠区;10—鳃区;11—前侧缘;12—后侧缘;13—后缘;14—腹节;15—大螯;16—步足

B—腹面:1—口前部;2—第一触角;3—第二触角;4—下眼区;5—第三颚足;6—下肝区;7—颊区;8—腹甲;9—腹部(雄)

腹部则扁平、退化,折叠于头胸部腹面。腹甲分为7节,一般第一节至第三节愈合,第四节至第七节分节明显。蟹类腹部俗称"蟹脐",雄性腹部一般呈三角形、钟形,雌性则宽大呈半圆形或椭圆形(见图3-5)。有时能够见到一些个体的"蟹脐"形状异样,介于雌雄之间,这种情况多数为未达到性成熟的雌蟹,常见于梭子蟹科的种类,其腹部随着蜕皮会逐渐变圆。而也有个别为"雌雄同体",我国近海常见的日本蟳就有此现象。有些种类的腹部没有完全折叠在头胸甲下,如蛙蟹、绵蟹、关公蟹等。

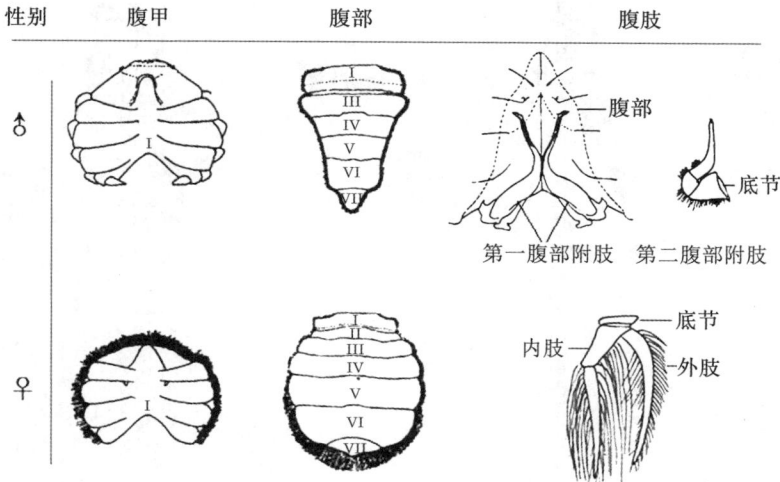

图3-5 雌、雄蟹(中华绒螯蟹)腹部及腹部附肢形态

蟹类额缘两侧有具柄的复眼,平时倒卧于眼窝内,活动时则直立伸出。额缘的近中央处有

第一触角，十分短小，为双肢型，其基部有平衡囊。第二触角细小，位于两眼内侧，单肢型，其基部有排泄器官开孔，孔外有 1 个可以开闭的盖片，盖片开启时，尿液即由此排出。口周边的附肢与前述虾类基本相似，由内而外分别有大颚、第一小颚、第二小颚，以及第一、二、三颚足，其共同构成口器，位于头胸甲前端部的口框内。第一颚足为双肢型，内肢基部宽大呈叶片状，能够封闭鳃腔的出水孔，防止水分快速蒸发。其上肢伸入鳃腔内，两侧着生浓密的刚毛，覆盖于鳃的背面，起到清洁的作用。第二和第三颚足的上肢也同样伸入鳃腔，负责清洁鳃的腹面。第三颚足位于口器的最外侧，也称外颚足，其上肢基部位于鳃腔入水孔处，可阻止污物进入。玉蟹科种类第三颚足外肢较宽，特化为盖子状，用于封闭进水管。口框与第三颚足的形状在某些类群中为重要的分类依据(见图 3-6)。头胸部附肢的基部通常着生不同类型的鳃，其具体类型与数量因蟹种类而异。

头胸部两侧生有成对的胸足，第一对通常特别粗壮，呈螯状。有的种类左右螯不等大，而多数种类螯足为雌雄异形，通常为雄性大于雌性，如常见的中华绒螯蟹、三疣梭子蟹、日本蟳等。螯足的主要功能为取食、掘穴、防御与进攻。后四对步足为爪状或桨状，其上生有各种突起、刺、毛等结构。爪状步足主要用于爬行，如中华绒螯蟹；桨状步足则利于游泳和掘沙，如三疣梭子蟹。某些种类末一、二对步足有变化，如关公蟹的第四、五对步足变小，指节向上弯曲，能将贝壳扣紧，盖在身体上方。蟹类腹部附肢不发达，雄性腹部附肢退化，仅存第一、二对腹部附肢，形成交接器。雌性具有 4 对腹部附肢，内、外肢明显，密生刚毛，用于抱卵。

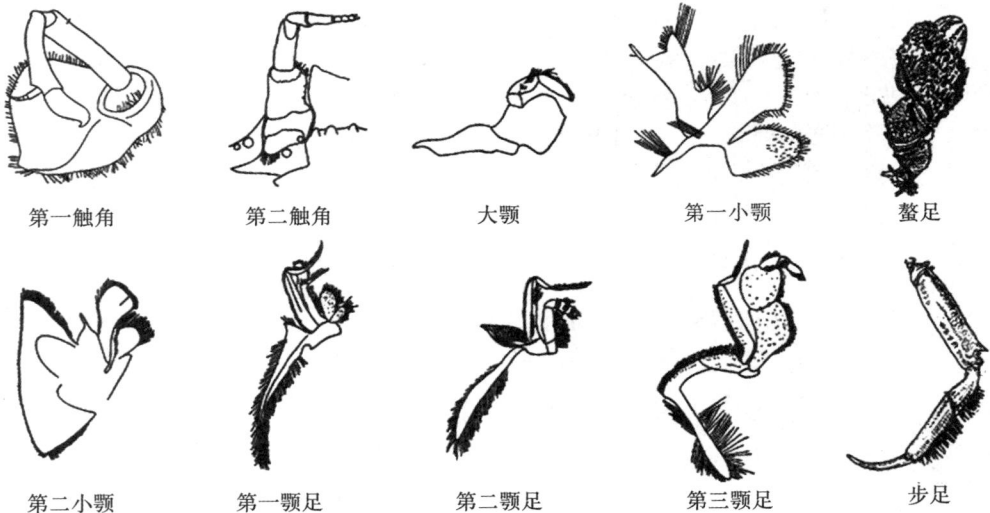

图 3-6　蟹(中华绒螯蟹)的附肢形态

二、内部构造

1. 体壁

虾、蟹类动物同其他甲壳动物相似，具有硬质外壳，称之为甲壳。它是一种"外骨骼"，主要成分为几丁质、蛋白质复合物,以及钙盐等。几丁质为一种氨基多糖物质,呈长而弯曲的纤维状,构成了甲壳的骨架,蛋白质和钙盐等成分填充其中。碳酸钙占甲壳质量的一半左右,另外还有少量的磷酸钙与磷酸镁等无机盐成分,它们很大程度地增加了甲壳的硬度,使其能够抵抗巨大的外部压力,保护内部器官。甲壳不仅分布在动物体表,某些部分突入体内形成"内骨骼",以供肌肉附着。

虾、蟹类的甲壳结构分为数层,见图3-7。甲壳之下为结缔组织形成的底膜(真皮层),其上有柱状上皮细胞层,甲壳由其分泌而来。上皮细胞层外为表皮层,其又可分为3层。最内为内表皮层,约占表皮厚度的1/2,为几丁质-蛋白质复合物,分为钙化层和非钙化的薄膜层。前肠、直肠及鳃腔的表面由内表皮构成。向外为外表皮层,略薄于内表皮层,钙化程度高。最外层为较薄的上表皮层。底膜之下的结缔组织中有壳腺存在,通过壳腺管开口于上表皮层,分泌物能够形成很薄的黏液层和蜡质层,不仅维持外壳有光泽,且具有保护机体免受病源侵袭的作用。上表皮上还生有各类感觉刚毛,多为机械感受器,某些特定部位存在有化学感受器。表皮层在虾、蟹类动物蜕皮时发生较大变化,旧壳被吸收、蜕去,新壳形成并逐渐硬化构成新的甲壳。

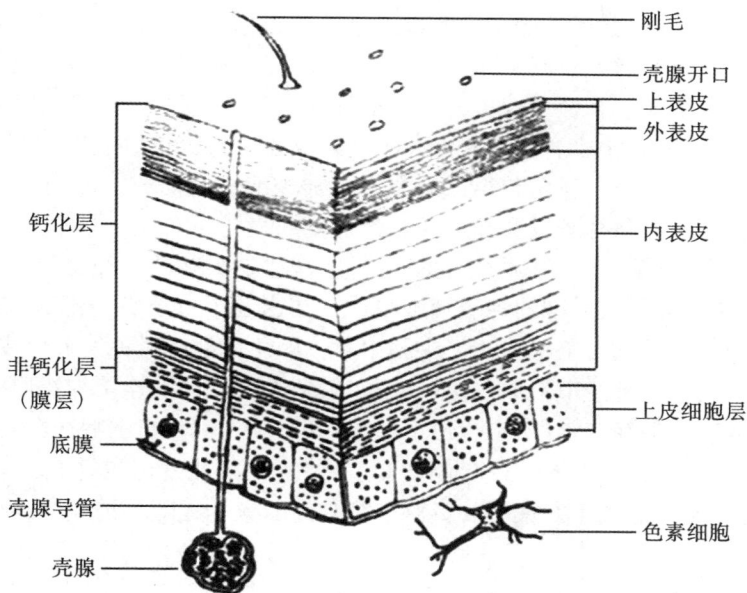

图3-7 虾、蟹类甲壳的构造

底膜之下结缔组织中有不同类型的色素细胞,呈星状、放射状或树枝状。色素细胞内有色素颗粒,可以随着光线的强弱或环境的改变而扩散或集中。色素颗粒向色素细胞四周的树枝状分叉扩散时,接受光线的量大,甲壳上的色彩就变得显著;缩回而逐渐集中时,接受光线的量少,甲壳上的颜色就不明显。

虾、蟹类甲壳与底膜中色素细胞内沉积的虾青素是体色形成的主要色素物质。其为一种红色的酮式类胡萝卜素,在虾、蟹类体内占到所有类胡萝卜素物质的65%~98%。天然虾青素非常容易与氧自由基反应,其抗氧化能力是维生素E的550倍,所以被称为"超级抗氧化剂"。

虾、蟹类体内的虾青素通常与甲壳蓝蛋白形成稳定的复合物。后者是由不同亚基组合形成的二聚体大分子蛋白质,其类型多样,在与虾青素结合后,使其由红色转变为蓝、紫色,呈现出虾、蟹类鲜活时的体色。高温或酸碱等化学物质能够使甲壳蓝蛋白变性,释放出所结合的虾青素,这也就是煮熟的虾、蟹甲壳是红色的原因。

虾、蟹类具有绚丽的体色,有时还能够变换色彩,这不仅与上述色素细胞的形态调节机能有关,也与其中虾青素和甲壳蓝蛋白的代谢与结合方式紧密相关。它们的体色会随栖息地光照、温度等环境条件,饵料中色素的种类与含量,以及蜕壳、疾病等自身生理状态,通过神经内分泌系统的调节,在一定范围内而改变。自然界中也常可以见到虾、蟹类体色多态现象,即同一种类具有不同的体色和花纹,有别于上述以色素细胞形态和色素结合形式为基础的生理调控机制,它们分化的体色并不在短期内形成,而是与遗传发育水平的调控相关。虾、蟹类的体色具有遗传特性,能够遗传给子代,为开展基于体色性状的人工选育提供了理论依据。

2. 神经系统

虾、蟹类的神经系统为链状神经系统,由低等甲壳动物的梯形神经系统演化而来。这种神经系统与甲壳动物分节的身体相适应,每个体节有一对神经节,同一体节左右神经节以1~2条横连接神经相连接;前后神经节之间以纵连接神经相连接。虾、蟹类等高等甲壳动物同一体节的左右神经节,以及纵连神经愈合,形成神经节,有一些种类的前后神经节也出现愈合,因此神经节数比体节数少。神经系统可分为中枢神经系统、交感神经系统及感受器官等部分。

中枢神经系统由脑(食道上神经节)及腹神经索组成。虾、蟹类的脑可分为前脑、中脑和后脑三部分,由头部顶节、第一触角与第二触角3对神经节愈合而成。前脑为嗅觉中心、视觉中心,由此发出视神经、触角神经及头部皮肤神经。复眼发达的种类,其前脑也相应发达。视觉中心也称为视叶,由前脑左右两侧发出,贯穿眼柄,直达复眼基部。虾、蟹类左右视叶各有3个视神经团,由视神经髓与其外围的神经细胞组成。视内髓下方还有一部分前脑伸入眼柄之内,称为视内髓,通过视叶柄与前脑连接。中脑由第一触角节的一对神经节形成,为嗅觉中心。后脑由第二触角节的一对神经节形成。第一、第二触角神经节的纵连接神经形成围咽神经,第二触角节左右神经节间的横连神经,在食道下形成咽后神经连合,与围咽神经共同构成围咽神经环。围咽神经环上发出的两条神经会合于食道神经节,由此发出胃神经,继而再分出心神经、消化腺神经等。头部后的1对大颚和2对小颚神经节愈合成咽下神经节,由其向后发出腹神经索(见图3-8)。

腹神经索延伸于肠道下方,纵贯全身,由左右两支合并而成,外被结缔组织。神经节对数因种类而异,大部分种类有17对神经节,头部3对,胸部8对,腹部6对,但多数种类的神经节有愈合现象。蟹类由于腹部退化,腹神经索及各腹神经节愈合,形成一个大的腹神经团(胸腹神经团),由此发出腹部各神经分支。

交感神经系统通常分为前后两个部分,前部分由围咽神经环发出多对神经,控制胃、消化腺及相关肌肉的活动,调控食物输送及消化、吸收过程。由胃神经分出心神经,控制心脏的活动;后部分交感神经由腹神经索的最后一神经节发出,分布于中肠、后肠及肛门,并继续分支,控制肠道肌肉的活动。

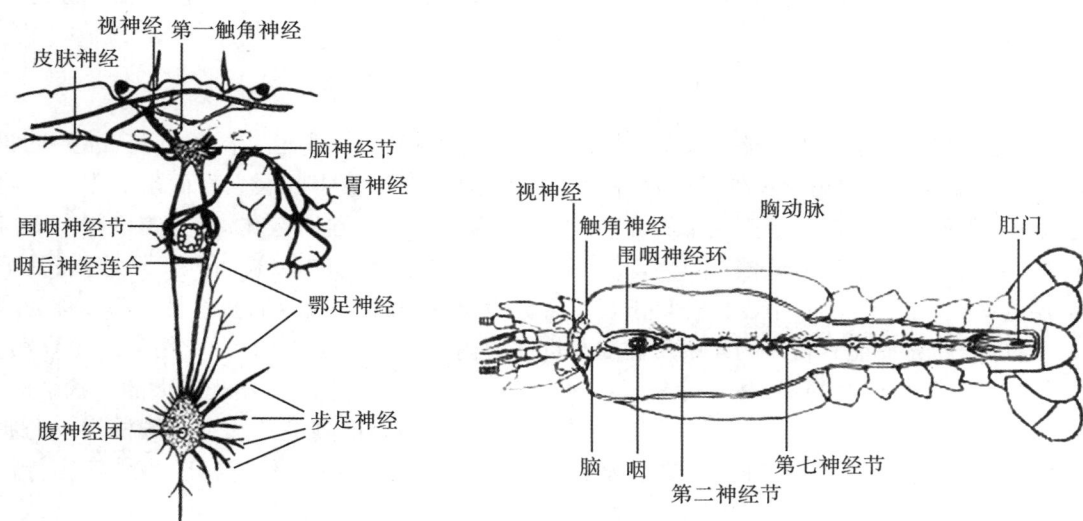

图 3-8　虾、蟹类神经系统的结构

3. 感觉器官

虾、蟹类的感觉器官主要有化学感受器、触觉器及复眼等。对于化学感受器的结构、功能与定位,目前研究得不多,一般认为第一触角鞭为十足目动物的特化嗅觉器官,其端部生有单枝且长的嗅觉刚毛(嗅毛)。触觉感受器主要有分布于体表的各种刚毛、绒毛等结构,以及平衡囊。各类司触觉的刚毛、绒毛又称感觉毛、触毛,一般遍布于全身甲壳表面,其分布方式因种类而异。附肢上一般存在有多种感觉毛以感知外界。第二触角鞭被认为是检测振动的特化器官,其各节均生有刚毛。虾类在活动时两触鞭向左右及背侧方向弯曲,平行伸向躯体后方,用以感知来自周围的振动。平衡囊为特化的触觉器官,通常位于第一触角底节基部,由体壁内凹形成。内凹的空腔即为平衡囊腔,其中有水平环管和中部环管,其上部相连,腔室内还有 1 粒或多粒平衡石。腔壁上生有多种感觉刚毛,包括丝状毛、游离的钩状毛与平衡石毛。当体位改变时,环管内液体流动,不同部分的感觉毛受到刺激,所发出的信息通过神经系统汇聚处理,进而感知身体的平衡状态。另外,虾、蟹类还存在一类本体感受器,用于感知身体和附肢的相对位置,协调身体的动作。

虾、蟹类的感光器官为眼,某些种类幼体时生有简单的单眼,成体则具一对有柄的复眼。复眼多为半球形,由许多小眼构成,其数目因种类和发育时期的不同而不同。成体复眼通常具眼柄,位于第一触角基部的眼窝中,活动时离开眼窝,可向上、下及两侧转动。有些在滩涂栖息的种类,如大眼蟹,具较长的眼柄,有利于及时发现鸟类等天敌,是一种适应自然选择的表现。

复眼由许多个小眼组成,数目因种类而异,虾、蟹等十足目种类多在数千及上万个。每个小眼由角膜、晶状体、视网膜细胞、基膜及色素组成。视网膜细胞为光受体,也称光感受细胞,通过视神经与前脑相连。每个小眼均可感知光线并形成影像,全部小眼形成的影像即为复眼影像。由各小眼分别感知的像点联合形成的物体总影像称为并列影像;由若干小眼接受的光集中形成的影像称为叠加影像。一般白天活动的种类多形成并列影像,深海及夜行种类多形成叠加影像。各种影像的形成由色素的移动来调节完成,受到来自窦腺及后接索器神经分泌物的控制。

4.消化系统

虾、蟹类的消化系统由消化道及消化腺组成。消化道包括口、食道、胃、肠以及肛门(见图3-9 A)。肠由发生来源可分为外胚层发育而来的前、后肠以及中胚层发育而来的中肠。前肠包括口、食道和胃。口位于头胸部腹面,虾类的口为上唇及口器所包被,蟹类的口则深入口框内部,外面为口器附肢所遮挡。口后即为一短而直的食道,食道内壁覆有几丁质表皮,其下的皮层为单层柱状上皮,食道内口开口于胃。胃分为前、后两腔,前腔称为贲门胃,后腔称为幽门胃,胃的表面亦覆盖有较厚的几丁质表皮。贲门胃内有几丁质结构的胃磨,用来磨碎食物。这一结构为属于软甲类的虾、蟹所特有,有些种类胃中几丁质板发达,且出现较大的齿状结构,它们受到相连肌肉的驱动,产生更强的研磨作用。幽门胃中有由刚毛及几丁质沟槽构成的滤器,用于过滤食糜(见图3-9 B)。一些蟹类的胃壁上常有白色钙质小粒,螯虾、蝲蛄等爬行虾类在胃壁的前侧方两侧各有一胃石,这些结构能够存储蜕皮时所需的部分钙质。

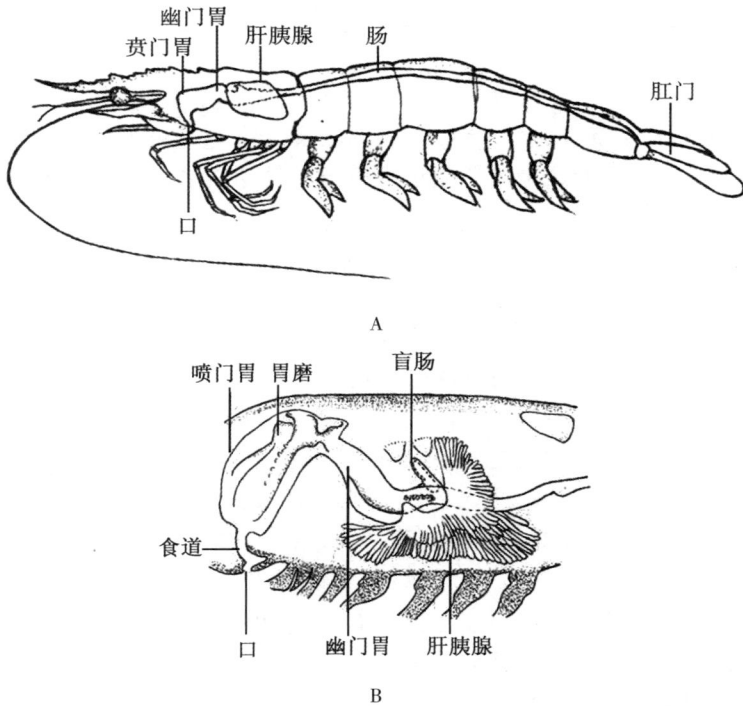

图3-9 虾类(对虾)消化系统的结构

A—消化道与消化腺;B—胃的解剖结构

中肠为长管状,从胃后消化腺开口处向腹部后方延伸至第六腹节与后肠相连,其分布有连续环肌及成束的纵肌以完成肠的蠕动功能。在与胃及后肠相连接处分别有中肠前盲囊和中肠后盲囊,以此可以划分前、中、后肠。盲囊的功能不清楚,其数量、位置及形态因种类而有所变化。蟹类等腹部不发达且折叠的种类,其肠道呈U形弯曲又折向前方。中肠内层有分泌型中

172

肠细胞和吸收型中肠细胞,参与消化与吸收。后肠短而粗,肌肉发达,内表面由几丁质表皮覆盖,通过周围肌肉的作用,使肠道蠕动,推动粪便进入直肠排出。肛门为狭缝状,位于尾节腹面。

消化腺为一大型致密腺体,位于头胸部中央,心脏之前方,包被在中肠前端及幽门胃之外,也称为中肠腺或肝胰脏。消化腺由中肠分化而来,由多级分支的囊状肝管组成,最终的分支称为肝小管。肝小管具单层柱状上皮细胞构成的管壁,内为具有许多微绒毛状突起的腔室,肝管内腔汇集后开口于胃与中肠相连处。消化腺细胞可以分为:B细胞,柱状,为具有液泡或单一大液泡的分泌细胞;R细胞,柱状,为具有颗粒状内含物的吸收细胞;F细胞,长柱状,为纤维细胞;M细胞,近圆形,为较小的小中肠腺细胞;E细胞,常集中于肝小管末端,被认为是未分化的原始细胞。消化腺的主要功能为分泌消化酶和吸收、储存营养物质。中肠亦有部分吸收功能,前肠和后肠无吸收功能。

虾、蟹类摄取食物后,食物经大颚等口器初步撕碎,咀嚼后经食道进入胃中,在胃中被进一步磨碎,并与来自消化腺的消化分泌物混合、消化。混合食糜经幽门胃过滤后的液体进入消化腺管中进一步被消化、吸收,部分较大的颗粒返回胃中重新磨碎,而未被消化的食物残渣进入中肠。中肠前部分泌产生一层围食膜包被在残渣之外,肠道有规律地蠕动,其中残渣在围食膜中由前向后运动,随肛门间歇性地开闭被排出体外。

5. 呼吸系统

虾、蟹类的呼吸器官是鳃,位于头胸甲侧甲和胸部体壁构成的鳃腔中。由其位置不同分为侧鳃、关节鳃、肢鳃及足鳃。侧鳃直接生在身体左右侧壁上,关节鳃生在胸肢基节与身体相连的关节膜上,而足鳃则生在颚足或步足的基节上(见图3-10)。鳃腔以一层几丁质膜为顶,前、后部分别与肝胰腺和头胸甲内壁相隔。虾、蟹类鳃的种类和数量之序式称为鳃式,为分类学上的重要特征。

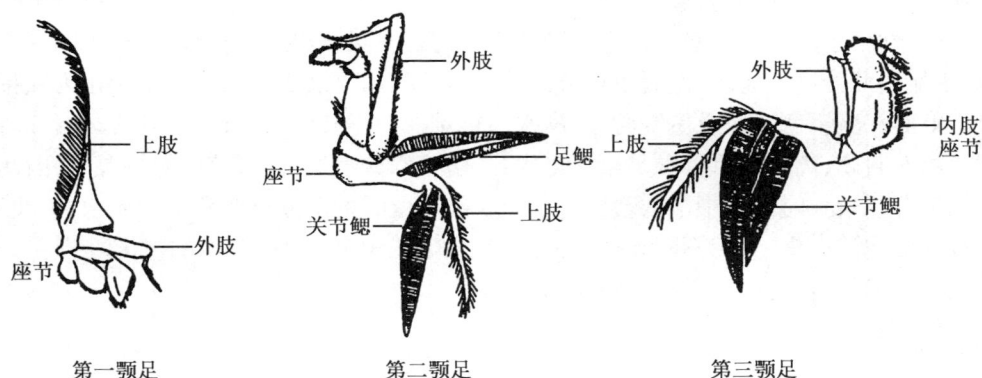

第一颚足　　　　第二颚足　　　　第三颚足

图3-10　蟹(三疣梭子蟹)颚足及其上鳃的结构

鳃根据其结构,可分为枝状鳃、丝状鳃或叶状鳃。对虾类为枝状鳃,真虾种类通常为叶状鳃,螯虾等种类为丝状鳃。每一瓣鳃由中央的鳃轴及两侧的鳃瓣、鳃丝组成。鳃轴中有入鳃血管和出鳃血管,由其向两侧发出鳃瓣。枝状鳃的鳃瓣具多分支的鳃丝,鳃丝的末端多有两叉形分支;丝状鳃则由鳃轴直接发出多条鳃丝;叶状鳃的鳃瓣呈叶片状,沿鳃轴重叠排列。各类鳃的形态见图 3-11。

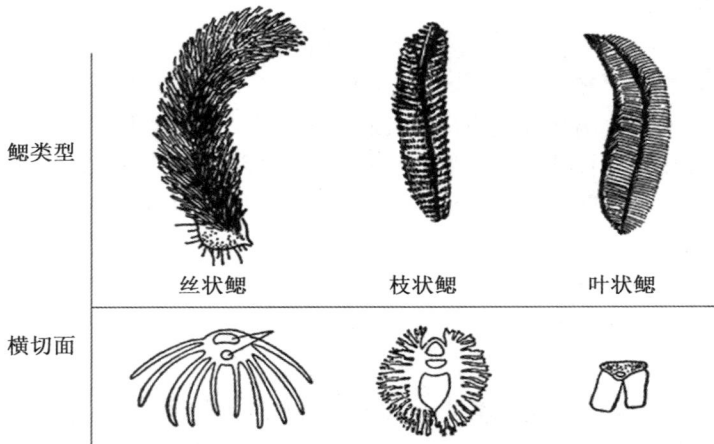

图 3-11　虾、蟹类各类型鳃的形态结构

鳃具有十分广阔的表面积,用来进行气体交换,血淋巴液经入鳃血管进入鳃轴,再进入鳃瓣,然后在鳃瓣处进行气体交换,充氧的血淋巴液再经鳃轴内的出鳃血管流回心脏。虾、蟹的鳃不仅是呼吸器官,还担负着排泄、调节渗透压的作用。不同着生位置的鳃,其功能也有差异,远海梭子蟹后鳃中钠钾 ATP 酶(Na^+/K^+ -ATPase)的活力明显高于前鳃,表明后鳃在渗透压调节过程中的作用。虾、蟹类蛋白质代谢产物为尿或氨,这些物质经血淋巴液运输至鳃,在这里非离子氨转化为离子氨,通过 Na^+/K^+ -ATPase 替换 K^+ 、 Na^+/NH^{4+} 交换,排出体外。

呼吸时鳃腔内的第二小颚外肢——颚舟片与其他相关附肢配合,使鳃腔中的水发生流动以利于呼吸。水流流经鳃腔,在鳃上进行气体交换后流出鳃室,鳃腔内的水还可以在附肢的作用下倒流,以冲刷鳃表面的污物。虾类潜底时,以第一触角和第二触角、大颚须,以及第一小颚外叶组成呼吸管,水流即从呼吸管进入鳃腔然后自鳃盖下缘流出。蟹类步足、螯足的基部具有入水孔,水流由此处进入鳃腔,然后由口旁边的出水孔排出。潜底的蟹类颚足特化为独特的水流通道。虾类头胸甲侧下缘及后缘游离,离水后很难保持鳃腔中水分,而不易长时间存活。蟹类的鳃腔相对封闭,离水后可以颚足堵住出水孔,防止水分蒸发,使鳃腔内保持湿润,因此蟹类离水后仍可存活较长时间。中华绒螯蟹离水后鳃腔中留有的水分就要和空气混合,一起喷出,这就会有很多泡沫产生,它们不断破裂而发出"啪啪"的声音。而所产生的泡沫堆积在口及鳃腔附近,对保持呼吸器官的湿润有一定作用。

6. 循环系统

虾、蟹类的循环系统属开管系统,即血淋巴液(血液)在流动中经开放的血窦完成循环。虾、蟹类的循环系统由心脏、动脉、血腔、血窦、血淋巴液等组成(见图 3-12)。血淋巴液从心脏流经动脉及其分支,进入身体各部分的血腔及血窦内。血腔和血窦没有管壁,只有外围比较致密的结缔组织,在身体内有规律地分布,其中血淋巴液按一定路线流经。动脉血先到达血腔,与周围组织进行气体与物质交换,然后流入血窦中。血窦体积要大于血腔,其中血液为经过物质交换的静脉血,而血腔中则为动脉血。虾、蟹类的血窦主要有围心窦(腔)、胸血窦、背血窦、腹血窦以及组织间的小血窦。围心窦又称围心腔,包围在心脏外面,腔壁由薄层结缔组织和角质层构成,有肌肉分布,可以收缩以吸引血液流入。虾、蟹类有一个大的腹血窦,静脉血在此汇集,经入鳃血管进入鳃中进行气体交换。含氧的血液通过出鳃血管(鳃心血管)进入鳃侧窦内,由位于头胸部左右两侧体壁内的鳃心腔进入围心窦中,最后经过心孔而回归心脏(见图3-12)。

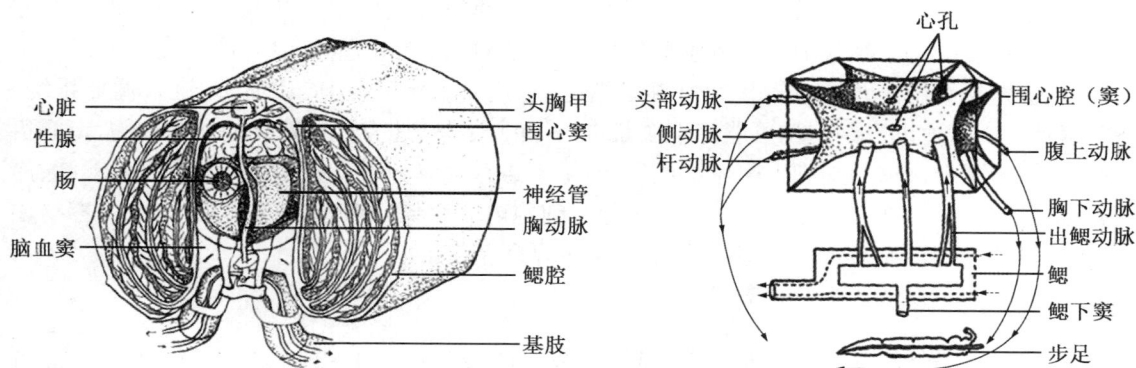

图3-12　虾类内部器官(循环系统)的结构及血液流向

心脏位于头胸部近后端消化腺的背后侧,呈多边形,外壁结实、致密,内具空腔。心脏具多对心孔,多数种类具1~3对心孔。少数种类(长臂虾属、鼓虾科等)有5对心孔,中国对虾具4对心孔,背面2对,腹面1对,另1对位于后侧端。心孔为血淋巴液进入心脏的通道,有瓣膜以防止血液倒流。心脏壁由心肌构成,外被结缔组织形成的心外膜。

由心脏发出多条动脉分布于全身各部分。前大动脉由心脏前端中央发出,为头胸甲前部各器官输送血淋巴液,对虾类退化。背腹动脉自心脏后端中央发出,沿身体背侧向体后端延伸,沿途发出分支分布于腹部肌肉、中肠、生殖腺及腹部附肢等处。胸动脉自背腹动脉基部分出,自肠道旁侧垂直下行,穿过腹神经链上之神经孔至腹部腹面,而后分别向前后分支形成胸下动脉和腹下动脉,合称神经下动脉。前者分布于胸肢组织,后者向后延伸至腹部。蟹类腹下动脉不发达。前侧动脉1对,由前大动脉两侧发出,分布于头胸部前端组织、器官。肝动脉1对,由心脏腹面发出,分布于消化腺和生殖腺。动脉壁由上皮细胞及结缔组织构成,随着分支进入组织间,管壁变为薄层膜状以同组织分离。

虾、蟹类的血液也称为血淋巴液,由血淋巴细胞和血浆组成。血淋巴细胞体积占总血量的1%以下。血淋巴细胞卵呈圆形或椭圆形,根据细胞质中是否含有颗粒或颗粒的大小可分为三类,即小颗粒细胞、大颗粒细胞及无颗粒细胞。小颗粒细胞的细胞核清晰,略偏于一侧,细胞质中含有黑色小颗粒。大颗粒细胞的细胞质中含有大量较大颗粒,折光性强,常使细胞核不易被观察到,核较小,位于细胞中央。无颗粒细胞又称透明细胞,核大且占细胞体大部分,细胞质少,薄层状,包被细胞核外周。研究者认为,小颗粒细胞为吞噬细胞,参与清理创伤及防御过程;大颗粒细胞参与凝血过程;无颗粒细胞可能为前两者的初始形态。

血浆为血淋巴液的主要部分,含有血蓝蛋白,为含铜的呼吸色素,非氧合状态下为白色或无色,氧合状态下呈蓝色,通常聚集为较大的分子。血淋巴液的生理功能主要为物质合成、储藏、运输及免疫防御。血液成分、物质浓度,以及血量随蜕皮活动呈周期性变动,并参与渗透压及离子调节。在外界环境变化时以及病理状况下,常会发生形态及功能上的变化,如在有细菌感染的情况下凝血时间将大大延迟。有一种原始的甲壳动物——鲎,也称为马蹄蟹(Horseshoe crab),它的血液在受到细菌侵染时,会由明显的蓝色变为无色,人们利用这一特性,常将其血液用于检测细菌的试剂,称为"鲎试剂"。

虾、蟹类的造血组织由很多结节构成,外被结缔组织,称为血腺,通常靠近或附着于前大动脉上。游泳十足目种类的血腺通常位于额角基部,而爬行种类的这一结构则延伸于前肠背侧或两侧。血腺的每个结节中均有造血细胞,其细胞核较大,胞质透明,以有丝分裂的方式产生子细胞。这些细胞离开结节转化为血淋巴细胞,穿过血腺壁,到达周边血窦,进入循环系统。虾、蟹类各类型血淋巴细胞均可能产生血蓝蛋白,除此之外,还有一种特化的血蓝细胞,专门负责合成血蓝蛋白。这种细胞也由血腺产生,但并不进入循环系统,它们多附着于前大动脉、前肠及消化腺基部等部位周围的结缔组织索上。细胞内有存储血蓝蛋白的颗粒,其中内容物逐渐积累,最终胀破,血蓝蛋白随即释放而出,进入循环系统。

7. 排泄系统

管肾是甲壳动物的主要排泄器官,通常在成体的头部存在 1~2 对,位于第二触角节的 1 对称为触角腺或绿腺;位于第二小颚节的 1 对称为小颚腺或壳腺。甲壳动物幼体多具有 2 种腺体;成体时期,仅叶虾类和疣背糠虾类具有 2 种,其他种类仅保留其中 1 种。软甲类中,口足目、山虾类、温泉虾类、涟虫类、异足类及等足类的成体保留有小颚腺,而其他包括十足目中虾、蟹类在内的多数种类仅具有触角腺。

小颚腺和触角腺的结构基本相同,由中胚层发育而来,主要由囊状末端和排泄管两部分组成。末端囊小,呈球形,囊壁薄,由所对应体节的体腔退化形成。排泄管长而弯曲,末端为排泄孔,位于第二小颚或第二触角基部。虾、蟹类触角腺的结构复杂,末端囊内有较多皱褶。部分种类在与排泄管连接的前端部膨大成囊,内部多有皱褶,将内腔分割为多个沟道,此结构称为肾迷路。肾迷路为绿色,其后部的排泄管为白色,长而盘曲。一些大型种类的排泄管末端膨大,形成膜质的膀胱,其后通常接有一段由外胚层发育而来的尿道,开口于排泄孔。肾迷路与排泄管属于触角腺的腺质部,膀胱则属于膜质部。虾类触角腺的结构见图 3-13。对虾类及部分真虾类排泄管较简单,直接与膀胱相通。其余种类则有复杂的变化,具有肾迷路结构,有些种类的腺体与盘曲的排泄管合并,外观上似一个器官。有些种类的膀胱有多枝状盲囊,这些盲囊分布广泛,有些遍及整个头胸部,有些甚至延伸至腹部。

虾、蟹类为排氨型动物,蛋白质代谢的最终产物大部分以氨的形式,通过鳃排出体外。而触角腺也具有调节渗透压与离子平衡的功能。它与循环系统有着内在的紧密联系,由触角动脉与神经下动脉发出分支,在触角腺中再分为很多细支,深入腺质部的血腔内,血淋巴液中的氮废物进入腺质部,然后排出体外。虾、蟹类动物的尿除水分外,主要是氨盐,并含有少量的尿素与尿酸。血淋巴液中的葡萄糖和氯化物也会进入腺质部,之后被重新吸收,继续进入循环系统。因此,触角腺内近端部分的液体成分与血淋巴液相近,而远端相差较大。虾、蟹类血淋巴液中葡萄糖含量较高,但尿中含量较低,表明触角腺所具有的回收机制。除此之外,触角腺还有分泌的功能。后肠腺及中肠腺也能排泄一部分氮废物。

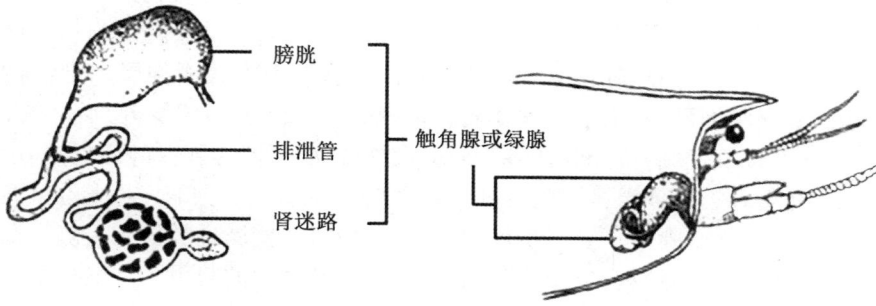

图 3-13　虾类触角腺的结构

8. 生殖系统

虾、蟹类多为雌、雄异体,生殖器官差异显著。雄性生殖系统由精巢、输精管及精荚囊等组成。精巢成对,位于消化腺背方,心脏前下方。虾、蟹类的精巢一般以生精小管为基本单位而聚成。生精小管由结缔组织薄膜围成,横切面为圆形或椭圆形,大小不一,之间排列紧密,偶尔有结缔组织填充于管间空隙。生精小管管壁由基膜以及着生其上的生精细胞和支持细胞构成。生精小管一侧的生精上皮不断增殖形成生发区,所分化产生的精原细胞向生精小管管腔内移动并发育成熟,不同发育期的生殖细胞形成生殖带,向管腔逐渐推进,在生发区对侧形成成熟区。

虾类的精巢分为多叶,左右精巢在第二叶基部愈合,各精巢叶有细管汇合于输精管基部,然后形成粗大的输精管(见图 3-14)。输精管自精巢发出,有两次弯曲,分为三段,自中段后变细,其端部有一扩大的精荚囊。输精管中部管壁有特殊的腺上皮,具分泌功能,参与精子包装形成精荚。精荚分为两部分:一部分内含密集的精子团块,称为豆状体(部);另一部分为不含精子的瓣状体(部),又称为翼状体。交配时,豆状体被置入贮精囊中,而瓣状体保留在体外,在一些种类其形成薄膜状伸展于水中,随后掉落,有的种类则形成栓状,堵住贮精囊口,如已交配的日本囊对虾此结构明显。雄性生殖孔开口于第五步足基部。

蟹类的精巢左右两叶,位于胃两侧,在胃和心脏之间相互联合,成熟时充满头胸甲前方两侧腔内。精巢下方各有一输精管,其前部细而盘曲,中部具有分泌功能,后部为粗大的精荚囊,通过末端的射精管开口于末节胸板上或末对胸足座节上的雄孔。副性腺 1 对,位于头胸部后侧方,由许多树权状盲管组成,其分泌物由位于贮精囊与射精管间的开口处注入射精管。副性腺为雄性生殖系统的重要组成部分,通常在精巢发育后期开始形成,至成熟期后已非常发达,其分泌物中含有强嗜酸性物质,可能参与精荚传递、破裂,以及受精等系列反应。

雌性生殖系统包括卵巢和输卵管,对虾类和蟹类等种类还具有纳精囊,用于交尾后存储雄性的精子。虾、蟹类的卵巢通常由卵巢壁、分化上皮和卵母细胞与滤泡细胞构成(早期卵巢主要是卵原细胞)。卵巢壁系卵巢的外膜,是一种较透明的结构。卵巢壁由外到内依次是上皮层和肌肉层。两者之间偶尔有少量血窦。分化上皮紧贴卵巢壁,一部分分化产生大量的卵原细胞;另一部分分化上皮随着卵巢壁内突伸入卵巢内部,分化出滤泡细胞。早期卵巢内主要是卵原细胞,滤泡细胞很少,随着卵巢发育,卵黄物质不断积累,卵母细胞体积逐渐增大,滤泡细胞逐渐分隔并且包围卵母细胞形成滤泡结构。滤泡结构充满卵巢腔,占据卵巢的绝大部分,使卵巢基本呈实心结构。

　　虾类的卵巢多叶,位于消化腺背方。前叶1对向头胸部前方腹面伸展,然后向上方折曲;侧叶包被消化腺并向腹面延伸,最末一侧叶充分延展时达头胸甲后侧缘处;后叶长,向后延伸至尾节前方,在腹部逐节变细,成熟时在各节内膨大并腹面延伸。后叶在真虾类向后延伸至第一腹节内,对虾、海螯虾类延伸至第五腹节处。输卵管呈细管状,开口于生殖孔。游泳或爬行的虾类,以及异尾类的生殖孔位于第三步足的基节,而拟寄居蟹属种类仅有左侧一个。

　　虾类雌性交接器又称纳精囊,位于第四、五对步足基部之间的腹甲上。根据是否覆盖有甲壳、骨片可分为封闭式和开放式两种类型。封闭式具一袋状或囊状的纳精囊,交配时精荚的豆状体存储于其中。大多数的对虾属种类具封闭式的纳精囊,如中国对虾、斑节对虾、日本囊对虾等对虾类。开放式交接器则无甲壳、骨片等囊状结构,仅在第四、五对步足间腹甲上由甲壳皱褶、凸起及刚毛等甲壳衍生物形成一区域用于接纳精荚,精荚多黏附于其上。对虾属的种类具此种交接器者仅见于西半球种类,如凡纳滨对虾、细脚滨对虾等。

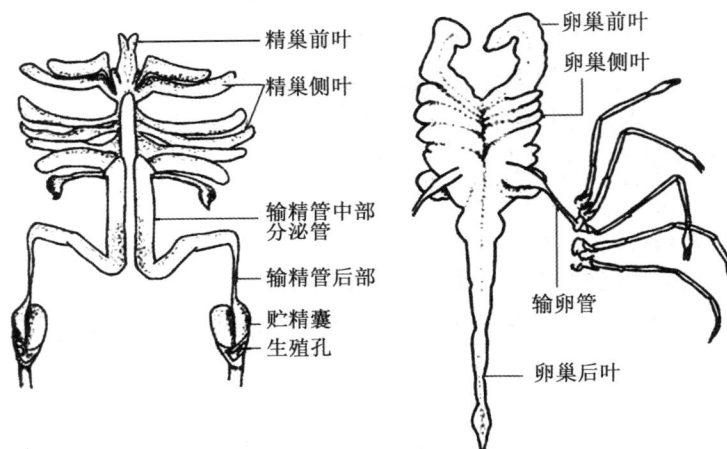

图 3-14　虾(对虾)的生殖系统结构

　　蟹类的卵巢为左右相连的两叶,呈H状,位于消化道两侧背方,成熟时充满头胸甲前侧缘,向后则延伸至腹部前端,少有延伸至腹部。输卵管短,末端连接于外胚层发育而来,由体壁内陷形成纳精囊,然后开口于第三步足基节或第六胸节的腹甲上(见图3-15)。卵巢壁由致密的结缔组织膜构成,内为生殖上皮,被结缔组织分为许多卵囊。卵巢外没有明显的肌纤维,在卵巢成熟过程中,整个卵巢的体积扩张。卵子在卵囊壁上发育、成熟。雌蟹成熟后腹部宽大,多为半圆形、卵圆形,第二至第五对腹部附肢呈双枝型,刚毛多,用以抱持卵团。

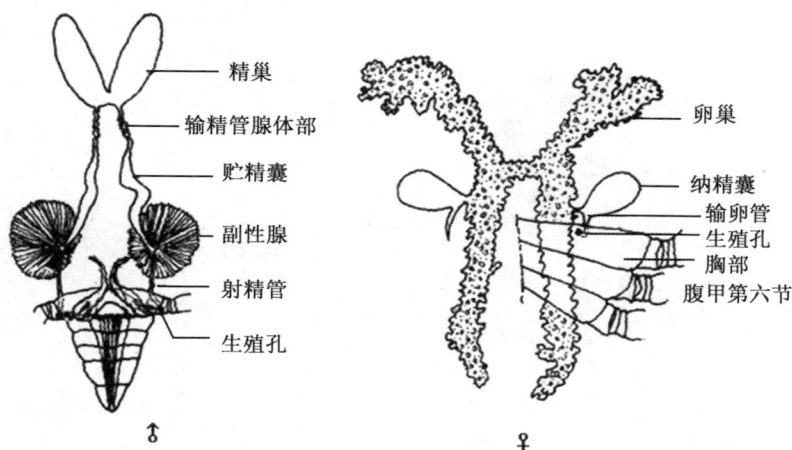

图 3-15 蟹(中华绒螯蟹)的生殖系统结构

9. 肌肉系统

虾、蟹类的肌肉基本以体节为单位构成系统,每个体节的肌肉可分为躯干肌和附肢肌两部分。从第二小颚开始,每一节躯干肌包括一对背纵肌和一对腹纵肌,前者收缩时能使身体伸直或向上弯曲,而后者收缩时,则使身体向下弯曲。此外,每个体节还具有一对背腹肌和一对横肌。蟹类由于腹部退化,其肌肉系统主要分布在头胸部,用以活动口器和胸肢。而虾类大型肌肉主要分布在腹部,用于腹部的屈伸活动。附肢肌一般有 3 对,分别控制附肢朝前、后、内不同方向活动。不仅胸部和腹部具有运动附肢的附肢肌发达,头部附肢,尤其大颚和触角所对应的附肢肌也较发达。

虾类的躯干肌和附肢肌为横纹肌,由肌纤维构成。肌纤维为筒状,外被肌纤维膜,内含多个细胞核。肌纤维可分为三种类型:快肌Ⅰ、快肌Ⅱ和慢肌。快肌Ⅰ收缩快而又耐疲劳,多分布于腹部背面及游泳足;快肌Ⅱ收缩有力,但易于疲劳,不能持久运动,多分布于腹部,配合尾扇运动;慢肌收缩慢,但能进行持续运动而不易疲劳,分布于步足等做持久运动的器官。肠道、血管及生殖器官中的肌肉则多为平滑肌。

10. 内分泌系统

虾、蟹类的内分泌系统由神经内分泌系统和非神经内分泌系统组成,前者由神经分泌细胞形成,存在于前脑、视叶、胸神经节以及食道下神经节中,能合成、存贮和输导激素。激素先在细胞本身内合成,然后沿轴突,到达由神经末梢特化而成的神经血液器内,这里将激素存贮,并转运至循环系统的中心。神经内分泌系统包括 X-器官、血窦腺、围心器、后接索器等。

X-器官也称眼柄腺,存在于口足目、十足目种类中,由视叶视端髓内的一簇神经分泌细胞构成,其轴突一直延伸至血窦腺。血窦腺并非腺体,而是一种典型的神经血液器,位于视叶的外髓与内髓间,中枢神经系统的各部分神经内分泌细胞的轴突均汇集于此,以薄膜与血管相隔。血窦腺具有存贮激素的功能,一定时间会将所存激素释放至循环系统中(见图 3-16)。X-器官与血窦腺合称 X-器官-窦腺复合体,其在结构和功能上类似脊椎动物的下丘脑-神经垂体系统,在蜕壳、性腺发育、生长等生理活动中发挥着重要的调控作用。

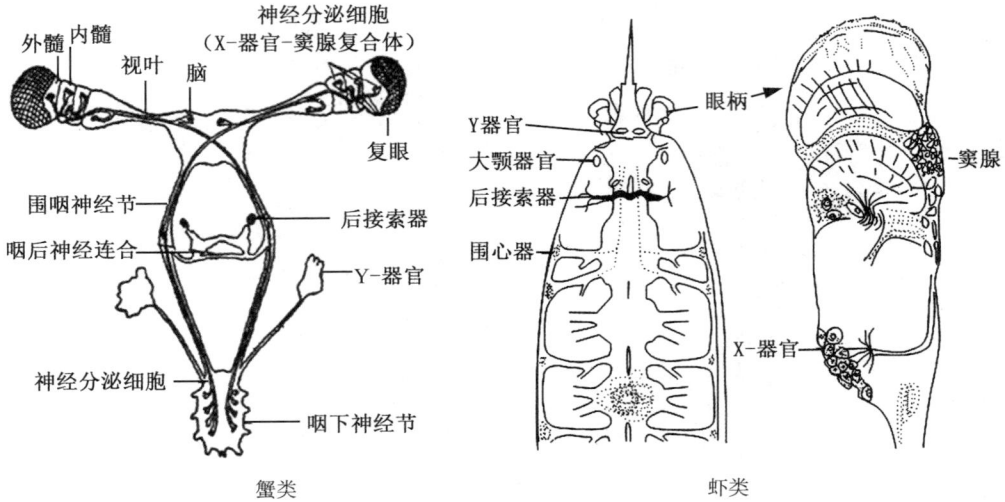

图 3-16　虾、蟹类的主要内分泌器官与 X-器官-窦腺复合体

　　围心器也存在于口足目、十足目种类中,多见于爬行虾、蟹类,位于围心腔内侧壁,横跨围心腔上方,为围心腔内多束神经末梢。它们虽然不控制运动,也无其他感觉功能,却能直接释放激素至围心腔的血淋巴液中。后接索器也是一种神经血液器,也称食道下神经连器,或血窦板,多存在于游泳的十足目种类中,由食道下神经连左右两侧所发出的一对神经的神经外皮形成,内含网状神经末梢,以及由神经内分泌细胞产生的分泌物质。这一器官也靠近血窦,其存贮物质能直接进入循环系统中。后接索器和围心腔的神经内分泌产物主要为各种胺类和多肽类,用于控制色素活动,调节心跳的频率与强度及呼吸活动,并参与渗透压的调节。

　　非神经内分泌系统包括 Y-器官、大颚器官、促雄性腺等。Y-器官,也称蜕皮腺,或侧器,左右一对,存在于所有虾、蟹类动物,类似于昆虫的前胸腺。其来源于外胚层,形状各异,多呈腊肠型,在虾、蟹类体内位置亦不同。十足目虾、蟹类的 Y-器官通常位于第二小颚节内,由一群细胞组成,其紧紧靠近上皮细胞层,胞质含有丰富的核糖核酸,食物中的胆固醇类和甾醇类等原料物质在此处转化为蜕皮类激素。虾、蟹类的蜕皮类激素种类多样,主要包括 20-羟基蜕皮酮(蜕皮激素前体)、25-脱氧蜕皮酮、3-脱氢蜕皮酮等。20-羟基蜕皮酮等蜕皮激素通常在虾、蟹类蜕皮之前达到高峰,随蜕皮活动开始迅速下降,然后恢复正常。Y-器官的活动受咽下神经节神经支配,其分泌物受 X-器官分泌物调控。

　　促雄性腺位于输精管末端,贴于精荚囊之侧,为中胚层分化成的分泌腺。其分泌物能够促进性腺原基发育为雄性生殖腺,并维持雄体的第二性征。大颚器官成对分布于大颚基部,其分泌产物被认为是一种性腺刺激激素,可促进卵黄合成及卵巢发育。大颚器官的活动亦受 X-器官-窦腺复合体神经内分泌物的调控。

　　根据对生理功能的调节作用,虾、蟹类的神经内分泌产物又可分为抑制激素和兴奋性激素两大类,前者包括蜕皮抑制激素 MIH(Molt inhibiting hormone)、性腺抑制激素 GIH(Gonad inhibiting hormone);后者包括各种胺类和多肽,它们相互协调作用,调控有关靶腺、效应器的功能。X-器官的主要分泌物是 MIH 和 GIH。前者抑制 Y-器官蜕皮激素的分泌,后者抑制性腺的发育。此外,X-器官还分泌激素促进血糖升高。眼柄切除或破坏 X-器官可使其分泌物减少或消除,进而促进虾、蟹类卵巢的发育。

三、生物学习性

1. 摄食

1）摄食方式与行为

虾、蟹类的摄食方式随着个体发育也发生规律性的变化。幼体初期时以附肢划水,滤食水中浮游生物及悬浮颗粒,随着发育进程逐渐具有一定的捕食能力。虾类幼体多以附肢划水,增加口周边的水流通过量,在附肢的协同作用下进行摄食。而蟹类的溞状幼体具有一个长的腹部,不断向口前方摆动,如此将食物送到口边,并由附肢协助摄食。幼体由滤食为主转向捕食为主时,其生活方式也由浮游生活转向底栖生活,幼虾和幼蟹的摄食基本与成体相似。

虾、蟹类的觅食主要靠嗅觉和触觉。有研究者使用一定浓度的氨基酸作为诱食剂,研究墨吉明对虾的进食反应,发现它们具有两个阈值水平的化学感受:一种是远距离探测的低浓度化学感受;另一种是高浓度或接触式化学感受。经过远距离定位,接近食物后,虾、蟹类一般以步足探测,以螯足及颚足抱持食物送进口中。大颚用于撕扯、切割及磨碎食物,小颚则用来协助抱持、咀嚼食物。虾类多在水底爬行,行进中使用步足在身体两侧探查食物,有时亦使用步足在底质中探查。有些虾类具有抱持食物在水中一边游动、一边进食的习性,而多数虾类更喜欢停留在水底进食。一些对虾类能利用腹足有力的拍击,扇走底质,捕食其中隐藏的食物。蟹类在捕食时或潜伏等待被捕食者靠近,而后攻击,或主动追逐被捕食者,以大螯攻击并猎获食物。梭子蟹等游泳能力强的种类甚至可成功地追捕鱼类、枪乌贼及虾类等。

虾、蟹类均有相互蚕食的习性,饥饿时尤为明显。人工培养仔虾、仔蟹时,可观察到同类相残的现象,此时密度过大、饵料不足是诱发蚕食的主要原因。一般虾、蟹类自后期幼体开始,表现出较明显的相残习性,成体被蚕食的多为蜕皮、病弱者。虾、蟹类还具有较强烈领地意识。沼虾类、蟹类相互蚕食的程度通常要高于其他种类。人们在选择观赏性种类饲养时应该充分考虑其相残习性,尤其要注意种类间的搭配。

2）食性、饵料组成与营养需求

(1)食性

虾、蟹类大多数为杂食性或腐食性,少数为肉食性或植食性。栖息环境、季节和生长发育期阶段等不同因素都会影响虾、蟹类的食性和饵料组成。虾、蟹类的食性和饵料组成主要通过分析胃肠内含物的方法来鉴定。近年来,也采用稳定性碳同位素和免疫生物学等新技术进行食谱分析。

虾、蟹类幼体的食性较难确定,许多研究者通过分析幼体消化酶活力变化来研究幼体的食性。虾、蟹类幼体消化酶活力的变化与幼体生长发育阶段的新陈代谢密切相关。分析幼体发育过程中消化酶活力的变化规律,有助于了解各期幼体的食性变化。研究发现,虾类幼体不同发育期消化酶活性变化与其食性相一致。当锯额长臂虾食性由浮游植物转为浮游动物时,蛋白酶活力明显上升。许多学者试图建立酶活力与饵料之间的某种关系,作为幼体的食性指标来指导投饵。有学者提出,采用淀粉酶/蛋白酶活力（A/P）比值或淀粉/类胰蛋白酶（A/T）比值作为甲壳动物幼体的食性指标,比值高为植物食性或偏植物食性,比值低则为肉食性或偏肉食性。肉食性种类,如美洲螯龙虾的 A/P 值明显较低,这与其食性相符。但也有研究表明,某些种类幼体的 A/P 值在发育过程中波动较大,如何应用 A/P 值或 A/T 值评价其食性尚需深入验证。

（2）饵料组成

虾、蟹类的饵料范围很广,通常可以分为微生物及碎屑、植物性及动物性等种类。碎屑成分复杂,由底质中的植物碎片、有机颗粒以及微生物等聚集形成,在胃中大量出现。碎屑是虾、蟹类饵料的重要组成之一,虽然其营养作用尚难以确定,但对于许多生理机能尚需依靠微生物的动物而言,其生理作用不可忽视。微生物在虾、蟹类饵料中所占比例因种类及发育阶段而异,大型种类如对虾、梭子蟹等在成体阶段的摄食比例很少,通常随着碎屑及植物附着物而被摄食。而对于匙指虾科的种类,自幼体孵化后,微生物碎屑就一直为其主要的食物。随着对虾工厂化养殖模式的创新发展,一种被称为"生物絮团"的技术开始得到应用。该技术通过添加有机碳源,调节水体中 C/N 比,提高水中异养细菌的数量,利用微生物将水体中无机氮等养殖废物转化为其自身组分。絮积成的颗粒被养殖生物二次摄食,从而达到调控水质、促进营养物质循环、降低饵料系数的目的。这一技术对于一些杂食性虾类的养殖效果明显,已被成功地应用于凡纳滨对虾的养殖生产。

植物在虾、蟹类胃中出现的频率有时相当高,但通常被认为仅是较易获得的缘故。大部分虾、蟹类在孵化后的幼体初期会大量摄食植物性饵料,如虾类的溞状幼体,一般以浮游藻类及水中的悬浮颗粒为食。我国南方一些对虾苗种企业利用角毛藻、海链藻作为凡纳滨对虾的开口饵料,获得了显著成效,育苗成活率超过 80%。植物性饵料不仅为微藻类,还包括大型藻类、高等水生植物及某些陆生植物。某些蟹类在动物性饵料匮乏时亦大量摄食植物。我国南方中华绒螯蟹养殖多采用"种草养蟹"的模式,种植水草不仅为其提供了良好的栖息环境,同时为其提供随时可得的植物饵料,除了水草,玉米、黄豆、白菜、土豆、南瓜等作物、蔬菜也经常作为它们的补充饵料。

动物性饵料包括多种动物类群,主要有甲壳动物、软体动物、多毛纲动物、有孔虫及小型鱼类等。虾、蟹幼体时期动物饵料多为小型浮游动物,如轮虫类、桡足类、枝角类、端足类、异足类、糠虾类、毛虾类,以及其同类的幼体。成体期则多由摄食浮游动物转为摄食底栖动物,如双壳类和腹足类动物、沙蚕等底栖蠕虫,以及鱼类和头足类动物等。海星、海胆及蛇尾类等棘皮动物也经常被虾、蟹类所捕食。

虾、蟹类繁育最常用的动物性饵料包括孵化的卤虫无节幼体、卤虫成体、轮虫及枝角类等。目前,卤虫、轮虫及枝角类规模化培育技术日趋成熟,并成功应用于养殖生产。小球藻室外池塘培育轮虫,投喂中华绒螯蟹幼体的生态育苗工艺已基本替代了传统的室内工厂育苗模式,显著提高了苗种质量,降低了育苗成本。国际上,日本的轮虫超高密度培养技术具有很高的知名度,借助专业的培育装置,通过投喂面包酵母和小球藻,轮虫培育密度达到每毫升过万。然而也有很多实践表明,微藻、轮虫、去壳卤虫卵、新孵化的卤虫无节幼体和强化过的卤虫后无节幼体等生物饵料虽然能促进幼体蜕皮生长,但也有很多情况下,一些种类幼体发育期延长,存活率降低。有研究人员采用高速摄影机记录幼体摄食行为,分析了食物颗粒大小、摄食量对不同时期幼体发育的影响。他们认为,虾、蟹早期幼体摄食强度大小与幼体发育不相关,表明饵料营养对幼体发育的重要性。

(3)营养需求

营养素是指能被动物消化吸收提供能量构成机体及调节生理机能的物质。与其他水产动物一样,虾、蟹类需要的营养素包括蛋白质、脂类、糖类、矿物元素、维生素、添加剂等6大类。

①蛋白质

蛋白质是以氨基酸为基本单位所构成的、有特定结构并且具有一定生物学功能的一类重要的生物大分子。对蛋白质的元素分析发现,蛋白质的元素组成与糖类和脂类有所不同,除含有碳、氢、氧外,还含有氮和少量的硫,有些蛋白质还有其他一些元素如磷、铁、铜、碘、锌等。这些元素中氮元素是蛋白质的特征性元素,在蛋白质中的含量比较接近,平均值为16%,即每克氮相当于6.25 g蛋白质。动物摄取的蛋白质被消化后释放出的游离氨基酸,被肠道吸收后通过血液循环到达各组织和器官,以保证生命活动对蛋白质这一营养素的需要。蛋白质是对虾和河蟹机体组成的主要有机物质,占总干重的65%~75%。这意味着养殖虾、蟹的过程是一个蛋白质生产与累积的过程。在虾、蟹养殖过程中,如果饲料中的蛋白质不足会导致生长缓慢、停止,甚至体重减轻。但是,如果饲料中的蛋白质过量,多余的蛋白质会被转变成能量,造成蛋白质资源的浪费,过多的氨氮排放而污染环境。此外,虾、蟹饲料的蛋白质成本占整个饲料成本的大部分。因此,虾、蟹饲料中适宜蛋白质需求量的研究尤为重要。不同对虾种类饲料中推荐蛋白含量见表3-1。

表3-1　不同对虾种类饲料中推荐蛋白含量(NRC,2011;%饲料干重)

种类	体重范围		
	0.1~5 g	5~20 g	>30 g
斑节对虾	45	40	40
凡纳滨对虾	40	35~40	35
日本囊对虾	50	45	40

动物对蛋白质的需求实际上是对氨基酸的需求,研究动物对氨基酸的需求和利用规律才是研究蛋白质营养的核心问题。必需氨基酸:必需氨基酸是指动物自身不能合成或合成量不能满足动物需要,必须由食物提供有5对心孔的氨基酸。虾、蟹的必需氨基酸有10种,分别是异亮氨酸、亮氨酸、赖氨酸、蛋氨酸、苯丙氨酸、苏氨酸、色氨酸、缬氨酸、精氨酸和组氨酸。半必需氨基酸是指在一定条件下能代替或节省部分必需氨基酸的氨基酸。半胱氨酸或胱氨酸可由蛋氨酸转化而来,酪氨酸可由本丙氨酸转化而来。营养学上把半胱氨酸、胱氨酸、酪氨酸称作半必需氨基酸。显然,半必需氨基酸有节约必需氨基酸的作用。非必需氨基酸是指动物体内自身可以合成、不必由饲料提供的氨基酸。限制性氨基酸是指饲料中所含必需氨基酸的量与动物所需的必需氨基酸的量相比,比值偏低的氨基酸。如蛋氨酸和赖氨酸往往是大多数植物性蛋白源的限制性氨基酸。氨基酸平衡和互补氨基酸平衡是指饲料中可利用的各种必需氨基酸的组成和比例与动物对必需氨基酸的需求相同或相近。当饲料中所含有的可利用的必需氨

基酸处于平衡状态时,才能获得理想的蛋白质效率。氨基酸互补作用又称蛋白质互补作用,是指利用不同蛋白源的氨基酸组成特点,适当搭配使氨基酸趋于平衡,从而提高饲料蛋白质利用率。对虾必需氨基酸需要量研究总结见表 3-2。

表 3-2　对虾必需氨基酸需要量研究总结(NRC,2011)

种类	必需氨基酸	初始体重(g)	饲料粗蛋白含量(%)	估算的必需氨基酸需要量	评价指标
中华小长臂虾	精氨酸	0.02	45	饲料的 1.9%~2.1% 粗蛋白的 4.2%~4.7%	增重率 饲料效率
	赖氨酸	0.02	45	饲料的 1.9%~2.1% 粗蛋白的 4.2%~4.7%	增重率 饲料效率
	蛋氨酸	0.02	45	饲料的 1.9%~2.1%	增重率 饲料效率
日本囊对虾	精氨酸	0.25	50	饲料的 2.7% 粗蛋白的 5.3%	增重率
	精氨酸	0.79	50	饲料的 1.6% 粗蛋白的 3.2%	增重率
	组氨酸	0.79	50	饲料的 0.6% 粗蛋白的 3.2%	增重率
	异亮氨酸	0.79	50	饲料的 1.3% 粗蛋白的 2.6%	增重率
	亮氨酸	0.79	50	饲料的 1.9% 粗蛋白的 3.8%	增重率
	赖氨酸	0.79	50	饲料的 1.9% 粗蛋白的 3.8%	增重率
	蛋氨酸	0.79	50	饲料的 0.7% 粗蛋白的 1.4%	增重率
	苯丙氨酸	0.79	50	饲料的 1.5% 粗蛋白的 3%	增重率
	苏氨酸	0.79	50	饲料的 1.3% 粗蛋白的 2.6%	增重率
	色氨酸	0.79	50	饲料的 0.4% 粗蛋白的 0.8%	增重率
	缬氨酸	0.79	50	饲料的 1.4% 粗蛋白的 2.8%	增重率

（续表）

种类	必需氨基酸	初始体重(g)	饲料粗蛋白含量(%)	估算的必需氨基酸需要量	评价指标
斑节对虾	精氨酸	0.02	40	饲料的1.9% 粗蛋白的5.3%	增重率
	精氨酸	0.32	45	饲料的2.5% 粗蛋白的5.5%	增重率
	异亮氨酸	0.02	35~40	饲料的1% 粗蛋白的2.7%	增重率
	赖氨酸	0.02	40	饲料的2.1% 粗蛋白的5.2%	增重率
	赖氨酸	2.40	34	饲料的2% 粗蛋白的5.8%	增重率
	蛋氨酸	0.02	37	饲料的0.9% (0.4%半胱氨酸) 粗蛋白的2.4%	增重率
	蛋氨酸	2.40	34	饲料的0.9% (0.1%~0.3% 半胱氨酸) 粗蛋白的2.9%	增重率
	苯丙氨酸	0.02	35~40	饲料的1.4% 粗蛋白的3.5%	增重率
	苏氨酸	0.02	35~40	饲料的0.2% 粗蛋白的0.5%	增重率
	色氨酸	0.02	35~40	饲料的0.2% 粗蛋白的0.5%	增重率
凡纳滨对虾	赖氨酸	0.10	35	饲料的1.6% 粗蛋白的4.5%	增重率
	赖氨酸	0.10	45	饲料的1.6% 粗蛋白的4.5%	增重率

②脂类

脂质需求是对能量和很多特殊功能脂质组分的总需求,后者包括胆固醇、完整的磷脂和必需脂肪酸。有研究人员在虾和其他甲壳类动物中,分别研究了以单独或复合方式添加不同水平的油脂对增重的影响,结果表明饲料脂肪水平5%~6%时,增重效果最为明显。更高的脂肪水平(大于10%)通常能够导致生长延迟,造成这种现象的原因可能在于高能饲料限制了摄食作用,或者虾和其他甲壳类动物无法高效利用饲料中的脂肪。生长的抑制已被证实与脂肪在组织中的积累有关。上述关于饲料中脂肪水平的实验主要基于海洋来源的富含/n-3 LC-PUFA/的脂肪,包括鳕鱼肝油等海洋动物油脂。由于脊椎动物和甲壳类不能由单不饱和脂肪酸合成多不饱和脂肪酸,因此必须向饲料中额外添加才能满足动物对必需脂肪酸的需求。必需脂肪酸缺乏可导致各种病症,抑制动物生长和繁殖,最终致其死亡。长链多不饱和脂肪酸是一种具有生理活性的多不饱和脂肪酸,如花生四烯酸、20碳五烯酸、22碳六烯酸。需要注意的是,脊椎动物和甲壳类动物不能在体内进行 n-3 和 n-6 PUFA 之间的转换。研究必需脂肪酸的需求时应考虑饲料脂肪水平,必需脂肪酸在脂肪中的比例才是脂肪酸是否满足需求的关键,而不是绝对的脂肪酸水平。对凡纳滨对虾的研究发现,长链多不饱和脂肪酸的需求量随着脂肪水平的增加没有显著性变化。也有研究表明,多不饱和脂肪酸和长链多不饱和脂肪酸同时添加时效果更为突出,推荐亚麻酸的添加量为 7~10 g/kg,DHA 的需求量为 10 g/kg。

罗氏沼虾的大部分生活周期在淡水中度过。研究发现,摄食花生四烯酸或 22 碳六烯酸的对虾增重率显著高于仅摄食饱和脂肪酸和单不饱和脂肪酸的饲料组(粗脂肪为 60 g/kg 饲料干物质)。此外,饲料中添加鱿鱼内脏膏来源的 EPA 和 DHA 能够显著提高罗氏沼虾的生长速率。该研究还表明亚油酸和亚麻酸不具有促生长效果。

对虾饲料最适脂肪水平的确定除了要满足必需脂肪酸需求外,还要考虑动物利用脂肪、糖类和蛋白质的能力。使用鱼油和植物油使其达到适宜的长链多不饱和脂肪酸水平和 n-3/n-6 PUFA 比例是较好的选择。海水虾饲料中需要 50~60 g/kg 粗脂肪,其中需要 15 g/kg 的亚麻酸、10 g/kg 左右的亚油酸、3 g/kg 左右的 EPA 和 DHA。而淡水甲壳类动物对长链多不饱和脂肪酸的需求较低,仅依靠 n-6 多不饱和脂肪酸就可获得理想的生长效果。

消化率也是影响饲料脂肪水平的一个因素。大多数实验饲料和人工配合饲料的研究表明,脂肪的表观消化率普遍很高。但是,饲料脂肪水平低于 4.5% 或大于 10% 均会降低斑节对虾成虾的脂肪消化率。此外不同脂肪源的消化率也不同,对斑节对虾的研究表明,与豆油和棕榈油等植物油相比,鳕鱼肝油、沙丁鱼油、精炼乌贼油的消化率更高。在不同种类脂肪源中,甘油三酯的消化率最高,其次是磷脂、甾醇和游离脂肪酸。多不饱和脂肪酸的消化率显著高于饱和脂肪酸,饱和脂肪酸的消化率随着碳链的增加而降低,而单不饱和脂肪酸的消化率随着碳链的增加而增高。

在研究对虾必需脂肪酸需求量时,生态系统也是需要考虑的一个因素。在半集约化池塘养殖系统中,由于动物能够从自然环境中摄取一定量的必需脂肪酸,因此可以相应减少饲料中必需脂肪酸的添加量,这是饲料配制时需要注意的一个重要方面。随着海洋来源 EPA 和 DHA 供应量的日益短缺,可能不久之后它们就会成为对虾饲料生产中的限制因素。因此,依靠营养全面均衡的饲料来维持高密度养殖系统的可行性和可持续性值得怀疑。相比之下,像前面提到的半集约化池塘养殖系统则可以大大降低对必需脂肪酸的依赖。已报道的对虾对必需脂肪酸的需要量见表 3-3。

饲料中添加不同形态磷脂已被证明为子虾及幼虾生长和存活所必需。在多数研究中,磷脂来源于大豆卵磷脂。研究表明,成虾并不需要在饲料中额外添加磷脂,而在虾的早期发育阶段,由于体内磷脂合成能力不足,需要在饲料中额外添加磷脂来满足早期快速发育阶段的需要,这表明虾类对磷脂的需求具有发育阶段特异性。由于大部分研究中添加的卵磷脂组成并不一致,这使得在准确得知某一种类磷脂酰胆碱或磷脂酰肌醇的需要量方面仍存在缺陷。各研究中使用的磷脂组分在质和量上都存在很大差异。例如,大豆卵磷脂存在多种不同纯度的产品,去油大豆卵磷脂和非去油大豆卵磷脂在磷脂含量上也存在比较大的差异。因此,虾类对磷脂的需要在质和量方面都很难确定。商业饲料中,饲料级卵磷脂的添加量一般为 2.5%~3.5%。对某一特定种类来说,仔虾和幼虾对磷脂的需要量不存在显著差异。值得注意的是淡水种类罗氏沼虾和红螯螯虾的幼虾并不需要磷脂,这提示磷脂的需求可能为海水虾、蟹类所特有。已发表的仔虾及幼虾的磷脂和胆固醇需要量见表 3-4。

虾、蟹类缺乏自身合成胆固醇的能力。实验发现,虾、蟹类饲料中需额外添加胆固醇,否则

将导致生长缓慢或死亡率升高。研究结果表明,饲料中胆固醇的需要量一般占饲料干重的
0.2%~1%。过量添加胆固醇则会抑制对虾的生长。胆固醇是生物体组织中多种功能性物质
的前体。在肝脏中,胆固醇可转化形成胆汁酸,而后与牛磺酸等物质结合储藏于胆囊中。胆汁
分泌进入肠道后,胆汁酸参与了食物中脂质和脂溶性维生素的乳化。在皮肤中,胆固醇前体在
紫外线照射下可转换成维生素 D_3。维生素 D_3 是活性维生素 D 的前体,维生素 D 与钙的吸收
直接相关。此外,胆固醇还是类固醇激素合成的前体物质。类固醇激素为典型的核激素,具有
调控基因转录的效应,但更倾向于通过快速的非基因调控途径发挥作用。

随着饲料中脂肪含量和多不饱和脂肪酸特别是长链多不饱和脂肪酸含量的增加,饲料容
易发生脂质过氧化,从而危害虾、蟹类的正常生长和健康状况。因此,需要在饲料中添加抗氧
化剂,如维生素 E。

表 3-3　已报道的对虾对必需脂肪酸的需要量(NRC,2011)

脂肪酸种类	需要量
亚麻酸(18：3 n-3) 或亚油酸(18：2 n-6)	
褐对虾	1%~2%(18：3 n-3)
斑节对虾	1.2%(18：3 n-3)
斑节对虾	1.2%(18：2 n-6)
中国明对虾	0.7%~1%(18：3 n-3)
18：3 n-3>18：2 n-6	
日本囊对虾	—
中国明对虾	—
二十碳五烯酸(20：5 n-3)或二十二碳六烯酸(22：6 n-3)	
日本囊对虾	1.1%(20：5 n-3)
斑节对虾	0.9%(22：6 n-3)
斑节对虾	0.9%(20：5 n-3)
中国明对虾	1%(22：6 n-3)
罗氏沼虾	0.075%(22：6 n-3)
凡纳滨对虾	0.50%(20：5 n-3;22：6 n-3)
二十碳四烯酸(20：4 n-6)	
罗氏沼虾	0.08%
凡纳滨对虾	0.50%
n-3/n-6 PUFA	
细脚滨对虾	1.18%
锯齿长臂虾	0.45%
罗氏沼虾	0.08%
斑节对虾	2.40%

表 3-4　已发表的仔虾及幼虾的磷脂和胆固醇需要量(NRC,2011)

虾类和营养素种类	需要量
磷脂	
斑节对虾	1%~1.5%
凡纳滨对虾	1.5%磷脂酰胆碱,6.5%脱脂大豆卵磷脂
日本囊对虾	1%(磷脂酰胆碱+磷脂酰乙醇胺)
日本囊对虾	3%大豆卵磷脂
日本囊对虾	0.5%~1.1%(磷脂酰胆碱和磷脂酰肌醇)
墨吉明对虾	2.5%大豆卵磷脂(60%纯度)
胆固醇	
凡纳滨对虾	0.3%
日本囊对虾	0.5%
日本囊对虾幼体	1%
日本囊对虾	0.2%
日本囊对虾	2%
美洲螯虾	0.5%
美洲螯龙虾	0.5%
淡水螯虾	0.4%

　　河蟹在自然条件下常以杂食性生物为食,例如水草、玉米、杂鱼、螺蛳、河蚌等,然而作为典型的打斗型甲壳动物,有限多的野外存活空间和自然食物资源的不足是引发其同类互殴蚕食现象的原因,因此获得植物性饵料对河蟹来说更为容易。目前在河蟹养殖的过程中,常在养殖环境中种植水草、稻苗,植物的种植不但能为河蟹补充丰富的植物性饵料,还可以为河蟹提供大量的活动空间,更有利于河蟹在炎热的夏季避暑。野杂鱼和螺蚌等不仅肉质鲜嫩,而且营养价值较高,可为河蟹的生长发育提供营养物质基础。研究显示,野杂鱼拥有约60%的粗蛋白和6%的粗脂肪,螺蛳也有丰富的粗蛋白和矿物元素。不仅如此,在河蟹育肥期,玉米也经常作为工厂中暂养时的饵料。

　　脂质不仅是重要的能量物质,而且是必需脂肪酸、胆固醇、磷脂和脂溶性维生素等功能性物质的提供者。鱼油是水产饲料传统的脂肪源,它含有丰富的长链多不饱和脂肪酸,是维持河蟹幼蟹理想的生长率、变态性能和非特异性免疫的最佳选择。前人以鱼油为主要脂肪源对河蟹的脂肪需求做了很多研究,如表3-5所示,不同生长阶段的河蟹,其最适脂肪需求量并不相同,甚至同一阶段下不同研究者得到的结果也不一致,这可能归结于各研究者所进行的实验中饲料中的脂肪源成分、非脂肪类营养物质、河蟹来源和实验环境等不同,但总体而言河蟹最适脂肪需求不低于3%。

表 3-5 中华绒螯蟹不同生长阶段对脂肪的最适需求量

生长阶段	评价指标	需求量(%)	参考来源
溞状幼体(Ⅰ期~Ⅴ期)	成活率、增重率和脂肪酶活性	4~8	Zhang 等,2011
大眼幼体	成活率、增重率和脂肪酶活性	10	Zhang 等,2011
大眼幼体至0.1g幼蟹	成活率和增重率	7.1	徐新章,1998
大眼幼体至Ⅲ期幼蟹	成活率	17.39	王志忠等,2001
幼蟹(0.1~10g)	成活率和增重率	6.8	徐新章,1992
幼蟹(0.85±0.09g)	成活率、摄食率和增重率	6.61~9.96	汪留全等,2003
幼蟹(2.2~5.6g)	成活率、增重率和饵料系数	5.2	刘学军等,1990
幼蟹(5g)	成活率、特定生长率和饵料系数	3	陈立侨等,1994
幼蟹(5.8±1.5g)	增重率和脂肪酸合成酶	4	李伟国等,2010
幼蟹(10.5~14.2g)	表观消化率	8.87	林仕梅等,2001
幼蟹(12.79±2.87g)	生长性能、饵料转化率和能量收支	9	周宏宇等,2009
幼蟹(19~25g)	增重率和饵料效率	4~6	钱国英等,1999

近年来,鱼油短缺已成为制约水产养殖可持续发展的瓶颈,为突破这一瓶颈,研究寻找替代鱼油作为饲料主要脂肪来源成为近年来的热门。实际上,在许多水生动物的营养需求中研究了多种植物油源的替代效果,常见的植物油有大豆油、菜籽油、橄榄油、亚麻油、棕榈油等。植物油拥有鱼油不可比拟的优点,如价格低廉、来源广泛、供应充足等,不仅如此,其含有丰富的亚麻酸(ALA)和亚油酸(LA),被广泛应用于替代鱼油,可以在达到良好的生长效果的同时为水生生物提供所需的必需脂肪酸。

a. 大豆油

大豆油现已成为全球最常用的植物油,也是日常家庭中广泛使用的食用油之一。大豆是我国重要粮食的作物,大豆油是从其中提取出来具有大豆香味的油脂,呈半透明状、颜色偏黄褐色的黏稠液体。大豆油富含 n-6 PUFA,其产量在世界油脂产量中占首位,拥有成本低、质量易于控制的优点。

在甲壳类动物的研究中,饲料中豆油的添加不会对罗氏沼虾的生长起到促进作用。夏爱军等发现,与其他脂肪来源相比,饲喂富含亚油酸(LA,C 18:2 n-6)的豆油时,中华绒螯蟹的生存能力和变形性能更好。陈彦良等实验表明以 75% 的豆油替代鱼油的饲料饲养河蟹 6 周,能够明显提高幼蟹的免疫能力和抗病力并得到良好的生长性能。李伟国则发现摄食大豆油的河蟹,其肝胰腺的脂肪酸合成酶基因要相比摄食鱼油显著上调。

b. 菜籽油

菜籽油拥有较为均衡比例的亚油酸和亚麻酸,一般为 2:1,被认为是线粒体能量代谢偏好的底物。对河蟹的研究发现,2‰ 和 6‰ 盐度条件下菜籽油的效果优于鱼油。

c. 棕榈油

棕榈是一种单子叶植物,其生产地较为集中,世界上主要的生产国是马来西亚和印度尼西亚,在我国主要在云南、海南以及两广地区分布。通过对热带木本植物的提取,例如油棕,可以获得棕榈油,其含有大量以棕榈酸为主要构成的饱和脂肪酸(SFA)。在当下国际市场紧缺鱼油资源,棕榈油是产量最高的植物油,在水生动物膳食营养的脂肪源替代的研究中颇受关注。

③糖类

糖类指的是一大类主要由碳、氢、氧组成的含有一个或多个醛基或酮基的多元醇。通常认为,糖类不是虾类所必需的营养物质。摄食不含糖类的饲料,虾类能存活并生长,这可能是由于可利用非糖前体经糖异生途径合成葡萄糖。此外,通过糖异生作用,动物肝脏和肌肉中储存的糖原也可转化形成葡萄糖。

由于淀粉类原料比蛋白源和脂肪源更为低廉,因此在鱼虾饲料中添加可消化淀粉有助于达到环境调控和经济性目的。饲料中糖类对蛋白质节约效应的效率与水产动物的种类有关。鱼、虾饲料原料中的淀粉含量(%干物质)及特性见表3-6。

表3-6　鱼、虾饲料原料中的淀粉含量(%干物质)及特性

来源	淀粉含量(%干物质)	糊化温度	颗粒大小/μm	直链淀粉含量%
大麦	58.7	51~60	20~25	22
玉米	69	63~72	35~40	21~28
糯玉米	—	63~72	20	1
高链玉米	—	67~80	—	70
土豆	73	59~68	40(15~100)	20~23
水稻	88	—	—	17~22
糯米	—	68~78	8	0
黑麦	61	57~70	28(12~40)	27
高粱	61	68~78	25(15~35)	23~28
糯质高粱	—	—	—	—
小麦	65~68	58~64	22(2~26)	26(23~27)

淀粉是许多植物用于储存能量的最主要的多糖形式。淀粉主要积累在块茎或谷物胚乳中,而在豆类等陆生植物和海藻中淀粉含量很低。结构复杂的糖类比简单的糖分子尤其是葡萄糖具有更好的促生长作用。在日本对虾饲料中分别添加了10%淀粉、糊精、葡萄糖和蔗糖,发现添加淀粉组的饲料效率最高,其次是蔗糖和糊精。研究还发现其比葡萄糖或糊精具有更好的蛋白质节约效应。一般来说,虾类饲料中可消化淀粉的推荐添加量为20%~40%,而纤维素含量应尽可能保持低水平,并且不能超过10%。

对虾外壳中含有外骨骼的主要结构成分为甲壳素。因此,在对虾饲料中添加甲壳素被认为会产生良好的效果。不同虾类中甲壳素的添加效果不同,这除了与养殖动物的种类有关外,也与添加形式密切相关。在饲料中添加5%甲壳素可以提高斑节对虾的生长,然而添加壳聚

糖则会抑制对虾的生长。

④矿物元素

与其他大多数营养素相比,甲壳类动物的矿物质营养研究较少。除了能从饲料中获得矿物元素外,水产动物还可以从生活的水体中吸收某些矿物质。矿物元素在水生动物体内的代谢不仅受到饲料中矿物元素含量的影响,也受到水体中矿物元素浓度以及组成的影响。水体中矿物元素含量及组成可能对机体的渗透压调节、离子调节和酸碱平衡产生影响。水生动物可通过鳃吸收多种矿物质来满足其代谢的需要。水生动物从饲料或水环境中摄取矿物质以及通过尿和粪便排出矿物质受到机体渗透压调节的影响,该过程影响了机体对环境盐度的适应。

常量矿物元素在饲料中的需要量以及体内需要量相对较高。常量矿物元素的功能包括参与骨骼和其他硬质组织的形成、电子传递、酸碱平衡、膜电位以及渗透压调节。

研究表明,甲壳类动物对磷的需要量明显高于鱼类。日本对虾饲料中磷推荐量为 $1\% \sim 2\%$。在凡纳滨对虾的研究中发现,在饲料中添加不同水平的磷酸二氢钙,以增重率和饲料效率为评价指标,磷需要量为 1.33%。此外,凡纳滨对虾对磷的需要量受到饲料中钙含量的影响,当饲料中不添加钙时,凡纳滨对虾有效磷的适宜添加量为 0.77%;当添加 1% 的钙时,磷的需要量则增至 1.22%。饲料中的钙能够影响磷的可利用率,因此应避免饲料中的钙含量超过 2.5%。尽管没有一个最佳的恒定钙磷比值,但商业配方中钙磷比小于 $2:1$ 可以使得对虾获得较好的生长。不同甲壳类动物对钙的需要量已经有所报道。然而,海水养殖的凡纳滨对虾饲料中不需要添加钙,即使在 $2‰$ 低盐度水体中,凡纳滨对虾也没有表现出对钙的需要。尽管饲料发挥着提供矿物元素的重要作用,但甲壳类动物能够通过饮水或者直接由鳃、外骨骼或二者吸收某些矿物质。研究表明,海水中的铜不能满足对虾的生理需要,必须由饲料提供以保证最大生长和组织矿化。此外,以铜为呼吸色素组分的无脊椎动物对铜的需要量似乎要高于以铁为呼吸色素组成的脊椎动物。在甲壳类动物中,肝胰腺是最富含铁的器官,已在两种虾的血淋巴中发现了多种铁转运蛋白的存在,表明甲壳类动物存在着与脊椎动物类似的铁调节机制。除了消化系统之外,鳃在铁代谢中也起着积极作用,在斑纹黄道蟹蜕壳周期中,铁通过在鳃瓣周围形成孢囊物而积累,蜕壳时随壳脱落。

在食用饲料的各种原料中,鱼粉是矿物质最丰富的来源。而肉骨粉、羽毛粉、鸡肉粉等动物的饲料原料中矿物质含量相对丰富。植物性饲料原料中矿物元素含量通常较低,并且可能还有一些降低元素利用率的抗营养因子而需要额外添加矿物元素。凡纳滨对虾对磷的表观利用率如下:磷酸二氢钙 46%,磷酸氢二钙 19%,磷酸钙 10%,磷酸二氢钾 68%,磷酸二氢钠 60%。此外,有机螯合态矿物质的生物利用率普遍高于无机形式的矿物质,但大多数螯合矿物质成本高于无机形式的矿物质,从而限制了其在水产养殖中的广泛应用。甲壳动物矿物质需求量见表3-7。

表 3-7　甲壳动物矿物质需求量(NRC,2011)

常量元素	种类	饲料蛋白源	需求量(%饲料干物质)
钙	日本囊对虾	鱿鱼粉	1.2
		酪蛋白	1~2
磷	日本囊对虾	酪蛋白-全卵蛋白	2
		酪蛋白	1~2
		鱿鱼粉	1
	凡纳滨对虾	酪蛋白-明胶	Ca:0.03%,P:≤0.34% Ca:1%,P:0.5%~1.0%
	斑节对虾	豆粕-鱼粉	>1.33%
钙磷比	美洲螯龙虾	酪蛋白-明胶	0.5%(总P:0.74%)
	美洲螯龙虾(幼虾)	酪蛋白、酵母	0.56:1.1
	美洲螯龙虾(成虾)	酪蛋白-鱼粉	1:1
	日本囊对虾	鱿鱼粉	1.2:1.04
	加州对虾	豆粕、虾头粉、鱼粉	2.06:1,<2.42:1
钾	日本囊对虾	酪蛋白-全卵蛋白	1
		酪蛋白	0.9
镁	斑节对虾	酪蛋白	1.2
	日本囊对虾	酪蛋白	0.3
	凡纳滨对虾	酪蛋白-明胶	0.26~0.35
铜	中国明对虾	鱼粉、花生粕	53
	凡纳滨对虾	酪蛋白-明胶	16~32
	斑节对虾	酪蛋白	10~30
	中国明对虾		25.3
铁	日本囊对虾	酪蛋白	非必需
	凡纳滨对虾	酪蛋白-明胶	非必需
	日本囊对虾	酪蛋白	非必需
硒	凡纳滨对虾	酪蛋白	0.2~0.4
锌	斑节对虾	酪蛋白-明胶	32~34(以生长为评价指标) 35~48(以免疫为评价指标)

⑤维生素

维生素是一类不同于氨基酸、糖类、酯类的有机化合物。动物需要从外界(通常是饲料)摄入微量的维生素,以维持机体生长、繁殖和健康。维生素可分为水溶性维生素和脂溶性维生素两大类。其中,水溶性维生素需要量相对较少,共有 8 种,被称为 B 族维生素。而胆碱、肌醇和维生素 C 需要量相对较大。脂溶性维生素主要包括维生素 A、维生素 D、维生素 E 和维生素 K。对虾维生素需求量详见表 3-8。水产动物对维生素的需要量还受大小、年龄、生长率、各种环境因子和营养物质的影响。因此,针对维持同一种类正常生长的维生素需要量,不同的研究者获得的结果存在较大的差异。甲壳动物维生素需要量见表 3-8。

表 3-8 甲壳动物维生素需要量(NRC,2011)

维生素和虾	需要量/(U/kg 饲料)	评价标准
维生素 A		
斑节对虾	2.51 mg	增重率
凡纳滨对虾	1.44 mg	增重率
中国明对虾	36~54 mg	增重率
维生素 D		
斑节对虾	100 ug	增重率
维生素 E		
斑节对虾	85~89 mg	增重率
凡纳滨对虾	99 mg	增重率
维生素 K		
斑节对虾	30~40 mg	增重率
中国明对虾	185 mg	增重率
硫胺素		
斑节对虾	14 mg	增重率
日本囊对虾	60~120 mg	增重率
印度明对虾	1 00 mg	增重率
核黄素		
斑节对虾	22.5 mg	增重率
日本囊对虾	80 mg	增重率
维生素 B_6		
斑节对虾	72~89 mg	增重率
日本囊对虾	120 mg	增重率
凡纳滨对虾	80~100 mg	增重率
印度明对虾	100~200 mg	增重率、成活率
泛酸		
斑节对虾	101~139 mg	增重率
中国明对虾	100 mg	增重率

（续表）

维生素和虾	需要量/(U/kg 饲料)	评价标准
印度明对虾	750 mg	增重率、成活率
烟酸		
斑节对虾	7.2 mg	增重率
日本囊对虾	400 mg	
印度明对虾	250 mg	增重率、成活率
生物素		
斑节对虾	2.0~2.4 mg	增重率
中国明对虾	0.4 mg	增重率
维生素 B_{12}		
斑节对虾	0.2 mg	增重率
中国明对虾	0.01 mg	增重率
叶酸		
斑节对虾	1.9~2.1 mg	增重率
中国明对虾	5 mg	增重率
胆碱		
斑节对虾	6 200 mg	增重率
日本囊对虾	600 mg	增重率
肌醇		
斑节对虾	3 400 mg	增重率、肝体比
日本囊对虾	2 000 mg	增重率
中国明对虾	4 000 mg	增重率

　　有研究表明，对虾具有一定的维生素 C 合成能力，但合成量似乎不能满足甲壳类动物幼体的需要。大量的实验证据表明，维生素 C 参与了包括生长、繁殖、应激反应、伤口愈合和免疫反应等众多生理过程。虽然有些研究未能证明维生素 C 在甲壳类动物中的必要性，但有研究表明饲料中缺乏维生素 C 会影响生长和胶原蛋白的形成。此外，细角滨对虾和加州美对虾出现的黑死病与抗坏血酸营养状况不良有关。在日本对虾研究中发现，饲料中的抗坏血酸水平与死亡预防作用具有明显相关性。在斑节对虾和凡纳滨对虾中也发现了类似的病症。凡纳滨对虾摄食维生素 C 缺乏的饲料，除了黑死症外，还出现体色异常、肝胰腺水肿、静止不动和对外界干扰缺乏反应等症状。日本对虾的维生素 C 缺乏症有所不同，表现为头胸甲边缘、下腹部和步足的前端呈褐色，并发展为异常的灰白色。

维生素 C 的颗粒在经过蒸汽制粒和存储的时候,维生素 C 活性大约只能保留 20%。因此,为了确保动物在摄食时获得足够的维生素 C,配方师应以需要量的 5 倍进行添加晶体氨基酸或使用包被的维生素 C。此外,还可以在维生素 C 第 2 个碳上增加功能基团,从而使其免于被快速氧化。第一个开发出的此类产品是稳定性很高的抗坏血酸-2-硫酸酯,但其生物活性较低。第二个产品是抗坏血酸多聚磷酸盐,它具有完整的生物活性。但由于多聚磷酸的分子量相对较大,因此其生物活性则相对较低。最新研制出的抗坏血酸-2-单磷酸酯提高了以分子质量为基础的抗坏血酸含量,因而在饲料商业化生产过程中被广泛使用。

⑥添加剂

饲料添加剂在传统上是指饲料中添加的非营养性成分或原料中非营养性的组成成分。在饲料中添加此类物质可以影响饲料的物理或化学性质,影响水产动物的表现或养殖产品的质量。影响饲料质量的添加剂包括抗氧化剂、防霉剂、黏合剂以及诱食剂。此外,酸化剂、着色剂、酶制剂、免疫增强剂、益生菌和益生元等物质也属于此类饲料添加剂。

在水产饲料中,可通过添加防霉剂抑制霉菌生长,并防止其他微生物污染。常用的防霉剂包括苯甲酸、丙酸、山梨酸以及对应的钙、钾和钠盐。

抗氧化剂:海洋生物的油脂和某些植物油含有较高水平的多不饱和脂肪酸,这些不饱和脂肪酸非常容易自动氧化,氧化产物含有醛、酮及自由基。饲料中脂质氧化产物能够直接影响水产动物的健康,或加剧那些具有抗氧化功能维生素的缺乏。温度等环境因素以及饲料中的水分、脂肪水平及脂肪酸的不饱和度都能够影响脂肪氧化速率。常用的抗氧化剂有乙氧基喹啉、丁基羟基甲氧苯(BHA)、二丁基羟基甲苯(BHT)以及五倍子酸酯等。美国食品与药品监督管理局允许 BHA 和 BHT 的最大使用剂量为脂肪含量的 0.02%,而乙氧基喹啉在饲料中的添加量不超过 150 mg/kg。

黏合剂:在水产饲料中使用黏合剂可以提高颗粒饲料在水中的稳定性,增强颗粒硬度,减少加工处理过程中粉尘的产生。虾蟹的摄食习性决定了饲料被摄食之前需要在水中保留较长时间,因此在虾蟹饲料中添加黏合剂尤为重要。目前,应用较广泛的黏合剂包括膨润土钠盐和钙盐、木质素磺酸盐、半纤维素、羟甲基纤维素、海藻酸钠、瓜尔胶。谷物还有淀粉,而淀粉在糊化后能使饲料颗粒产生持久的水中稳定性。因此,通过挤压膨化工艺生产的饲料,其配方中不需要额外添加黏合剂。某些特定的饲料成分如乳清、小麦粉、预糊化淀粉、糖浆等饲料原料被称作营养型黏合剂。

着色剂:对虾能够利用氧化类胡萝卜素也就是叶黄素使其肌肉、皮肤和卵着色。由于自身不能合成这些色素,因此必须在饲料中额外添加。虾青素是甲壳类的主要色素,在外骨骼的色素中所占比例最大。在龙虾幼体饲料中分别添加不同类型及不同来源的类胡萝卜素化合物,发现龙虾体色与虾青素含量及类胡萝卜素化合物的类型和来源直接相关,且与类胡萝卜素化合物在体内虾青素合成途径中所处的位置相关,越靠近终端产物,效果越显著。养殖对虾呈现蓝色的体色,而非野生虾的墨绿色,可能就是由于饲料中类胡萝卜素含量的不足所导致。以基本满足消费者对水产品色泽接受度的要求为标准,虾青素的推荐量为 50ppm~100ppm。此外,饲料中推荐添加量还与不同类胡萝卜素化合物的可利用率有关。在罗氏沼虾和凡纳滨对虾幼体饲料中,每 100 g 饲料添加 230 mg 姜黄素,其着色效果与饲喂活体卤虫无节幼体的效果相当。甲壳动物饲料中的类胡萝卜素来源包括南极磷虾、螺旋藻、红法夫酵母和雨生红球藻等。

生物酶:植物原料中磷的主要储存形式为植酸磷,而水产动物对植酸磷的利用率非常低下,随排泄物排出体外可能导致养殖水体的富营养化。在饲料中添加微生物植酸酶以提高植酸磷利用率的做法得到了广泛的普及。通常来说,饲料中添加 500~1 000 U/kg 植酸酶能够显著提高植酸磷的利用率,增加骨骼灰分、磷含量和磷的沉积,从而降低粪便中的残留量。此外,植酸酶的添加还能够导致饲料中钙、镁、铁、锌等矿物质表观利用率。

有机酸:乙酸、丁酸、柠檬酸、甲酸、乳酸、苹果酸、丙酸、山梨酸等有机酸已作为酸化剂在动物饲料中广泛使用。已经证明这些有机酸能够发挥各种积极的作用,如通过抑制饲料中微生物的生长提高饲料中营养素的利用率,改变动物胃肠道功能和能量代谢来提高动物的生产性能。

饲料诱食剂:普遍认为,鱼粉、磷虾粉、虾粉、鱼油和各种水解蛋白等海洋生物来源的原料对水产动物具有很好的适口性。当用植物性原料替代适口性较好的海洋性饲料原料时,常会导致养殖动物对饲料的接受程度降低。通过添加天然和人工合成的成分能够有效克服海洋性原料缺乏时导致的适口性下降的问题,这些成分可被称为适口性增强剂、味觉刺激物或者饲料诱食剂。研究表明,甘氨酸是多种肉食性水产动物的诱食剂,在饲料中的适宜添加量为 2%。此外,甜菜碱以及甜菜碱复合物、甘氨酸和其他氨基酸的混合物也具有诱食效果。在以植物性原料为主的饲料中,添加 2%~4% 的 L-丙氨酸、L-丝氨酸、次黄嘌呤核苷酸和甜菜碱混合物以及其他几种氨基酸诱食剂混合物可以改善肉食性水产动物的摄食量。

免疫增强剂:对水生生物的健康和免疫力具有积极作用的饲料添加剂,在饲料中添加非营养性免疫增强剂能够有效提高多种水生动物的免疫力和抗病力。常用的免疫增强剂有 β-葡聚糖、脂多糖、肽聚糖等。

饲料中添加益生菌可以提高水产动物的生长免疫力及其对多种疾病的抵抗力。然而也并非所有益生菌的研究都表明益生菌具有积极性的作用。除多种细菌外,噬菌体、真菌又可作为饲料益生菌添加剂。因此益生菌作为一种促进水产动物健康的饲料添加剂正表现出越来越重要的作用。

益生元是一类不可被消化利用的成分,它通过选择性地刺激肠道内有益细菌的生长与活性,从而对机体产生有益的影响。研究发现甘露寡糖、低聚果糖、低聚半乳糖等低聚糖以及某些商业化产品对虾、蟹类具有益生元的作用。

3)影响摄食的因素

虾、蟹类的摄食受多种因素影响,如年龄、季节、水质和生理状况等。摄食强度在不同的生活阶段、不同的生理时期表现出较大的差异。温度、盐度等环境条件适宜,水质好,快速生长时摄食强度高,多数个体胃处于饱满或半饱满状态。而对于大部分温带种类,越冬期间或其他水温较低的时间,摄食强度较低,空胃、残胃者较多。有洄游习性的种类,在洄游途中摄食强度不高,空胃者比例较大,到达产卵场后摄食强度明显增高。虾、蟹类在环境不良或病理状况下,摄食强度亦会大大下降,甚至完全停止摄食。因此,通过观察胃肠道的饱满程度可以帮助判断它们的健康情况。虾、蟹类正常生长时,其摄食强度也会随着蜕壳周期而波动上升,一般在蜕壳前 1 天摄食量骤减,待蜕壳完毕后的 2~3 天内,摄食量猛增,甚至超过蜕壳前 1 倍之多,之后会有小幅下降,如此重复。自然水域中,虾、蟹类的摄食节律与潮汐也有一定相关性,滩栖种类多在退潮后出穴觅食,涨潮时则多躲避于洞穴之中。农历的初一、十五大潮汛期间,也多是虾、蟹类蜕壳的高峰期,此时它们摄食也会受到相应的影响。

虾、蟹类的摄食强度也与其繁殖行为相关。交配季节,雄性个体通常摄食强度较低,空胃、残胃者居多,交尾结束后则大量进食。有一些蟹类具有交配前"相伴"的特性,如中华虎头蟹(Orithyia sinica)在前一年秋季交配时,雄性会用螯肢夹住雌性,这种拥抱姿势会一直持续 2~3 周时间,其间它们基本不摄食。多数虾、蟹类具有多次产卵的特性,在繁殖期它们会大量摄食以补充性腺发育所需的能量,此时期它们可能会克服白天潜伏的习性,四处寻觅食物。实验室条件下,抱卵日本蟳全天每个时段(4 h)的摄食频率均为 100%,即表现为全天不间断摄食,而无抱卵蟹表现出明显的昼夜摄食节律,白天基本不摄食;抱卵蟹摄食强度也明显增加,极显著高于非抱卵蟹。

光照作为重要的环境因子,直接或间接地影响着虾、蟹类的摄食行为。自然条件下,多数虾、蟹类具有明显的摄食周期,通常白天潜伏,夜间觅食,一般在日落后活跃,捕食旺盛,夜间摄食明显多于白天。对于养殖虾、蟹类的摄食节律研究能够为生产中制定合理的投喂方案提供参考,具有重要应用价值,因此也备受关注。研究发现,中国对虾在夜间摄食活跃,在 18:00—21:00 和 03:00—06:00 出现两个摄食高峰,相同的结果也出现在三疣梭子蟹,中华绒螯蟹等养殖蟹类。而也有研究认为,有些虾、蟹种类并无摄食节律,如克氏原螯虾一天有 3 个时段摄食量较高,无明显的昼夜节律。对于虾、蟹类幼体,除非蜕皮变态时有较长时间的摄食间歇外,一般观察不到明显的摄食节律。

除了光照强度、光照周期对虾、蟹摄食有影响外,有关光色(波长)的研究也开始引起关注。研究者采用自制的光照选择实验装置,研究了蓝光、红光、黄光和绿光对灰绿、暗红两种体色日本蟳成蟹摄食的影响。结果表明:体色灰绿的"花盖"在蓝光和绿光中的摄食频率均高于其在另外 2 种光色中;而体色暗红的"赤甲红"在红光中的摄食频率显著高于其在另外 3 种色光中。

有无底质对虾、蟹类的摄食也会产生影响。具有潜底习性的种类,白天多潜伏于底质中,日落前后出来觅食;而无潜底习性的种类多在白天也有觅食行为。采用间隔定时投喂方式,每隔 4 h 投喂一次光滑河蓝蛤,研究了日本蟳在有、无底质条件下的昼夜摄食节律。结果表明,有底质组的摄食高峰出现在 23:00—3:00,7:00—15:00 有少量摄食;无底质组的摄食高峰出现在 19:00—23:00。有底质时,日本蟳在 19:00—7:00 的摄食量占全天的比值及摄食频率显著高于 7:00—19:00。

虾、蟹类对饵料有一定的选择性。研究者曾观察到用沙蚕饲喂的中国对虾在更换饵料后表现出不同的偏好,捕自自然水域的群体喜食蛤类而不喜食乌贼;人工繁育的群体则明显地喜食乌贼而拒食蛤类。养殖中华绒螯蟹仔蟹对沙蚕、贝肉、鱼和虾等几种饵料的选择性由强至弱依次为:沙蚕、贝肉、虾、鱼。实验室条件下,体质量为 60~75 g 的日本蟳对光滑河蓝蛤、四角蛤蜊及菲律宾蛤仔 3 种贝类表现出明显的摄食喜好。雌、雄蟹对光滑河蓝蛤的饵料选择指数均大于 0,为其喜好的食物,而对四角蛤蜊和菲律宾有或无底质时蛤仔的饵料选择指数均小于 0。虽然多数虾、蟹类兼有腐食性,常摄食动物尸体,但多数种类并不喜食动物尸体,在饲喂同种饵料时,明显地表现出对新鲜饵料的喜好。

2. 栖息与生长

1)栖息分布

大多数虾、蟹类栖息于近岸浅海或河口水域,且多分布于珊瑚礁、红树林、湿地、滩涂等区域,部分种类生活于淡水或潮湿的陆地。对虾属的种类全部为海水种类。真虾类既有海水种类,也有淡水种类,有些则适应河口、半咸水环境。龙虾及海螯虾类均为海水种类,且多数为大洋性种类。螯虾类则多为淡水种类。绝大多数蟹类为海产种类,多喜欢栖息于近岸、潮间带,而梭子蟹科的某些种类则经常见于远洋。有些蟹类交配、产卵必须在海水中进行,如我国重要的经济蟹类——中华绒螯蟹就是在淡水中生长,到河口、半咸水处繁殖。溪蟹类终生生活在淡水中。虾、蟹类多分布在热带、亚热带地区,少数种类分布在温度较低的温带和寒带地区。多数虾类栖息于 25 ℃等温线以内,很少在 15 ℃等温线以外分布。

虾、蟹类多为底栖生活,有些种类喜穴居,有的喜潜入泥沙中,有些种类则喜栖居于水草、藻类丛中。很多虾、蟹具有潜底习性,它们潜入底质的深度受种类、个体大小、底质特性以及环境因素的影响。梭子蟹科的种类常昼伏夜出,夜间觅食,在遇到障碍物或受惊吓时,即向后退或迅速下潜。大部分虾蛄类、鼓虾类、螯虾类及有些蟹类具有穴居习性。中华绒螯蟹在不利条件下或不能适时入海时即打洞穴居。淡水螯虾类,如克氏原螯虾(小龙虾)脱离母体后广泛生活于湖泊、河流、池塘、水沟及稻田中。其挖穴栖息,有时躲藏在砾石、水草丰盛的隐匿处。它们的洞穴通常在大水面周岸沼泽芦苇丛生的滩岸地带,一般呈圆形,向下倾斜,曲折方向不一,深 30 cm 左右,多成群分布。每个洞穴少则栖息一只虾,多则达数只。

还有些虾、蟹类同其他动物营共栖、共生生活,或寄生于其他动物的体内或体外。例如,我们常在牡蛎、贻贝、扇贝或蛤子等双壳贝类的外套腔内发现小的蟹(豆蟹),它们常借贝壳的保护而安全地生活,对寄主虽有影响,但并不会危及它们的生存。

2)运动

虾、蟹类的运动方式有游泳、后跃和爬行等形式。虾类利用腹部附肢(游泳足)摆动进行游泳。对虾类、真虾类的游泳足发达,游泳能力较强,如中国对虾洄游时游动距离可达数百千米。龙虾类、螯虾类及蟹类因腹部附肢退化,一般不善游泳或游泳能力极弱。少数蟹类步足特化成桨片状,游动、潜沙迅速,如梭子蟹类。腹部发达的虾类可张开尾扇,腹部迅速向前弯曲,使身体向后上方突然跃起,随即重新伸直腹部,并展开步足与触角,使身体缓缓下沉,有时可进行连续的后跃运动,如此可以迅速逃避捕食者的追捕。虾类的爬行以步足交替活动完成,使身体前进或后退。腹部发达的虾类向前爬行,也有个别种类雄性的螯足尤其巨大者,如长臂虾、鼓虾等会倒着行走。蟹类的爬行则由于步足的位置及活动方式而大多向两侧横行。

虾、蟹类浮游幼体凭借附肢的划动或身体的弹跳做间歇式的游动。对虾的无节幼体以附肢拍动做不连续的游动;溞状幼体可做向前的蝶泳式游动或腹面向上的仰游,此时它们频繁划水不仅是为了移动身体,更重要的是借助附肢划水形成流过口附近的水流,进而提高摄食水中悬浮饵料的效率;糠虾幼体则倒立于水中向后做游泳式弹跳。真虾类和蟹类幼体破膜孵化即为溞状幼体,有的甚至为后期幼体,其游泳能力相对较强。蟹的溞状幼体腹部发达,不断向口前方卷曲,以协助运动与摄食。溞状幼体后期,以及蜕皮变态为大眼幼体后,它们的游泳能力更进一步提升,捕食能力也随之加强。

3）对环境的适应

（1）温度

虾、蟹类为变温动物，其生长、发育、繁殖及行为等直接受环境水温的影响。虾、蟹类多分布于热带、亚热带地区，少数分布于温度较低的温带地区。虾、蟹类依据其对水温的适应程度可分为广温性种类和狭温性种类。热带种类的适宜生长温度为 25 ℃以上，水温低于 20 ℃时生长缓慢，致死温度多在 9~12 ℃。绝大多数观赏种类生活于热带的珊瑚礁海域，它们多为狭温性种类，对温度变化较为敏感。温带的虾、蟹类可耐受较低的温度，其多为广温性种类。虾、蟹类的行为亦受温度影响，低温时其活动减少，潜入底质，至温度下限附近时甚至停止摄食，身体代谢降低，处于"休眠"状态。

（2）盐度

虾、蟹类对盐度的适应能力因种而异。纯淡水种类和大洋深海种类一般耐盐范围较窄，称为狭盐性种类。在海水中繁殖的淡水种类，以及在河口地区、近岸水域生活的种类往往可以耐受范围较宽的盐度变化，称为广盐性种类。也有研究者根据个体发育中渗透压方式的变化，将虾、蟹类分为：①渗透压调节随发育期而少有调节，成体调节能力弱；②渗透压调节能力通常在胚后发育 1 期即已建立，之后变化幅度不大；③渗透压调节能力随着变态发育而逐渐形成。广盐性种类可耐受较宽的盐度范围，其对盐度的耐受力，不仅要依靠自身发达的渗透调节机制，而且要有相应的适应驯化过程，才能充分展现。盐度的急降、急升均不利于动物对盐度变化的适应。研究表明，虾、蟹处于低盐度水中时，需要消耗大量能量以维持机体渗透压调节，此时氧气消耗与氨氮排泄量增加，免疫机能降低，对水中氨氮的毒性尤为敏感。高浓度的氨会损伤鳃细胞。而低盐度时，血淋巴液中氨浓度升高，如此易导致虾、蟹类氨中毒。

虾、蟹类对盐度变化的适应通常与其血淋巴液等渗点的变化相对应，广盐性种类在较高或较低盐度的水中，其血淋巴液的等渗点数值变化要远小于狭盐性种类。这一调节渗透压的过程通常要依靠鳃上皮细胞中的钠钾 ATP 酶（$Na^+/K^+-ATPase$）、碳酸酐酶等离子泵的作用，同时血淋巴液中游离氨基酸的种类和数量，也随其中蛋白及肌蛋白的合成与分解而变化，以协同配合此调节过程。另外，鳃上皮细胞膜的通透性，包括细胞膜孔道的数量及细胞膜不饱和脂肪酸的组成与数量均会随着外界盐度的变化而发生响应。因此，动物自身的生理状态、营养水平，以及遗传种质均是影响其对盐度适应的重要因素。除此之外，水中离子组成也能够影响虾、蟹类的渗透调节，高的 Na^+/K^+、Mg^{2+}/Ca^+ 比值将降低 $Na^+/K^+-ATPase$ 的活力，从而引起高钾血症。因此，在利用内陆天然咸水或人工配置海水养殖虾、蟹时，应注意检测水中的离子成分及比例，通过添加相应离子盐对养殖用水进行优化调节。循环水养殖系统长期运转，蒸发及生态系统自身的不完善均会造成水中离子的欠缺或比例失衡，这一问题应该引起注意。

（3）光照

光照是影响水产动物生长、发育、繁殖、栖息等生理活动的重要环境因子之一。大多数虾、蟹类在幼体阶段具有趋光性，而到了成体阶段则昼伏夜出，躲避强光。浅海的虾、蟹类白昼常隐匿在礁石缝隙或洞穴中，或潜伏在珊瑚、海藻丛中，到傍晚或夜间才出来活动。日本囊对虾在日落后大多都从底质中出来活动觅食，日出后则潜入底质中，具有明显的日周期性。研究表明，采用夜间用白光照射，白天遮挡光线的方法不会对短沟对虾（Penaeus semisulcatus）昼伏夜出的习性产生明显影响。桃红对虾经连续 3 个昼夜的光照，仍可保持昼伏夜出的日周期习性，但在连续黑暗条件下则看不出活动的日周期性。海洋中的一些虾类,如磷虾类、糠虾类等都有昼夜垂直移动的习性。其常随光线的强弱而上下移动,一般对强光呈负反应,对弱光呈正反应,所以常在光线微弱或黑暗时群集于表层,光线增强时又下降到底层,特别在深水中,其升降的幅度常达几百米。例如有一种樱虾,白昼集中在600~800 m的深度,而夜晚则上升到200 m以上的水层活动。它们的集群会影响到其他一些虾类、蟹类、鱼类、头足类等游泳生物的分布。渔业生产者利用虾、蟹的趋光特性,晚上用灯光进行诱捕。

(4)底质

虾、蟹类栖息的底质包括岩礁(珊瑚礁)、泥沙、海草(藻)等类型,但即使是对同类型底质它们也会表现出选择性。底质的性质包括颗粒分布与大小、pH、有机物含量及氧化还原电位以及底质的生物群落组成等。底质的粒度会影响虾、蟹类的栖居(潜底与掘穴)和摄食(饵料的种类和数量)。绝大多数的对虾偏好颗粒大小为62~1 000 μm的底质。潜沙的深度与种类、个体大小、底质特性,以及环境因素有关。蟹类喜穴居或潜入遮蔽物之下。严重污染的底质,虾、蟹类则会避而远之。水中溶解氧含量接近窒息点时,虾类亦不潜底,而浮于水面。与底质相关的海草、海藻及其他底栖生物群落也影响虾、蟹类的栖息与生存,尤其对于一些有共栖或寄生习性的种类,它们对栖息环境的选择更为专一。虾、蟹类潜底行为同样受光线、温度、水流、潮汐等环境条件的影响,这里就不一一详述。

(5)水深、潮汐

水深影响虾、蟹类的分布,不同种类、不同大小的虾、蟹类通常选择不同水深的栖息地。幼体多生活在较浅的水域,成体倾向于向深水中移居。动物在开拓新的领地时,往往要面对与原栖息地不同的视觉环境,要想成功地扩展生存空间,视觉的适应性是首要条件。虾、蟹类在长期的进化过程中也形成了对栖息地光照环境的适应性。研究发现,分布于不同水深的三棘定虾蛄(Haptosquilla trispinosa),其光感受器的光谱敏感性存在差异,栖息于浅水区的个体对波长大于600 nm的光较敏感;而长波光易被海水吸收,栖息深度大于10 m的个体则对波长小于550 nm的光更敏感。潮汐亦影响虾、蟹类的行为,许多种类会随着潮汐进行有节律的迁徙、摄食等活动。

4)蜕皮与生长

(1)蜕皮

蜕皮对于甲壳动物的生长发育意义重大,能够影响其形态、生理和行为,同时也是导致畸形、死亡、被捕食的重要原因。虾、蟹类一生要多次蜕皮,次数因种而异。甲壳较厚的虾、蟹类如龙虾、螯虾,其幼体一般每年蜕皮8~12次,成体一年内只蜕皮1次或2次,大部分时间处于蜕皮间期;而甲壳较薄的对虾一生蜕皮50次左右,每隔几天或几周蜕皮1次,如中国对虾从无节幼体到仔虾要蜕皮12次,从仔虾到幼虾蜕皮14~22次,从幼虾到成虾大约还要蜕皮18次。一些寄生种类及蜘蛛蟹总科的种类只在幼体阶段蜕皮,成熟后不再蜕皮,通常一生只蜕皮1次,它们蜕皮活动的停止与蜕皮相关腺体的退化有关。大部分虾、蟹类不仅在幼体阶段蜕皮,成熟后仍然继续蜕皮。它们一般又分两种情况:一种是一生中蜕皮次数恒定,个体相差不大;另一种是蜕皮次数无限,直至生命结束,因此其种群中个体大小常相差悬殊,有的出现巨型个体,如海螯虾科、龙虾科的一些种类。

狭义的蜕皮仅指虾、蟹类从旧壳中脱出的短暂过程;广义的蜕皮过程则是一个连续的变化过程,贯穿虾、蟹类的整个生命周期。其个体发育必须通过蜕皮,经过几个幼体期,才能成为成体,如对虾要经过无节幼体、溞状幼体、糠虾、仔虾期,最终长成成熟个体。同期幼体通常又分为几个时期,需要蜕皮而递进度过,如对虾的无节幼体一般有 6 期,溞状幼体为 3 期,糠虾为 3 期。幼体时期每蜕皮 1 次,就增加 1 龄。由卵中孵出而未蜕皮的幼体称为第一龄(期)幼体;而后再蜕皮 1 次,称为第二龄幼体;依次类推。两次蜕皮之间的时期,称为龄期。蜕皮前后幼体内部器官变化不大,但外部形态变化明显。

虾、蟹类的甲壳由位于其下的膜层上皮细胞分泌而来,由三层结构组成。最外层为薄的上表皮层,然后为钙化程度高且较厚的外表皮,最内层为厚的内表皮。甲壳及膜层在蜕皮过程中变化复杂,依其结构、形态学变化,结合动物的行为可将蜕皮过程分为 5 期(见图 3-17)。

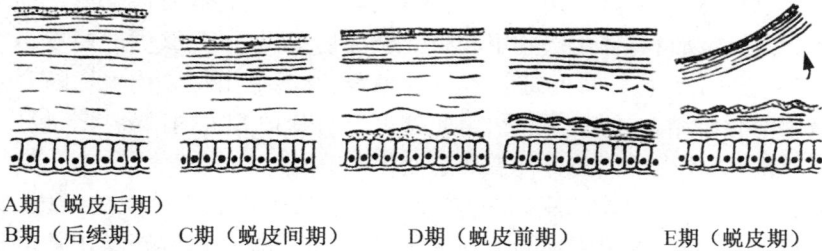

A期(蜕皮后期)　　B期(后续期)　　C期(蜕皮间期)　　D期(蜕皮前期)　　E期(蜕皮期)

图 3-17　虾、蟹类蜕皮的过程

A 期(蜕皮后期):虾、蟹类动物刚自旧壳中蜕出,新壳柔软有弹性,仅上表皮、外表皮存在,开始分泌内表皮,上皮细胞缩小,动物大量吸水使新壳充分伸展至最大尺度。动物短时不能支持身体,活力弱,不摄食。

B 期(后续期):表皮钙化开始,新壳逐渐硬化,可支持身体,体长不再增加;内表皮继续分泌,上皮细胞开始静息。动物开始排出体内的水分、摄食。

C 期(蜕皮间期):表皮继续钙化,内表皮分泌完成,新壳形成,上皮细胞静息;动物大量摄食,物质积累,体内水分含量逐渐恢复正常,完成组织生长,并为下次蜕皮进行物质准备。

D 期(蜕皮前期):为蜕皮做形态上、生理上的准备,变化最大。此期可分为以下几个亚期:

D1 期:膜层与表皮层分离,上皮细胞开始增大;

D2 期:膜层上皮细胞增生,出现贮藏细胞;

D3 期:旧壳之内表皮开始被吸收,血钙水平上升,新表皮开始分泌(外表皮),动物此时摄食减少;

D4 期:新表皮继续分泌,旧壳吸收完成,新表皮与旧壳分离明显,摄食停止;

D5 期:新表皮分泌完成,动物开始吸水,准备蜕皮。

E 期(蜕皮期):动物大量吸水,旧壳破裂,动物弹动身体自旧壳中蜕出。蜕皮期一般较短,为数秒钟或数分钟。

蜕皮需要消耗大量的能量。旧壳的吸收及身体吸水使血淋巴液成分发生剧烈变化,新皮合成,表皮矿化及蛋白质沉淀需要动用大量物质积累,蜕皮、组织生长、减少水分含量,以及在蜕皮过程中各相关内分泌器官的活动,使动物体内生理过程呈现周期性变化。蜕皮期摄食停止,新皮合成及维持代谢则通过动用储存物质及旧壳的再吸收完成。消化腺和膜层是主要的物质贮藏场所,消化腺中贮存有大量脂类物质,膜层在蜕皮之前出现贮藏细胞,旧壳在蜕皮之前则被大量吸收。研究者认为,对虾头胸部和腹部内表皮约有75%的钙在蜕皮中被吸收。钙是蜕皮过程中重要的元素,表皮硬化需要大量的钙,通常可由旧壳再吸收获得,但大部分要从水中补充。海洋虾、蟹类可通过鳃吸收海水中的钙质。某些种类具有胃石,蜕皮时旧壳蜕去,胃石在胃中溶解,其钙质由血淋巴液输送,参与新壳的硬化。胃石仅能提供新壳硬化所需的少部分钙质,大部分仍需从水中吸收。

虾类的蜕皮过程分为两个生理阶段:一是停止活动,侧卧水底,大量吸水;二是在头胸甲和腹部的第一节甲壳的背面关节膜出现裂口至一定程度,柔软的虾体经过几次突发性的连续跳动而脱离旧壳,但这一过程通常较短暂,不易被察觉。蟹类蜕壳需要借助遮蔽物或附着物,以螯足锚定身体,然后逐渐将身体由头胸甲和腹部裂隙处退出。虾、蟹类的蜕皮多发生在夜间,不仅是将外部甲壳蜕下,食道、后肠、鳃、胃以及触角、刚毛等组织结构也均随着蜕皮而更新。刚蜕壳蟹的胸甲与腹甲结合处尚未硬化,由此处可以清楚地看见内部器官。蜕皮期间新的甲壳在旧壳下呈皱褶状,蜕壳后而充分伸展形态变化。

虾、蟹类的蜕皮可分为幼体的变态蜕皮、成体的生长蜕皮和生殖蜕皮,以及病理性蜕皮。幼体蜕皮不仅伴随着生长,还出现形态上的变化,称为变态蜕皮;虾、蟹类正常生长期间,蜕皮时已无形态上的变化,其蜕皮伴随着体长和体质量的增加,称为生长蜕皮;某些种类在交尾季节时,性腺成熟的雄性会与蜕皮后新壳尚未硬化的雌性进行交尾,雌性交尾后直到产卵不再蜕皮,称为生殖蜕皮;虾、蟹类有时会受长期营养不良或水环境恶化等因素影响,发生异常蜕皮,其中多数不能完成蜕皮过程而死亡。有时虽有存活下来的个体,但体长不增加或出现体长缩短现象,称为病理蜕皮。蜕皮与生长、变态有关,可蜕掉甲壳上的附着物和寄生虫,还可使残肢再生,因此蜕皮对于虾、蟹的生存有着重要意义。

虾、蟹类蜕皮过程受激素调控。Y-器官合成分泌的20-羟蜕皮激素被认为是主要的活性蜕皮激素,其合成、分泌受X-器官-窦腺复合体产生的蜕皮抑制激素(MIH)调控。在蜕皮间期后期,MIH分泌减少导致Y-器官蜕皮激素释放,在蜕皮前期中达到高峰,在蜕皮之前下降。大多数情况下,切除眼柄可以缩短虾、蟹类的蜕皮间期。

蜕皮也受水温、盐度、光照等环境因素的影响。在适宜范围内,较高温度下代谢加快,蜕皮周期缩短。中国对虾溞状幼体在23 ℃下需5~6天变态为糠虾幼体,在26 ℃下仅需3~4天。盐度对蜕皮的影响在正常范围内没有显著作用,但盐度突变有时会造成虾、蟹类的应激反应,引起非正常蜕皮。养殖的中国对虾在盐度近40‰时,蜕皮间期明显延长。光照及光周期对于蜕皮亦有影响,滑背新对虾(Metapenaeus bennettae)的蜕皮受持续光照或持续黑暗的抑制。中国对虾产卵后在黑暗条件下和正常光照条件下蜕皮率分别是60%和18.8%。

(2)生长

虾、蟹类的生长要通过蜕皮来完成,旧的甲壳未蜕去之前,它们个体大小几乎不变。一般认为虾、蟹类的生长随蜕皮的发生呈阶梯式增长,其生长模式可简述如下:在两次蜕皮之间动物基本维持体长不变,在线性尺度上基本没有增加,在体重上随物质积累而略有增加。蜕皮后,动物的新甲壳柔软而有韧性,此时动物通过大量吸水使甲壳扩展至最大尺度;随后矿物质及蛋白质沉淀使甲壳硬化,完成身体的线性增长;然后以物质积累和组织生长替换出体内的水分,完成真正的生长(见图3-18)。虾、蟹类的生长不连续,生长的速度取决于蜕皮次数和蜕皮时体长与体质量的增加程度,每次蜕皮的生长量与动物种类、个体大小,以及营养积累等生理状态有关。

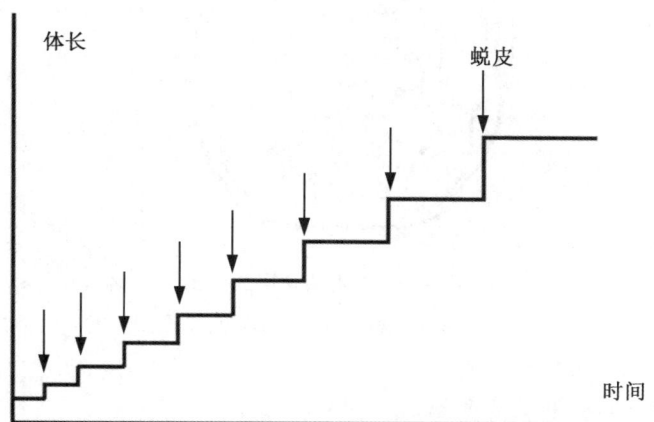

图 3-18　虾、蟹类的阶梯式生长模式

虾类体长的测量,如图 3-19 所示:

全长:额角前端至尾节末端的直线距离;

体长:眼窝后缘至尾节末端的直线距离;

头胸甲长:眼窝后缘至头胸甲后缘中央的距离。

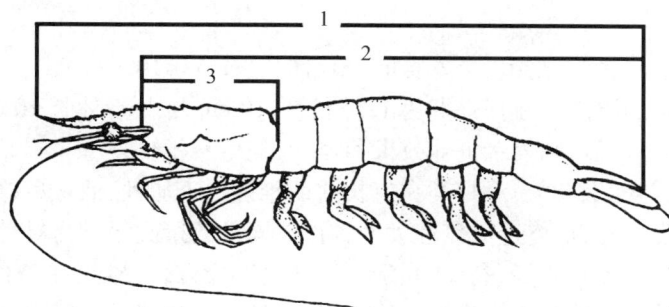

图 3-19　虾类体长的测量

1—全长;2—体长;3—头胸甲长

蟹类头胸甲的测量,如图 3-20 所示:

头胸甲长:头胸甲前缘中央刺至头胸甲后缘中央的距离;

头胸甲宽:头胸甲左右最宽处的距离。

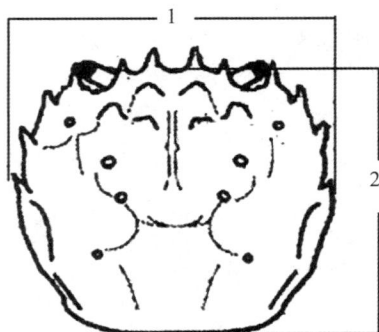

图 3-20　蟹类头胸甲的测量

1—头胸甲宽；2—头胸甲长

虾、蟹类的质量测量指标：

湿重：动物在鲜活状态时的总质量；

干重：将动物置于 60~100 ℃烘箱中，烘干至恒重，称其质量。

虾、蟹类的生长可用体长或体质量对时间的增长来描述，寿命较短的种类多用月龄，寿命较长的种类则多用年龄。对虾类个体多用月龄描述。一般采用 Von Bertarlanffy 生长模型：

$$L_t = L_\infty \left[1 - e^{-k(t-t_0)} \right]$$

式中：L_t 为时间 t 时的长度；L_∞ 为渐近长度；k 为生长系数；t_0 为生长开始时的假设年（月）龄。

人工养殖条件下，体长与体质量的关系多受养殖环境和饲养条件的影响，可用以下关系式衡量虾类的肥满度。

肥满度＝体质量（g）/体长（cm）^{3}×100

如中国对虾正常的肥满度在仔虾期为 1；体长 5~10 cm 为 1.1；体长 10 cm 以上可达 1.2~1.3。若肥满度小于正常值，则表示饲养效果不佳，对虾生长不良。

虾、蟹类的生长与性别有关，对虾类在生长前期雄性快于雌性，而之后雄性先于雌性成熟，个体生长速度也随之减慢，最终造成雌性大于雄性。同龄的蟹类通常是雄性大于雌性，而且雌蟹进行生殖蜕皮后往往停止生长，待幼体孵化后也就很快死亡，雄蟹在条件合适时可继续生长、繁殖，因此很多超大的蟹类多为雄性个体。另外，环境因素，如温度、盐度、光照、水质；非环境因素，如遗传种质、内分泌等，均能影响虾、蟹类的生长。而养殖生产中，营养水平和群体密度也是影响其生长的主要因素。

动物由于饥饿或早期营养不良而导致的生长抑制，在后期投喂或补偿营养后恢复正常生长的现象，称为补偿生长效应，虾、蟹类也具有补偿生长的现象。由于动物种类及限食程度的不同，补偿生长量也有差异，据此常将补偿生长分为超补偿、完全补偿、部分补偿、不能补偿等类型。超补偿是指经过一段时间限食后，再恢复正常投喂一段时间或经过几个这样的周期，动物体质量超过了同一时间内（限食时间+恢复投喂时间）持续投喂的个体；完全补偿是指恢复投喂后，动物体质量接近或等于同一时间内持续投喂的个体；部分补偿则是指恢复投喂后，限食动物体质量小于持续投喂的个体。克氏原螯虾幼体分别饥饿 15 天和 30 天后，再恢复投喂，开始生长后的一段时间内，其生长率明显高于正常投喂的个体，且补偿生长强度也随饥饿时间的延长而增高。目前,有关补偿生长效应的作用机制尚不十分清楚。有研究者认为,限食使动物代谢水平降低,而这一下调效应会在恢复投喂后持续一段时间,因此恢复投喂用于生长的能量要多于先前,进而提高了食物转化效率。也有学者认为,限食结束后,动物会提高代谢水平,增加摄食,随之出现补偿生长效应。但也不排除是两种途径共同作用的结果。

（3）自切与再生

虾、蟹类动物在遭遇天敌或相互争斗中或受困时,常会自行使被困的附肢脱落,以使个体摆脱天敌,迅速逃逸。附肢有机械损伤时虾、蟹类亦会自行钳去残肢或使其脱落,这种现象称为自切。自切是虾、蟹类动物的防御手段,是一种保护性适应。自切时动物的步足由于肌肉的收缩而弯曲,自其底节与座节之间的关节处从腹面向背面裂开、断落。断落处,由于几丁质薄膜的封闭作用及血淋巴液的凝集作用而使创面自行封闭,因而几乎没有血淋巴液的流失。

自切是一种反射作用,人工刺激虾、蟹类的脑神经节可引起相关步足的自切。在水质环境污染,或突然受到强烈刺激时亦可观察到自切现象的发生,有时自切程度相当严重。自切的附肢经过一段时间,大多可以重新生出,称为再生。自切残端处新生的附肢由上皮形成,初时为细管状突起,逐渐长大,形成新的附肢。新生的附肢弯曲折叠在几丁质表皮之下,当动物再次蜕皮时新生附肢就伸展开来,形成再生的小附肢,一般要经过 2~3 次蜕皮,再生的附肢才能恢复到原来的大小。再生的速度、程度与个体及环境有关,未成熟的个体再生较快,成熟的个体不再蜕皮,也就不再具有再生能力了。

3. 繁殖

1）性征与繁殖方式

虾、蟹类生殖器官的形态、结构、位置等性征多为雌雄异型,是判断性别的主要依据。除此之外,雌、雄个体一般从外观上也易于辨别。雌、雄个体通常不等大,对虾类雌体多大于雄体,蟹类、沼虾类则多是雄性大于雌性,而且雄性的螯肢通常要强壮于雌性。如中华绒螯蟹雄性个体不仅螯肢明显强大,其上的绒毛也较雌蟹浓密。雌、雄个体的体色亦多有差别,成熟的中国对虾雌虾体色呈青绿色,俗称青虾;雄虾则呈黄褐色,俗称黄虾。雄性远海梭子蟹（Portunus pelagicus）的甲壳呈蓝色,表面具有白色的网纹图案;而雌蟹呈青绿色,没有雄蟹那样靓丽的花纹。美洲蓝蟹（Callinectes sapidus）雄性个体螯肢的掌节和指节部分多呈蓝色;而雌性为红色或橙红色。

虾类繁殖为体外受精、体外发育。具纳精囊的种类交配后将精荚存贮于纳精囊中,产卵时排出精子,在水中授精。具封闭式纳精囊的种类,如中国对虾、三疣梭子蟹等,一般交配时间延续较长,有的在头一年秋季成熟后即完成交配,直至第二年春季才产卵、授精;具开放式纳精囊的种类,如凡纳滨对虾,或不具纳精囊的真虾类,通常在产卵前几个小时至几天交配。

对虾类的受精卵在水中发育、孵化;真虾类和蟹类则将卵团黏附于腹部附肢上,抱卵直至幼体孵化;而口足目虾蛄类的卵团并不黏附于身体,而是被抱持于胸足之间,不断转动。有人认为蟹类繁殖为体内受精、体外发育。交配后精荚贮于雌蟹的纳精囊中,产出的卵与纳精囊释放的精子相遇受精,再产出体外,抱持于雌蟹腹部附肢上发育、孵化。但也有研究者持不同的观点,认为蟹类是体外受精。他们发现,中华绒螯蟹的卵由卵巢中排出经输卵管,在通过纳精囊时与精子相遇,再排出体外。精卵在体外经过较长的时间,才能完成受精,此过程可视为体外受精。虾、蟹类多具有多次交配、多次产卵的繁殖特性,通过人工调控环境条件和内分泌器官作用,可以实现全年繁殖。

2)配子与性腺发育

(1)雄性

虾、蟹类的精子无鞭毛,不能活动,直径多为 2~8 μm,表面多有原生质突起,其数目和形态因种类而有差异。对虾、真虾及猬虾等游泳虾类的精子多为单棘型,如对虾类的精子仅有一个突起,显微镜下观察呈鸭梨状,近于球形的细胞核外被一薄层细胞质。蟹类、寄居蟹、螯虾等爬行类精子具有多个棘突。虾、蟹精子前部顶端通常为锥形的顶体,棘突位于顶体的最前端。受精时精子以棘突与卵子结合,并伴有复杂的顶体反应,将顶体中的酶释放出来,溶解卵的放射冠和透明带,进而完成精子与卵子的融合。

虾、蟹类精子由精巢内精原细胞发育形成,其过程通常分为:精原细胞分裂形成初级精母细胞;初级精母细胞经第 1 次成熟分裂形成次级精母细胞;次级精母细胞经第 2 次成熟分裂形成精细胞;精细胞经历一个复杂的变态过程形成精子。精子成熟后,通过输精管下行至贮精囊,在输精管中相互聚集,外被薄膜形成簇状、团块状的精荚,交配之前被存于贮精囊中。寄居蟹输精管末端没有明显膨大的贮精囊,但其精荚结构特殊,由 1 个或 2~3 个内含精子的椭球或梭状精囊、精囊的柄部及 1 个底座 3 部分构成,不同种类的形状各异。繁殖时期,成形的精荚充满了输精管中后段,而前段精子呈松散状,表明输精管中后段具有特殊的精荚包装机制。

成熟精巢中同一个生精小管不同分段处及各个生精小管中的生殖细胞发育不同步,通常生殖细胞由精巢前端顶部的生精小管开始成熟,沿精巢外侧向后端输精小管方向延续,成熟的精子汇入输精管。因此,成熟后的雄性精巢内存在不同发育阶段的生殖细胞,精子的形成是连续的,可持续地产生精子,具有多次交配的能力。依据精巢形态、组织结构及生精小管内占优势的雄性生殖细胞种类和数量,可以对精巢进行分期,但不同种类、不同研究者对分期的界定有所不同。如锯缘青蟹(Scylla serrata)、中华绒螯蟹的精巢发育分为 5 个时期,即精原细胞期、精母细胞期、精子细胞期、精子期和休止期。而红螯螯虾的精巢发育分为未发育期、发育期、成熟期和休止期 4 个时期。描述精巢发育的数量指标通常为精巢质量和精巢指数(精巢质量/体质量)。

(2)雌性

虾、蟹类的卵多呈圆形或长圆形,卵黄丰富,外被卵膜。对虾类的卵比重略大于水,产在水中多沉于水底。其他种类的卵则由黏液缠裹,形成卵团,附着于母体腹部。卵子发生过程中最显著的特点是卵黄的形成,因而根据卵细胞的形态、内部结构特征及卵母细胞与滤泡细胞之间的关系,卵子发生过程通常被分为卵原细胞期、卵黄发生前的卵母细胞期、卵黄形成期的卵母细胞期和成熟期的卵母细胞期 4 个时期。

卵子由卵巢中的卵母细胞发育而来,与高等脊椎动物相同,十足目动物的卵子发生要经历一次正常的减数分裂,染色体变为体细胞的一半。产卵前的成熟卵子通常发育到初级卵母细胞阶段,但也因种类不同而处于不同的发育时期,如中华绒螯蟹的成熟卵子处于初级卵母细胞第一次成熟分裂的中期。成熟卵子真正完成减数分裂,排出两个极体,要待受精后才能完成。

随着卵子的发生、发育、成熟,卵巢的体积、颜色有明显的变化。初期的卵巢,体积纤细,无色透明,从外观难以辨认。随着卵巢的发育和卵子中卵黄等物质的积累,卵巢的颜色也发生明显的变化。中国对虾的卵巢颜色通常由无色透明变为白色,而后土黄色、淡绿色,随着卵巢进一步发育成熟,其颜色逐渐变为绿色、灰绿色、墨绿色,完全成熟的卵巢为褐绿色。凡纳滨对虾的卵巢在发育后期时略显粉红色。此时期,多数蟹类卵巢为橙黄色或黄褐色,而中华绒螯蟹、寄居蟹等为酱紫色。卵巢质量、卵巢指数(卵巢质量/体质量)和卵母细胞直径在卵巢发育过程中变化明显,均可用于描述卵巢发育的状况。

关于虾、蟹类卵巢发育的分期,学界标准不一。但多数学者认为,卵巢发育分期应基于细胞学和发育学理论,并结合卵巢的形态,尽量反映出卵子和卵巢发育的本质,便于在实践中应用。综合文献资料,卵巢发育分为以下各期:

形成期:卵巢的形成阶段。中国对虾是在体长 15 mm 的仔虾阶段,从组织切片中可见背大动脉两侧各有一团直径小于 10 μm 的细胞群,由此细胞群逐渐发育为卵巢。

增殖期:卵原细胞经过多次的分裂,进行数量的增殖,分裂到一定次数后,发育为卵母细胞。由于卵原细胞的不断增加,卵巢缓慢增大,解剖时可见透明的卵巢。

小生长期:卵母细胞发育期。细胞暂不分裂,细胞核不断增大,细胞质增多,卵细胞缓慢增大,卵巢体积也逐渐增大。

大生长期:卵母细胞卵黄积累时期。由于卵黄的不断积累,卵径不断增大,卵巢体积迅速增加,颜色不断加深,对虾类卵黄为绿色,蟹类则为红黄色。卵巢体积迅速增加,颜色逐渐加深。中国对虾此期卵径由 75 μm 增至 240 μm,卵巢指数由 1% 增至 15% 左右。此期是亲体促熟培育的关键时期,又被人为地分为大生长初期、大生长中期和大生长末期(近成熟期)。

成熟期:卵黄积累终止,卵子进入成熟分裂,卵核消失,虾类卵内放射冠(皮质棒)形成。一旦外界环境适宜,它们即开始产卵。

恢复期:虾、蟹通常有多次产卵的特点,卵巢发育不同于昆虫等其他节肢动物,其中不同部位的生殖细胞发育基本同步。通常一批卵成熟排出后,后一批卵细胞立即进入生长期,并迅速完成卵黄的积累,再次同步发育成熟,如此利于其在短时间内分批大量产卵。

虾、蟹类的性腺发育具有季节周期,雌性与雄性性腺成熟速度随种类而异。有些种类同步成熟,交配后很快产卵;有些种类则具有两性成熟不同步的特点。具封闭式纳精囊的种类的雌性虾类,以及某些蟹类在交配时雄性发育成熟,而雌性性腺未成熟甚至尚未开始发育。如中国对虾在秋季交配时,雌虾卵巢尚未发育,而要待来年 2～3 月份才开始迅速发育,于 4～5 月份成熟产卵。

影响性腺发育的因素有温度、光照、饵料、内分泌激素等。温度愈高,性腺发育所需有效积温积累愈快,发育也愈快。如在人工条件下提高培育温度,中国对虾可比在自然海区提前 40～60 天产卵。春季日照逐渐增长,通过神经调节促进性腺的发育。营养条件是虾、蟹类性腺发育的物质保证。在人工培育条件下,水质优良,饵料充足,对虾日摄食率可达 12%～15%,性腺发育较快;否则发育较慢,甚至发育不良。饵料的种类也很重要,投喂富含脂类营养物的沙蚕,性腺发育明显加快。另外,具有降河繁殖习性的种类,如一些长臂虾类、沼虾类,以及常见的中华绒螯蟹,其性腺发育与盐度紧密相关。控制性腺发育的内部机制主要为内分泌腺的作用,X-器官分泌性腺抑制激素,抑制性腺发育;Y-器官、大颚器官分别分泌激素,促进性腺发育及卵黄合成。切除眼柄可有效地去除 X-器官对性腺发育的抑制作用,促进性腺发育。

3）交配

虾、蟹类的交配多在夜间进行，但人工养殖条件下，也能见到白天交配的情况。具开放式纳精囊的种类在性腺成熟后交配；而具封闭式纳精囊的种类，其交配时间往往持续较长，有的种类在雌性尚未成熟前即有交配行为。一些蟹类在交配前雄性还有"守护"行为，直至雌蟹生殖蜕皮，在新甲壳完全硬化之前交配，以利于精荚的植入。真虾类，如米虾属、新米虾属种类，其交配通常在雌性个体蜕皮后，此时可以见到很多雄虾"狂游"，表现异常兴奋。交配行为在很短的时间内完成，精荚传输至雌体后，雌、雄个体随即分开，仅有短短几秒时间。

研究表明，雌性个体多依靠释放体外信息素来吸引雄性个体。雄性个体间通常有一定程度的竞争行为，如雄性对虾要跟随雌虾快速游动，通常几尾雄虾中游泳较快的个体获得交配机会。雄蟹常具有一对强壮的大螯肢，有时仅以展示螯肢大小的方式就能吓退较小的个体，获得与雌性配偶交配机会。但遇实力相当的竞争者时，一场激战也在所难免。对于某些种类，如三疣梭子蟹、日本蟳、日本沼虾等，其雄性的螯肢巨大，甚至会影响到正常的活动，而这也正展示了它们优良的身体状态和遗传种质。雌蟹往往也要用"武力"的方式考验雄蟹的强壮程度，但无论如何，强壮个体均获得较高的交配机会。通过竞争，优良个体的种质得以传递，保证了种群的延续。

对于一些爬行虾、蟹类，体色在求爱中也发挥着重要作用。研究发现，澳大利亚当地的米氏招潮蟹（Uca mjoebergi）能够通过辨别雄性螯肢的颜色选择配偶。交配前，雌蟹离开巢穴并徘徊于栖息地附近；雄蟹则在巢穴洞口朝着它们，或者向与雌蟹等大、移动的物体，挥舞一侧巨大的螯肢。雌性通常偏好选择拥有黄色大螯的雄性，而放弃那些螯肢为灰色的雄性。它们还能够区分人工涂色的螯足，甚至能够辨别螯肢所呈现的自然黄色与所涂上的黄色。这种基于体色的配偶选择行为在虾蛄、螯虾等其他虾、蟹类中也有报道。研究者将这一现象解释为，虾、蟹类体色素的原料主要来源于食物，色素的积累主要与摄食能力有关。一般来说，觅食能力越强的个体，其体色和体质也越好，因此获得异性的偏爱，其优良的种质便得以遗传下去，这与直接的"武力"比拼有着本质上的相似性。

配偶选择不仅表现在体质水平，交配过程中雄性间也存在竞争行为。虾、蟹类具有多次交配的习性，尤其是对那些具有纳精囊的种类，精子能相对较长时间地存储于体内，为父权的竞争提供了条件。这种竞争甚至从交配伊始就已展现。雪蟹（Chionoecetes opilio）在交配过程中采取多重交配的策略，多只雄蟹先后与同一雌蟹交配，但是最后交配的雄蟹会利用其端部弯曲、生有刚毛的第一腹部附肢，将之前储存在雌蟹纳精囊中的精荚移出。尽管移走的精荚不是很彻底，最后交配的雄蟹还是可以得到 90% 的父权。研究者还发现，雌性活额虾（Rhynchocinetes typus）不仅与多个雄性交配，而且对精荚也表现出选择性，它们会清除质量不好的精荚。黄道蟹科（Cancridae）和蜘蛛蟹科（Majidae）的蟹类交配后，会在雌蟹阴道中形成精子塞，其可以保留很长一段时间，能够阻止其他竞争者的交配活动。而梭子蟹科（Portunidae）的蟹类交配后，虽然也形成精子塞，但并不影响继续交配，其作用只是在纳精囊中将具有竞争能力的精子团密封或分离。即便如此，虾、蟹类的多重交配策略还是会导致卵子与不同父本的精子相遇，此时精子水平也会产生竞争机制，最终哪些精子与卵子成功地融合，并顺利发育，还得取决于细胞及基因的匹配程度。研究发现，父本交配繁殖的成功率多与雌、雄个体之间的亲缘远近呈负相关，这对避免近亲繁殖，优化子代基因型，以及低繁殖力物种的生存和演化都非常重要。

然而，即使存在着上述各层级的竞争机制，仍然有大量的证据表明，多重父本现象普遍存在于虾、蟹类，即相同母本孵出的子代中，包括了不同父本的个体。研究者采用微卫星标记的方法，检测了20尾抱卵的蓝尾狭额米虾（Caridina ensifera blue）母本和所有子代的基因型，结果发现所有抱卵个体均为多重父本受精。如此高的多重父本概率，表明虾、蟹类的多重交配策略对保证种质延续及种群的遗传多样性具有重要意义。

多数虾、蟹类交配前要进行生殖蜕皮，只有一些方蟹科的种类，如中华绒螯蟹，可以硬壳交配，在交配之前雄性追逐雌性，并有"守护"行为，雄蟹用螯夹住雌蟹的步足，有时此种行动会持续数天。交配时多腹面相对，雄性个体以前两对腹部附肢形成的交接器将精荚输送给雌体，精荚直接贮存于纳精囊中。蟹类大多一次交配后，可多次产卵受精。虾类的交配行为大致相同，雄性个体尾随雌性个体，游到雌虾之下，翻转身体与雌虾相抱，然后雄虾横转90°与雌虾呈十字形相抱，头尾相叩，同时依靠交接器将精荚输送给雌虾；有些种类则转动180°与雌虾头尾相抱，进行交配。开放式交接器者精荚被黏附于第四、第五对步足之间的区域。封闭式纳精囊的种类交配时，精荚通过纳精囊中央的纵缝被植入其中。精荚的瓣状体留在体外，形成交尾的标志，2~3天后脱落。有些种类如日本囊对虾，精荚的瓣状体则在纳精囊口处形成硬质的交配栓。交尾过的雌虾不再蜕皮，直至卵巢成熟、产卵。如遇意外蜕皮导致精荚丢失，雌虾则可与雄虾再次交配，获得精荚。

4）产卵

虾、蟹类交配后，有些立即产卵，有些则需较长间隔。具开放式纳精囊的种类大多在交配后数小时至数天内产卵；具封闭式纳精囊的种类则间隔时间较长，有的甚至要5~6个月才产卵。自然情况下，虾、蟹类产卵多在夜间，但饲养于水族箱中的种类，有时也在白天产卵。对虾类在产卵前多静伏于水底，临近产卵时游向水体表层，在水中缓慢游行，有时有躬身屈背的动作。卵子在游动中产出，呈雾状由生殖孔喷出，在腹部附肢的急速运动下分散于水中。抱卵的种类在产卵前往往先行清理腹部，梳理腹部附肢上的刚毛。卵自生殖孔产出，在附肢及刚毛的作用下移向腹部，经过纳精囊时与精子相遇受精，然后被黏附于腹部附肢刚毛上。有些爬行虾类在产卵时仰卧于水中，腹部前屈，由黏液在腹部两侧形成薄膜，卵产出后在薄膜与腹部形成的腔体中受精。多数真虾类即使没有交配，也能产出卵，这些没有受精的卵通常只能黏附24~48 h。产卵活动持续时间因种类而异。中国对虾的产卵活动一般为2~5 min，有时可持续15~20 min。其他虾、蟹类产卵时间稍长，通常为数十分钟至数小时，有些种类则需数天。

虾、蟹类的产卵量与动物大小、产卵次数、胚胎发育方式等有关。对虾类的产卵量多在10万至100万粒左右，大型种类产卵量亦高，如中国对虾、斑节对虾的产卵量可超过100万粒。抱卵的虾、蟹类产卵量因种类而异。龙虾类抱卵量可达10万粒，海螯虾为5万~9万粒；淡水种类一般抱卵较少，日本沼虾的抱卵量为600~5 000粒，螯虾属的种类仅为数百粒，而水晶虾的抱卵量只有30~40粒。多刺猬虾通常在体长3 cm左右时达到性成熟，体长4.5 cm的雌虾1次产卵约2 500粒。一般情况下，抱卵量和卵的大小呈负相关关系。许多虾、蟹类在繁殖季节可多次产卵。多数对虾类产卵后卵巢可再次发育成熟，不经蜕皮和交配而再次产卵。抱卵的种类多数为每年抱卵1次；有些种类1次交配，多次产卵；有些种类则可多次交配，多次产卵。罗氏沼虾在1年内可多次产卵，产卵后雌体的卵巢会在30~40天内再次成熟，经交配后再次产卵，一般 1 年可产卵 3~4 次。

蟹类、真虾、龙虾、螯虾等十足目腹胚亚目中的种类排卵后附着于原肢底节和内肢刚毛上，这对卵的保护、孵化和幼体散布等具有重要的生物学意义。关于蟹类卵的附着机制主要有两种观点：一是认为蟹类抱卵腹部附肢上具有黏液腺，其分泌物形成外层卵膜和卵柄而附着到刚毛上；二是认为外层卵膜和卵柄来源于卵本身，卵由携卵刚毛周围的外层卵膜融合而附着到刚毛上。有学者研究了中华绒螯蟹卵附着机制，发现排出的卵并不附着于靠近生殖孔附近的腹部附肢原肢底节和内肢刚毛上，而是被转运到远离生殖孔的刚毛上，后来随着卵的逐渐排出，卵的附着才由远端向生殖孔附近推进。雌蟹腹部附肢上分布着大量黏液腺和分泌管开孔。研究者推测，卵排出后向刚毛移动过程中，与腹部附肢表面和刚毛上的黏液接触后，卵的表面逐渐被黏液包被。随着卵的移动，黏液产生卵柄结构。上述研究结果在日本蟳产卵过程中也得到证实，其刚排出体外的卵外部黏有一层果冻状胶质，此时腹部附肢上黏附的卵尚没有形成卵柄结构，但可以看出，胶体物质正在拉伸形成卵柄的中间过程。而卵柄形成后其外观有明显褶皱，类似胶质物凝固状态。

5）受精与胚胎发育

卵子产出后与纳精囊释放出的精子相遇，受精。非抱卵种类受精卵在水中发育，抱卵种类受精卵附着于腹部附肢上发育。受精过程为：卵子产出时处于第一次成熟分裂中期，入水后由不规则近圆多边形逐渐变为圆形；精子到达卵子表面，以棘突附于卵表面；精子出现顶体反应并与卵子表面结合；卵内棒状周边体向外排出，在卵周围形成胶质膜层；随后精子完成顶体反应，进入卵内，之后形成精原核。精子进入卵后，卵子继续并完成第一次成熟分裂，放出第一极体，然后开始形成并举起受精膜，在卵与受精膜之间出现明显的围卵腔；受精膜举起之后，紧接着进行第二次成熟分裂，放出第二极体。第二极体向受精膜方向升起，最终抵达受精膜，与第一极体相对排列于卵膜内外；随后受精结束，开始卵裂；未受精的卵子在水中亦可举起卵膜，只是不会进行卵裂发育。

虾、蟹类的卵富含卵黄，受精后的卵裂方式有表面卵裂和完全卵裂。真虾类多为表面卵裂类型，卵裂后在胚胎的表面形成一层细胞，中央的卵黄并不分裂，每个囊胚细胞下形成放射状排列的卵黄锥。原肠期后胚胎依次出现第二触角原基、大颚原基及第一触角原基，此时胚胎可见到 3 对原基隆起，称之为肢芽期，以后肢芽分化出内外肢并端生刚毛，胚体前端腹面中出现红色眼点，胚体在卵膜内逐渐可以转动，此时期为膜内无节幼体。对虾类幼体发育至膜内无节幼体后孵化，而大部分真虾类和蟹类将继续在卵内发育至溞状幼体，或糠虾幼体，或仔虾、仔蟹后才孵化。孵化过程大多相似，幼体在膜内不断转动，以身体上着生的刺或刚毛刺破卵膜，进入水中，自由生活。此时抱卵种类的母体还会配合幼体孵出，努力摆动腹部，或在水层中竭力游动，使幼体迅速、均匀地分散在水中。胚胎发育速度随水温而异，在适温范围内，水温越高则孵化期越短。温度合适时，多数淡水观赏虾类的胚胎发育时间，即抱卵时间在 15~25 天。

6）生活史与幼体发育

虾、蟹类动物在其生命周期内大多都要经历复杂的变态发育，在其生活史的各个阶段中都有独特的生活方式和对环境的选择和适应。虾、蟹类的生活史一般包括受精卵、胚胎发育、幼体发育及成体等阶段，其幼体发育复杂多样，各种类的幼体类型和幼体期也有不同（见图 3-21）。淡水生的种类有些全部生活史在淡水中完成，某些种类则在其繁殖阶段必须到河口或浅海水域中完成。成熟的亲体在近岸水域产卵,少数种类在深海产卵。

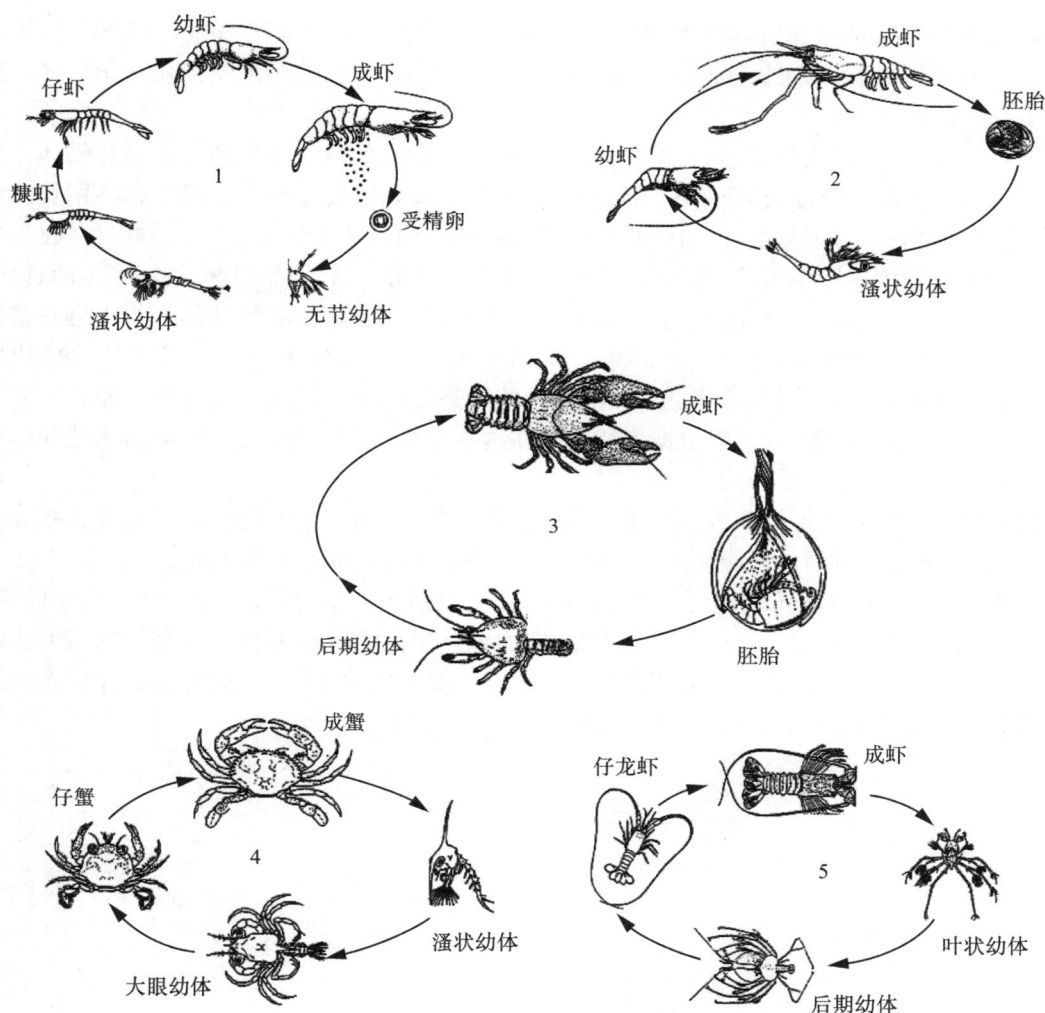

图 3-21 不同虾、蟹种类的生活史

1—对虾类:卵(24 h);无节幼体(2~3 天,5~6 期);溞状幼体(3~4 天,3 期);糠虾幼体(3~5 天,3 期);仔虾(3~35 天的培育期);幼虾到成虾(150~300 天)

2—真虾和沼虾类:卵(21~25 天);溞状幼体(20~40 天,3~12 期);仔虾/幼虾到成虾(120~210 天)

3—淡水螯虾:卵(7~180 天);幼虾(附着到雌体上,第 2 或第 3 次蜕皮,一般 7~30 天);幼虾到成虾(90~1 095 天)

4—蟹类:卵(6~25 天);溞状幼体(12~24 天,3~7 期);大眼幼体(5~7 天,1 期);仔蟹到成蟹(120~5 460 天)

5—龙虾(棘龙虾):卵(7~180 天);早期和晚期叶状幼体(65~391 天,9~25 期);龙虾幼体(7~56 天,1 期);幼虾到成虾(730~1 460 天)

初孵幼体往往要经过复杂的变态发育,才能变成与成体相似的幼虾或幼蟹,随着蜕皮变态,其形态构造愈来愈完善,习性也发生相应变化。孵化后的幼体通常在水中营浮游生活,经溞状幼体、糠虾幼体发育至仔虾(蟹)后,结束浮游生活而转营底栖生活,并向河口、浅水区移动。幼虾（蟹）在近岸水域、河口地区生活，随着生长而渐移向外海深水区，待成熟后又移回近岸产卵。

无节幼体（Nauplis）：幼体卵呈圆形或倒梨形，具3对附肢，即2对触角和1对大颚，作为游泳器官。身体不分节，具尾叉。幼体不摄食，以卵黄为营养，营浮游生活，对虾类无节幼体一般分为6期。

溞状幼体（Zoea）：真虾类、异尾类、短尾类等大部分十足目种类孵化幼体为溞状幼体。幼体身体分为头胸部与腹部，胸部较短，部分分节，异尾类和短尾类头胸甲上常生有特别长的棘刺，称为头胸甲刺。出现复眼，但初期时通常没有眼柄。颚足为双肢型，为运动器官。腹部较长，分节明显，后期尾肢生出，形成尾扇。溞状幼体多为浮游生活，开始摄食，初期多为滤食性，后期开始具有捕食能力。对虾类的溞状幼体分为3期；罗氏沼虾的溞状幼体分为11期；蟹类的初孵幼体为溞状幼体，多分为3、5、6期；口虾蛄的假溞状幼体分为11期。真虾类刚孵出的溞状幼体虽与成虾相似，但在眼柄、尾扇、游泳足的形态结构上还是有一定差异。随着每一次蜕皮，这些结构趋于完善，也可以依据各期幼体在这些结构上的差异，对真虾类的溞状幼体进行分期。

糠虾幼体（Mysis）：腹部发达，出现腹部附肢，胸肢为双肢型，营浮游生活，捕食能力强。龙虾类、海螯虾类的初孵幼体即糠虾幼体。龙虾类的糠虾幼体又称为叶状幼体。

后期幼体（Postlarvae）：又称十足幼体，即虾、蟹类的最末一期幼体，具全部体节与附肢，外形基本与成体相似。此时生活习性常有改变，底栖种类在此期转入底栖生活，经一次或数次蜕皮变为幼虾或幼蟹。虾类的后期幼体称为仔虾。蟹类的后期幼体称为大眼幼体。螯虾类及某些淡水蟹类的初孵幼体与成体差异微小，基本属于全节变态。

虾、蟹类繁育与养殖

虾、蟹类是世界公认的高蛋白水产品,深受消费者喜爱,其养殖和贸易一直是促进农村经济发展、创造就业机会的重要渔业项目。2020年,我国虾、蟹类养殖业产值约2 500亿元,其中对虾养殖产量200万吨左右,凡纳滨对虾(南美白对虾)占比约90%;蟹类养殖产量超过100万吨,中华绒螯蟹(河蟹)占比接近80%。虾、蟹产业已成为我国水产业不可或缺的组成部分,并在改善农(渔)民生活、增强人民体质、保障粮食安全方面凸显出重要价值。

一、对虾养殖模式与技术

我国对虾养殖历史较长,20世纪50年代中期,开始进行人工养殖对虾研究工作。1959年对虾人工孵化获得成功,20世纪70年代中期,对虾人工孵化和养殖取得突破。1980年中国对虾工厂化大批量育苗获得成功后,斑节对虾、日本囊对虾、墨吉明对虾、刀额新对虾、凡纳滨对虾等主要养殖品种的人工繁殖相继获得成功。之后,随着苗种规模化生产技术的逐渐成熟,对虾养殖及相关产业进入了快速发展时期,养殖技术不断创新,形成了南北各具特色的对虾养殖模式。

然而,自20世纪90年代初,辽宁、河北、山东等中国对虾产业受到病毒困扰,长期处于低谷。虽然这些地区也在积极发展由南美引种,具有广盐度、抗病力强、耐粗饲特点的凡纳滨对虾(南美白对虾)养殖,但与南方地区相比,生产成本和养殖周期均没有优势,对虾养殖一直没有恢复到当年中国对虾养殖的态势。随着海参、海蜇及其他新兴养殖种类的推广,仅能见到一些河口半咸水或低盐度地区在延续对虾养殖,而多数海水池塘用于养殖其他经济种类,其中也会搭配养殖一些中国对虾或日本囊对虾。如此,对虾在辽宁等北方省份成了辅助的养殖种类,而在此期间我国的对虾养殖业逐渐转为以南方地区为重心的格局。广东水产科技工作者率先建立了高位池模式,养殖凡纳滨对虾,并在南方多地推广,取得显著成效。广东、广西、海南三省的养殖业者及科研人员不断发展健康养殖模式及配套技术,总结形成了高位池、铺地膜、多品种混养、半封闭引淡水、封闭式生态综合养殖等模式,使养虾业不断创新、进步,产量逐年上升,并促进了饲料、药品、加工、出口等相关产业的发展。

然而,2008年以来,两广、福建、海南等南方对虾产区开始受到病害影响,加之极端气候条件,大面积减产或死亡情况时有发生,尽管养殖面积逐渐增加,但对虾总产量并无明显增加的趋势。2012年后,副溶血弧菌、肝肠孢虫及各种病毒的传播又给东南沿海以致山东、河北的养虾业带来了持续损失。而辽宁沿海,对虾虽然在较长一段时期已不是主要养殖品种,但有着良好的生产基础,加之一度被认为有一个漫长冬季的气候劣势,能够对养虾环境起到一定净化作用,大水面(盐汪子、大型蓄水池)散养、海参-对虾混养、凡纳滨对虾低盐度半精养等模式仍然获得了较好的效果。2015年后,凡纳滨对虾棚室化(工厂化)养殖模式逐渐由江苏、山东、河北延伸至辽宁渤海、黄海沿线,当地水产企业、科研院校及政府共同努力,针对当地气候与生产条件展开模式优化与技术攻关及示范,目前该模式已开始进入本土化推广应用阶段,在养虾业病害肆虐、极端天气频发的今日,辽宁等北方地区对虾养殖业又迎来了新的发展契机。

1. 养殖模式

我国主要养殖的对虾种类有凡纳滨对虾(南美白对虾)、斑节对虾(草虾、金刚虾)、日本囊对虾(日本对虾、车虾)和中国对虾(东方虾),南北养殖模式各异。如何选择合适的模式,还要综合考虑各地不同的自然环境条件、技术水平、经济状况等因素,因地制宜地进行探索和实践,最终形成稳定而高效的生产流程与技术体系,进而降低养殖风险,确保收益稳中提升。现将我国北方对虾常见养殖模式及发展现状介绍如下:

1)粗养模式

这种养殖模式主要是在一些有较大养殖面积的区域采用,有些地区称其为"汪子""港圈",如利用沿海盐场的沉淀池,或一些育苗企业的大型蓄水池。养殖过程中不清池、不除害、不施肥,除了做好防逃措施,以及正常的进排水维护性管理外,基本不采取相关的技术管理措施,是一种典型的"人放天养、广养薄收"的自然养殖模式。辽宁大连周边及丹东东港等地区的养殖者常以养殖日本囊对虾、中国对虾为主,少数也养殖凡纳滨对虾。营口、盘锦、锦州地区离海较远、盐度稍低的区域以养殖南美白对虾为多,而纳潮方便的区域也养殖中国对虾。近年来也有养殖者引进斑节对虾进行养殖,这种虾在一些条件良好的池塘生长迅速,4个月能长到100 g左右,经济效益显著。粗养模式下对虾苗种放养密度通常在1 000~3 000尾/亩。虽然这种养殖模式的成本不高,风险相对较低,养成商品虾规格较大、品质好,但其养殖密度低,成活率无法保证,因此养殖产量和效益均不确定。

2)半精养模式

半精养模式也称为"半集约化",是一种介于粗养和精养之间的养殖模式,其种苗放养量、增氧机使用、饵料投入、水质监控及管理等环节较粗模式有所提高,但与集约化养殖还存在一定差距。目前,辽宁地区采用半精养模式养殖凡纳滨对虾者较多,尤其在营口、盘锦地区较普遍,多在低盐度或近淡水的池塘中进行养殖,养殖成功率较高。因为该模式投入产出比合适,技术相对容易掌握,在当地广受偏爱。池塘面积通常为5~10亩,配有增氧机,投喂商品配合饲料。放苗密度通常在3万~5万尾/亩,产量1 000斤/亩左右。随着近几年北方养虾业的回暖,技术水平也在不断进步,除了继续优化淡水养虾模式外,还延伸出家鱼-河蟹-凡纳滨对虾等混养模式。

值得注意的是,海水池塘混养模式也在不断发展与完善,大连周边的海参-对虾混养,丹东东港地区的海蜇-缢蛏-对虾混养也都逐渐由粗放养殖向半精养转变。对于一直以养殖刺参为主的辽宁养殖业者,早些年在海参池塘投放日本囊对虾、斑节对虾、中国明对虾等种类虾苗,对虾成活率往往较低,产量不稳定。如此一来,养殖者在进行海参与对虾混养时,对虾自放苗后就处于"可有可无"的状态。大连海洋大学虾、蟹增养殖创新团队于2007年开始研究适合当地气候与生产条件的刺参与对虾综合养殖技术,取得了一些成果。初期的调查发现,导致对虾成活率低的主要原因为海参养殖池塘中敌害生物较多,而海参养殖周期通常为2~3年,采用每年投苗、连续采捕的模式,几年内很难做到清塘处理敌害生物。混养的对虾苗种多为外购,经过长途运输后,虾苗体质变弱,对池塘水质条件一时也难以适应,投入池塘后既有很大一部分要被虾虎鱼、鲅及其他野杂鱼、虾、蟹等所捕食。团队为此进行了进一步研究,针对北方气候及生产条件,采用自主研发的苗种培育设施、池塘围网或闲置的育苗车间等多种方式,建立了高效、低成本的大规格对虾苗种培育技术体系。对虾苗种可以比通常投苗期提早近1个月购进,经过集中管理的中间培育过程,至2~3 cm时再投入池塘。这样不仅能够提高苗种的成活率,而且延长了养殖期,在7月下旬即可捕捞达到商品规格虾,此时市场鲜活对虾少,价格高,而又可赶在病害高发期前降低养殖密度;剩余的虾养至 9—10 月份捕捞,此时市场对虾虽然较多,但此模式养成期长出 1 个月,商品虾规格大,仍然在价格上占有优势。

参-虾混养模式利用海参"夏眠"期间池塘的空闲水体,以及池塘中自然繁生的生物饵料,通过优化的水质与投饵技术,生态养殖对虾。商品虾养殖遵照"不求密度高,但求品质佳"的原则,提高养殖收益,降低养殖风险。因为有对虾存在,可以不用担心一些小型水生动物大量滋生,干扰海参生长,利于维持池塘生态系统的稳定,进而减少了药物使用,为养殖生物的食品安全提供了保障。该模式不仅能增加养殖收益,同时增强了池塘生物群落的结构与层次,发挥养殖物种自身的生态功能,既有效利用了池塘水体,同时也减少了用药污染和病害传播,具有良好的生态效益。在辽宁海水养殖业转型升级之际,改变现行养殖模式,大力推广基于生态系统、符合食品安全、可控性强的养殖技术,将有利于水产业走上平衡、健康、可持续发展的道路。"参-虾共生"与"蟹稻共生"有相似之处,通过产学研政等多方位的宣传、引导及技术推广,将形成具有北方特色的绿色养殖模式,有助于辽参、对虾的生态品牌的打造。

3)精养模式

我国南方典型的精养模式较多,如两广地区和海南的高位池模式。顾名思义,其池塘底部要高于排水通道,中间设有排污管。池形多为正方、四角圆弧状,池水借助多台同向划水的水车增氧机形成旋转水流,能将池底污物集向排污管并排出。高位池面积通常在 2~10 亩,堤坝四周及池底通常铺设高强度的地膜。一般按照千瓦/亩配备增氧机,配有单独的蓄水池。此模式投苗密度根据养殖管理水平在 10 万~30 万尾/亩,产量 1 500 kg/亩以上。有些地区采用水泥堤坝,池底铺塑料膜或铺沙的方式;也有完全采用水泥池的。在此模式基础上,珠三角、长三角、福建等地养殖者又进行改造,在养殖池上增设了塑料膜大棚,如此可以延长养殖期,每年能养 2~3 茬虾。2014 年,江苏如东小棚养虾模式诞生,之后受到了全国关注。其典型养殖池为0.7 亩,搭建简易的塑料棚,强增氧,可排污,利用生物絮团进行养殖。近些年,小棚虾产量也是逐年突破,从早期均产 250 kg/棚(通常按照 0.7 亩水体计算)上升到如今 850 kg/棚,少数养殖者已经突破 1 500 kg/棚的产量。目前,小棚养虾模式仍然在快速发展,开始经由山东、河北等地转入辽宁沿海地区。然而,随着国家对海洋近岸环境、地下水开采、违规锅炉等问题的整治,该模式需要在节能减排方面进行优化与技术创新,以符合绿色发展的要求。

4)工厂化(设施化、棚室化)模式

随着水产相关学科的交叉发展,以及养殖工程、装备制造等领域的升级,对虾工厂化养殖模式,尤其循环水处理技术的研发与应用受到了行业的关注。工厂化养殖是利用可控的工程化手段,控制水温、光照、水流等养殖环境,为对虾创造一个适宜的生活条件,同时可以根据市场需要实时调整生产计划。实际生产中,通过集污、排污等设施,以及适当的循环水处理,可以去除水中残饵、粪便等悬浮物,降低氨氮、亚硝酸盐等有害代谢产物含量,保持优良水质条件;通过投喂优质饲料,建立精准的投喂方案,促进动物生长与抗病能力,提高饲料效率;通过化学、物理、生物手段,及时补充相应的有益物质,建立优良的生物群落,抑制有害生物,避免严重的病害发生;通过充气方式及充气量的可控,保证水体溶解氧充足,供应生物呼吸,改善系统水质条件。

工厂化养虾通常采用多级(3 级)饲养工艺,辽宁等北方地区一般全年养殖 2~3 茬,进苗时间分别在 2 月底至 3 月中,7 月底至 8 月中前后。根据生产计划,初级苗种一般为体长

0.5~0.6 cm 的仔虾,放苗密度在 1 万~5 万尾/m³;二级苗种 1~1.5 cm,放苗密度在 0.3 万~1 万尾/m³;三级苗种 2.5~5 cm,放苗密度在 500~1 000 尾/m³,养殖产量一般在 10~20 kg/m³。工厂化养殖生产中的水质变化、饵料投喂等各方面操作相对可控,受天气条件影响小,有利于水产食品安全管控,以及养殖生产高效节能、尾水减排等措施的落实。

近年来,辽宁刺参养殖产业在不断扩张发展的同时,受极端天气及养殖、贸易模式限制等问题影响,养殖收益不稳定,致使辽参产业受到了威胁。2018 年夏季极端高温及后来的暴雨、台风天气已导致辽宁沿海很多远离海水源的刺参池塘弃养,成为荒塘或盐碱荒地,育苗车间也长期出现大量闲置状况,资源浪费严重。另一方面,养殖模式落后及缺少合适的养殖品种,养殖户和企业收入减少,投资信心不足,不仅闲置生产资源较难启动、盘活,国家有关尾水治理及池塘标准化建设的政策亦难以落实。如何让刺参养殖业"软着陆",并实现传统养殖业的转型升级,已引起了业界的广泛关注。大连海洋大学虾、蟹增养殖创新团队在前期参-虾混养技术与模式的基础上,研发了一套适合当地气候与生产条件,以棚室化循环水、尾水处理与资源化利用为特征的对虾育养技术体系,并与海参、贝类、海蜇等海珍品育养工艺相结合,大幅提高了水土资源利用效率,形成了室内工厂化与室外生态综合养殖相结合的特色生产模式,部分成果获得大连市科技进步一等奖,并作为大连市渔业主推技术进行示范与推广。

工厂化、设施化养殖的可控性与稳定性已广受认可,但其对人员、设备和技术管理水平要求高,运营成本相对较高也限制了此模式的推广。目前,应就北方气候与生产条件的特点,进一步创新养殖相关及节能减排技术,形成实用的生产模式。辽宁工厂化对虾养殖应因地制宜,与现有生产条件相结合,如沿海地区采取与多种类综合养殖、鱼、贝、藻等工厂化模式结合、低盐度盐碱地与稻渔综合种养、农田高标准改造等项目结合的模式。由于北方气温偏低,相对于南方地区对虾养殖生产的时间较短,生产可以打时间差,进行反季多茬养殖。但是,反季养虾应对能源成本进行充分的考虑,如能利用太阳能、地热、热电厂温排水或其他低成本热能,并结合封闭式余热回收与水处理工艺,则会具有市场竞争优势。

2. 养殖技术

综上所述,我国主要养殖的对虾种类为凡纳滨对虾,下面以普遍采用的池塘半精养模式为例,介绍其主要技术内容。

1)厂区及池塘设施

养殖厂区一般选择在水源充足、周边无污染、通水、通电、交通便利,且符合养殖用地规划之处,设计有单独的近排水路线,以及一定面积的蓄水与水处理池(见图 3-22)。厂区规划应充分遵循"生物安全"原则,尽量做到封闭管理,并考虑轮养、混养等综合养殖模式,设计尾水处理与循环水工程。养殖池塘一般以面积 3~5 亩、方形或长方形为宜,深不小于 2.5 m,正常情况下的水深在 1.5 m 左右。池塘坝坡夯实,坡比 1∶1~1∶2,对向设有进、排水管或闸门,池底向排水口一侧倾斜,能排干池水,具体设计如图 3-23 所示。池塘以沙泥底质为好,不能有发黑的淤泥,具有良好的保水性。如使用老旧池塘,前一年收获后,必须对池塘进行清淤、消毒。在一些滩涂蟹类较多的地区,还应沿池塘堤坝用塑料布搭建起防护围隔,做法类似于稻田养蟹所用的围隔,其高度为 30 cm,埋入地下 20 cm,每 1.5 m 左右设置一竹竿立柱,在塑料布上沿握边穿入尼龙绳,固定于立柱上。每亩养殖池塘配备 1 台功率为 750 kW 或以上的水车式增氧机,有条件还应配备微孔管底增氧系统,供电系统配备变压器(1.5 kW/亩)和发电机(1.2 kW/亩)。

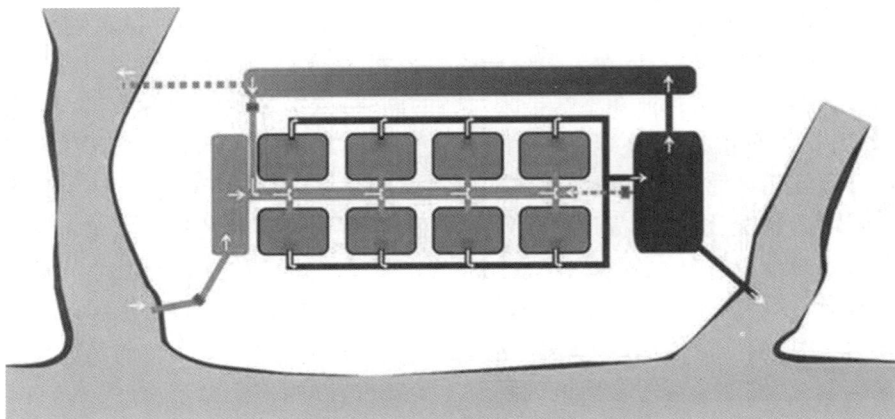

图 3-22 对虾养殖厂区的平面规划

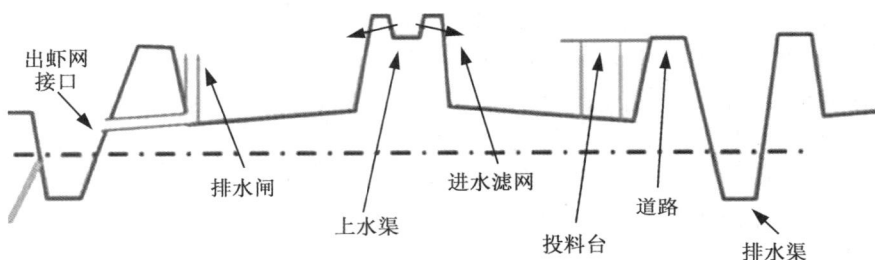

图 3-23 对虾养殖池塘的工程设计

2) 清淤与除害

"新塘赚三年"在对虾养殖行业中广为流传,就是说新建的养虾池塘效果较好,而数年后养殖就越来越困难,对虾生长缓慢,病害也逐年增多。因此,养虾池塘,或长期使用的水泥池、铺膜池,以至于蓄水池及配套进排水设施、设备等,在放养虾苗之前必须彻底清理、消毒,以保证养殖环境的生物安全。清塘一般采用清淤、曝晒和浸泡冲洗等方式。清淤通常采用挖掘机、推土机、泥浆泵等机械设备将池底淤积层尽可能地清出池外。清淤后塘底一般经烈日曝晒10~20天,待表层泥土全部氧化后,再翻耕一次,把底层的还原层翻到表层继续氧化,必要时还可多次翻耕使有机物充分分解。之后,可以少量进水浸泡与冲洗池塘,促进有机物的分解和溶出。铺膜的池塘可用水泵冲刷沉积物,经数日晾晒或喷洒消毒剂消毒后,可再次养虾。

3) 水源

水源水质应能达到国家淡水和海水养殖用水标准要求。虾类对农药特别敏感,用水应特别注意。符合标准的海、淡水养虾处理较简单,水一般经常规消毒、曝气、沉淀、网滤或沙滤即可使用。

虾病严重的当今,沿海均受到对虾病毒等病原体的污染,养殖对虾比较困难。为了防病及扩大养虾范围,可以利用远海区域或盐碱地地下水养虾,但需要考虑钾、钠、钙、镁等主要离子和重金属离子的含量与比例,以及国家有关地下水使用的管理规定。如在黄河三角洲地区主要决定于钾钠比,正常海水中钾含量是钠含量的 3.5% 左右,该区最低处不足 1%,虾苗成活的最低需要是 2%,所以,将钾含量补充到钠含量的 2% 后虾苗即可成活,并取得养虾的成功。由于对虾的适应性随着生长而不断增强,养成期换水就不必再补充钾盐。各地区地下水的组成不尽相同,应根据测定结果进行离子调整。

凡纳滨对虾为典型的广盐种类,其养殖水体盐度通常为 0.7‰~40‰,北方一些盐场蓄水池盐度有时超过 50%,也有产出。进水一般应经过初级沉淀,经 80~120 目筛绢网过滤注入池中。如使用经过养殖区的外源海水,应以 50~100 g/m³ 的漂白粉消毒。待有效氯降至 0 或接近 0 时,根据池水盐度,全池泼洒 10~30 g/m³,提前浸泡 2~3 h 的茶籽饼,此举在清除野杂鱼类的同时,兼有肥水作用。消毒后水体透明度高,加之水浅,尤其在春季温度不高时,一些池塘底部容易出现由底栖硅藻及有机物形成的"泥皮",或生长刚毛藻、肠浒苔等大型丝状藻。其大量产生会消耗土壤肥力,造成之后肥水困难,水体清瘦。随着水温的升高,藻类长时间覆盖底部,导致底泥发黑发臭,产生氨氮、亚硝酸盐或硫化氢等有害物质,加剧水质恶化。因此,池塘消毒后的肥水操作需要立即进行,除了上述使用茶籽饼外,还应根据实际情况适量使用商品化的肥水用品,调节水体透明度在 30 cm 左右。

4)对虾苗的放养

对虾苗种一般来自持有水产种苗生产许可证的企业,辽宁黄渤海区域养殖的对虾苗多为海南、广东、福建或山东、河北等厂家繁育的 P4~P6 仔虾(第 4 天至第 6 天的仔虾)。对虾苗通常要进行严格的质量检验,包括整齐度、活力状态、外观光泽度、肌肉、消化、呼吸系统的状况,趋光、顶流和摄食情况,以及常见病毒、致病细菌和寄生虫等病原携带情况。

虾苗经空运至当地的养殖厂,通常要经过中间培育(标粗)再进行销售或养殖。此期间虾苗体长从 0.4~0.6 cm 生长至 1.2 cm 左右,或经过两级培育至 2.0~4.0 cm,再进入养成阶段。这个方式目前比较普遍,也是北方地区对虾养殖的关键技术。中间培育过程中可以对小苗进行集约化管理,水质、饵料投喂能做到精细化可控。如此,可有效减少北方春季低温、养殖期短等不利条件的影响,在提高对虾成活率、缩短养殖周期、减少病害风险的同时,可以灵活调整成品虾上市时间,做到反季、错峰上市。中间培育虽然有较多优点,但对生产设施和技术管理有一定要求,也有部分养殖户选择直接向池塘投放采购的 1.2 cm 左右虾苗,或直接投放 P4~P6 仔虾。

放苗时,需要充分考虑虾苗对盐度、温度及其他水质条件的适应范围,通常情况下盐度变化控制在 2% 以内,在 1 个盐度左右的低盐度水中养殖,建议放养 1.2 cm 以上大规格苗种,且需要提前联系苗场降低盐度差至 1 左右。如条件允许,低盐度养殖者可以采用自行标粗淡化的方式。无论何种情况,放苗前都应进行虾苗的适应性试验(试水),即将虾苗取回放于装有养殖池塘水的大桶或水槽等容器中,或将网箱直接置于池塘中,12~24 h 后观察其存活及活力情况。

放苗具体日期的确定还需要关注当天及中短期天气状况。习惯上,都认为早放苗可养大虾,但是放苗过早水温不够,虾苗新陈代谢率低,生长缓慢甚至不生长,幼小的虾苗很易被敌害生物捕食。低温对虾苗又是一种威胁因子,虾苗容易发病,降低虾苗的成活率。因此,过早放苗是无益而有害的。实际生产告诉我们,早放苗不如早养水,使池塘内饵料生物充分繁殖起来,到了虾苗生长适温期再放苗,虾苗生长很快,甚至超过低温早放的虾苗。凡纳滨对虾放苗时池塘的日平均水温应在 22 ℃以上,运输水温一般控制在此温度左右,尽量减小苗种培育池、运输途中、养殖池塘之间的温差。

放苗密度通常需要考虑养殖池塘硬件条件、技术管理水平、生产销售计划等因素,一般在 1.5 万~5 万尾/亩。养殖养密度关系到养虾成败及经济效果,放苗不足,总产量低;而放养密度过低,生长慢且个体小,总产量虽高,因价格低,效益并不一定好。另外,高密度养殖中的投喂管理和水质调控难度增加,在虾病普遍流行的现阶段,由水质败坏、底质缺氧造成发病的风险日趋严重,一味追求高产常会得不偿失。

5)日常管理

(1)投喂

虾类肠道直而短,摄食后排空时间较短,因此摄食量较大。其日摄食量与体长(或体重)成正比,日摄食率随体重的增长而下降。投喂量应根据对虾的大小、存池量、蜕壳周期、池塘内饵料生物和竞争者的数量,以及天气状况、水环境等诸多因素综合确定。精准的投喂技术是虾类养成中的关键技术,决定着养虾的成败和效益。投喂不足,影响对虾生长;投饵过量,不仅浪费饲料,还会造成水质、底质环境恶化,降低虾体的抗病力,致使虾病暴发,或者导致缺氧死亡,造成严重的经济损失。因此,研究对虾摄食规律,进行科学、合理的投喂是养虾过程中的重要任务。水产动物投饲量化的指标一般有饲料效率和饵料系数,饲料效率(E)是指虾类增重量与摄食量之百分比,即

$$E = (G1 + G2 - G0/R1 - R2) \times 100\%$$

式中:$R1$ 为投饵量;$R2$ 为余饵量;$G0$ 为试验开始时虾类总量;$G1$ 为试验过程中死亡虾类重量;$G2$ 为试验结束时虾类重量。饵料系数的计算公式如下:

$$饵料系数 = 投饵总量/虾产量$$

两项指标表示方式不同,但均体现了饲料投入与对虾产出的关系,有时同一种饲料不同用户的饵料系数差异明显,这不仅与饲料配方的科学性、原料质量,加工质量及鲜度等质量因素相关,且与投喂技术密不可分。影响饵料系数的因素包括:

①池塘水质。水质清新,菌藻平衡,溶解氧充足,则虾体代谢旺盛,摄食量大,利用率高,生长快,投饵系数低;溶解氧含量低,则氨氮、亚硝酸盐等升高,池底残饵粪便积累、缺氧导致黑臭,产生硫化氢等有害物质,影响虾类的摄食和消化,如仍按常规投饵,势必有剩饵,使投饵系数增大。

②其他生物数量。如基础饵料生物丰富,饵料系数下降。野杂鱼类、水蚤等敌害生物较多时对虾成活率下降,饵料系数上升;竞争生物如天津厚蟹、长臂虾等较多时,也会使饵料系数上升。

③病害。病害发生会提高饵料系数,像对肝胰腺细小病毒病(HPV)、皮下及造血组织坏死病(IHHNV)、虾肝肠孢虫(EHP)、纤毛虫等都是一种慢性消耗病,使对虾生长缓慢,使饲料效率下降;引起对虾大量死亡的疾病,由于导致成活率低,存池量下降,如不及时发现,投饵无所得,饵料系数也上升。

④投喂量。日投喂量不等同于日摄食量,通常为日摄食量的 70%左右,可获得较好的效益。投喂过量会造成投饵系数上升,尤其在对虾蜕壳、由缺氧或水环境差导致轻微应激等情况

下,没有及时调整投喂,则会加剧浪费;但投喂过少也会提高饵料系数,这是因为虾类摄取的营养首先要满足其基础代谢和生命活动的能量消耗,再有营养才用于生长和积累,如果所投的饵料仅够其以上两种代谢的需要,其就不再生长,只吃食不长肉,白浪费饲料,造成投饵系数的上升。

综上所述,投喂时应根据虾体状态、池塘其他生物数量、水质状况调整投饵量,还应充分考虑天气等大环境因素,如连续阴雨、闷热、降温等。7—8月是对虾生长较快的季节,平均体长日增长值应在1 mm以上,如达不到上述速度,而饲料质量和水质又不存在问题,则可能是投饵不足,应增加投饵量。对虾大小不齐,除疾病影响外,可能是投喂不足所致。

更需要注意的是实时观察对虾的摄食情况,一般通过放置饵料盘检测剩料及对虾摄食情况。饵料盘多为钢筋和尼龙筛网做成的直径60~80 cm的圆盘,周边有6 cm高的边缘。3~5亩的池塘,分别于上下风处各设1个饵料盘。虾体长小于5 cm,每个饵料盘上投放一次投饵量1%的饲料,2 h后提盘检查;虾体长6~8 cm时,投于饵料盘上1.5%的饲料,1.5 h后提盘检查;虾体长8 cm以后,投于饵料盘上2%的饲料,1 h后检查。均应先投池内,再投到饵料盘上。如果饵料盘中饵料在预定时间内被吃完,对虾的胃肠道饱满,则投饵合适。如果饵料盘上有剩料,则投饵量过大,应减少投饵量。正常情况下,投饵后1 h应有80%的对虾胃饱满度达到饱胃和多胃,如达不到此水平,而水质环境又无异常,便可能是投饵量不足。投饵后4 h应有多数对虾处于少胃和空胃,如饱胃率仍很高,说明投饵过多,应减少投喂量。但是,也不能只根据胃饱满度判断投饵的多少,在不投饵时,饥饿的对虾还会摄食自身的粪便、底泥、杂藻等充饥,对虾的胃肠仍会很饱满。在长期投饵不足时肠道还会变得粗而弯曲,胃肠充盈,这是对长期缺饵或营养不良的一种生理性适应,应进行胃含物的检查,确认后适当增加投喂。另外,也可以在投饵后2~3 h利用小刮网,刮取池底表土,检查剩料情况。对虾生长情况可以采用抛撒旋网的方式取样测量。

投喂次数也是影响对虾摄食和生长的重要操作,如果日投喂4次,时间可为5时、10时、17时、20时各投1次,一般5时和17时的投喂量各占日投饵量的30%。生长速度常随投喂次数增加而加快,日投喂6次的对虾比投喂2次的生长速度快72%。因此,在力所能及的情况下,应尽量做到"少食多餐",提高饲料的利用率,一般幼虾阶段每日投喂6次,后期每日投喂4次。"少食多餐"不仅可保持饲料的性状,促进对虾摄食,而且还可减少营养物质的流失,减少饲料对池水的污染。投喂处一般相对固定,小苗期对虾在浅水活动,可在水深0.5 m的浅水区投料,中后期在水深1 m左右处投料。但尽量不要投在水深过深的区域,因为深水池底光线很难到达,产氧能力不足,残饵粪便容易淤积败坏底质,另外也需要给虾留出一定清洁、适合栖息的面积。

(2)水质调控

池塘水环境包括水质和底质,其质量直接影响对虾的生理活动,关系到摄食、生长及存活,因此要养好虾必须先养好水质和底质。养殖过程中水质指标建议值为:溶解氧5 mg/L以上,不低于3 mg/L;氨氮不超过0.6 mg/L,亚硝酸氮不高于0.5 mg/L;化学耗氧量不超过10 mg/L;底层水中硫化氢不超过0.01 mg/L,底泥间隙水中硫化氢不超过1 mg/L;海水pH为7.5~9,淡水pH为7~8.5;池水透明度为30~60 cm。水质管理通常包括:换(添)水、增氧、调水、底质改良(改底)等操作,具体如下。

①换（添）水

换（添）水是改善水质最经济而有效的方法，在正常的情况下，池塘的生产力与换水量成正比。然而，目前并不主张通过大换水来提高产量：一是因为换水就要污染环境，增加成本；二是因为换水增加了病害传播的风险，很多地区出现了换水量越大，对虾越容易发病和死亡的情况。若具有蓄水池，可以对进水消毒，那么在池塘水质恶化，需要应急处理或日常保持水质时，则可以适量换（添）水。如池塘内浮游植物过剩，使透明度低于 30 cm；或者原生动物、浮游动物大量繁殖，使池水透明度大于 60 cm；或者细菌大量繁殖使池水呈白浊色；或者池底污染严重，由厌氧细菌矿化作用生成的甲烷、硫化氧气体逸出，底泥黑而发臭，则对虾的食量下降，糠虾等早晨会出现浮头或虾类已出现浮头。如水源为井水，只要其水质指标良好，可以直接使用，或经过蓄水池沉淀、升温后进行换（添）水。

②增氧

增氧机或鼓风机微孔管底充气不仅可供给鱼虾所需要的氧气，更重要的是促进池塘内有机物的氧化分解，促进池水的上下对流，增加底层溶解氧，减少硫化氧、氨等有害物质产生，对改善对虾栖息环境的生态条件、提高池塘生产能力具有重要作用。不同类型的增氧机，其性能也有差异，市售产品包括叶轮式、水车式、射流喷水式、螺旋射流式以及鼓风机等类型。

增氧机的使用应根据增氧机的功能及养殖对象和池塘条件进行选用。比较浅的池塘可使用水车式增氧机，水车式和射流式增氧机除有供氧、搅水作用外，尚有集污作用，将聚集于池底的排泄物、残饵等流转到池塘排污口处。深水的池塘可使用叶轮式或深水叶轮式增氧机，可更好地促使池水上、下对流。

晴天白天时，由于热阻力的作用，池水不能上、下对流，形成溶解氧和温度的分层，表层丰富的溶解氧不能扩散到底层而逸至空气中，此时如开动增氧机，可利用表层的氧盈去抵还底层的氧债，增加底层溶解氧，所以，在光合作用较强的中午前后开机是非常必要的。夜间特别是午夜以后到黎明前，池塘耗氧增高也应开机增氧。阴雨天，由于浮游植物光合作用减弱，产氧量少，加之气压低，减少了空气中氧气向水中的溶解，池塘很易缺氧，也应开机增氧。生产中还应实时监测池塘溶解氧含量，并做相应处理。当溶解氧小于 5 mg/L，pH 在下午 2:00 仍然小于 8.4 时，夜里应加开增氧机，并根据摄食情况适当减料或停料。而当溶解氧小于 2 mg/L 时，需要全天加开增氧机，并加增氧剂（过碳酸钠），停止喂料。

③调水

水质管理除了上述换水、补水，以及增氧等操作外，调水产品的使用也是重要的内容，尤其随着近些年生物科技的发展，生物净水备受关注，并广泛使用。生物净化作用是多方面的，包括微生物分解、营养盐消耗、有机碎屑生产及浮游植物的利用等。

池塘内自然就存在着异养菌和自养菌，它们能使海洋生物的排泄物、残饵、尸体等有机物转化成无机物，以减少它们的毒害作用。这个过程分为两个阶段：第一阶段是由异养菌把蛋白质和氨基酸分解为氨和其他无机氮的过程，称为含氮有机物的矿化作用；第二阶段则由吸收无机碳的自养菌从氧化氨为亚硝酸盐和硝酸盐的过程中取得能量，其代表菌是亚硝酸单胞杆菌和硝化杆菌，前者将氨氧化成亚硝酸盐，后者将亚硝酸盐再氧化成无毒的硝酸盐。在池塘中定向培养有益微生物不仅能加速过剩氮、磷等营养盐的代谢转化，还可以抑制致病菌的繁殖，减少虾病的发生，而这些微生物还是池塘食物链的重要组成，可以作为对虾的饵料。常见的净化水质和底质的微生态制剂有:光合细菌、枯草芽孢杆菌、硝化细菌、蛭弧菌、乳酸菌、放线菌、酵母菌等。

目前,水产动保企业的微生态制剂产品门类繁多,质量差异较大,购买前需要考察产品是否符合国家相应标准,掌握其使用方法。投放前则还需要参考水环境中的其他因素,如水体溶解氧量较低,则需要谨慎操作,一般选择在添换新水后晴天上午,或开增氧机的情况下使用。在对虾发病或蜕壳期间应减少水体负荷,停用或减少用量。另外,部分菌制剂间有拮抗作用,需要参考产品使用说明,依次投入,不可随意混合。

④底质改良

对虾为底栖动物,不仅在水底活动、摄食,还需潜入泥沙中休息和避敌。所以,底质的好坏与其摄食、生长及体质都密切相关。半精养池塘中,由于生物密度高,投饵量多,排泄物、残饵及生物尸体等均沉于池底,这些沉积物的形成速度,大大超过池塘自身的净化能力,所以形成一层很厚的有机底层。对池底污染状况的判断,最简单的办法是直接观察,有经验者可根据池塘底泥的气味和颜色进行判断。表层黄色,内层灰色,无臭味为良好池底;表层黄色,内层黑色,有臭味为中度污染池底;表层和内层均墨黑色,并有恶臭味为重度污染池底。

如前所述,增氧机配置位置合理,使整个池水转动起来,可以加速池底污物不断氧化、分解,也可以使其处于相对集中处,排出池塘,或使用水质(底质)改良机,将淤泥吸起并喷撒于表层,促使其氧化,以达到改底的作用。另外,精准的投喂也是减少底质污染的重要措施。池底污染严重时,还可使用池底改良剂促进有机物的分解或吸附有毒物质,常用药物有氧化亚铁、生石灰(氧化钙)、过氧化钙、沸石、过硫酸氢钾等。

(3)收获

收获是对虾养成生产中最后的流程,也是不容忽视的工作,应善始善终地将虾收好,做到丰产又丰收。常用的收获方法如下:

拉网:目前半精养池塘普遍采用的方法。与鱼类捕捞类似,通常由两队人在池塘左右两岸拉网前行,至行进方向的岸边时集中收网,用塑料筐将虾运至运输车上。

闸门挂网放水:适合于具有排水捕虾设计的池塘,在闸门处安装锥形挂网,利用对虾夜间沿池活动的习性,开闸放水,水流将虾带入网中,实时将网兜处的虾倒出。

陷网(圈网、地笼):适合于小批量收捕活虾上市,目前应用较广泛。陷网是一种具有倒袖的网笼,网笼入口处设"八"字形网墙,沿池边设网。地笼与其类似,利用对虾在夜间沿边游动的习性,游进网笼而不能出,定时收虾。

旋网(投网):在虾密度较高而用量较少的情况下,可以用旋网沿塘边撒网捞取。

收获的活虾应充气、置于降温水箱(凡纳滨对虾通常13 ℃左右)中暂养,死虾则应立即捞出,置于冰块中保鲜。

二、蟹类养殖模式与技术

随着人们生活水平的提高,对优质蟹类的需求与日俱增,蟹类养殖也逐渐受人关注。我国蟹类养殖主要以淡水的中华绒螯蟹(河蟹、大闸蟹)为主。在北方除了养殖河蟹外,山东、河北、辽宁沿海有从事三疣梭子蟹、日本蟳的养殖人员,其中包括收购海捕蟹进行反季销售的养殖方式。而南方江苏、安徽、浙江等内陆水域以养殖河蟹为主,浙江、福建及以南沿海地区则养殖三疣梭子蟹、锯缘青蟹、远海梭子蟹等种类,也有一些中转暂养的方式。

1. 河蟹产业

中华绒螯蟹(Eriocheir sinensis)又名河蟹、大闸蟹,隶属于十足目、方蟹科、绒螯蟹属,为我国重要经济蟹类。河蟹在我国的地理分布广,东部的通海江河,如鸭绿江、辽河、滦河、海河、黄河、长江、黄浦江、钱塘江、瓯江、闽江等水域均有分布。其中长江、辽河、海河、钱塘江、瓯江水系较为常见,但很难从形态特征上判别这些水系的河蟹,仅在生长速度、个体大小、育肥时节上有所差异。北方盘锦河蟹和南方阳澄湖大闸蟹在国内有着良好的知名度,已在当地甚至全国形成了产业链,创造了巨大的效益。2020 年,全国河蟹产量 80 万吨左右,产值约 500 亿元。辽宁盘锦已发展成为北方河蟹苗种生产、养殖及商品集散的基地。2021 年盘锦河蟹养殖总面积达 172 万亩,稻蟹综合种养发展到 85 万亩,成蟹产量 5.9 万吨、扣蟹产量 2.2 万吨。全市养蟹 10 亩以上农户超过 2.5 万户,从业人员 13 万人左右;盘锦市已成为名副其实的"中国北方河蟹之乡""全国最大稻蟹综合种养基地"。除了生产,盘锦河蟹的销售网络也日渐成熟,进驻胡家河蟹市场的销售网点已有 500 余家,拥有专业河蟹经纪人 3 000 余人,平均日交易量百吨以上,年交易额 50 亿元左右,已成为全国最大的河蟹交易市场、全国著名的河蟹销售集散地。

1)苗种繁殖

1971—1980 年,浙江省淡水水产研究所许步劭等在平湖试验基地采用天然海水土池育苗方法,进行了为期 10 年的河蟹人工繁殖试验。1980 年利用 10.86 亩池塘育出蟹苗 1 973.1 万只,平均亩产 181.6 万只,平均成活率 5.58%。1974—1982 年,安徽省赵乃刚等在滁县水产研究所,用人工配置海水进行中华绒螯蟹人工繁殖试验;1982 年,通过生产性试验,当年育出蟹苗 451 万只,平均每立方米水体出苗 5.57 万只。1983 年,全国成立了河蟹人工育苗技术协作组,随后在沿海各省利用对虾育苗设备,采用天然海水工厂化育苗方法,对河蟹人工育苗进行攻关。1987 年以后,江苏、辽宁、山东、河北等省的沿海地区,河蟹人工育苗场越建越多,育苗规模越来越大,成为河蟹蟹苗生产的主要基地,为河蟹人工养殖提供了重要苗源。20 世纪 90 年代初,辽宁盘锦河蟹育苗业发展迅速,其中盘锦光合蟹业有限公司等三家单位开创的工厂集约化河蟹人工育苗模式很快成了当地水产业的重点。之后不久,部分企业与个人开始进行河蟹土池生态育苗技术的研究,盘锦光合蟹业有限公司与大连水产学院(现为大连海洋大学)合作,突破轮虫土池高密度培养及蟹苗池水质调控等关键技术,建立起了具有北方特色的河蟹生态育苗模式。发展至今,河蟹土池生态育苗单产最高已超过 150 kg/亩,平均 50~80 kg/亩,其因为成本低,已基本取代了工厂化育苗。

2)养殖模式

1980 年,辽宁省营口市首先试养,1985 年以后全国养殖规模逐年扩大。养殖形式也逐步由单一的池塘养蟹,推广到池塘种草、投螺、鱼蟹混养,河沟养蟹、荡塘养蟹、湖泊围网养蟹、稻田养蟹,以及水库等大水面养蟹模式,养殖产量迅速增加。目前,北方商品蟹养成所需苗种多为盘锦当地土池培育的大眼幼体(蟹苗,16 万~20 万只/kg),当年(6—10 月份)养成为扣蟹(蟹种,160~200 只/kg),越冬后第二年用于养殖成蟹。

我国北方地区利用稻田进行河蟹养殖始于1991年盘锦荣兴农场,之后盘锦光合蟹业有限公司李晓东博士对该模式进行了系统研究,为其产业化推广奠定了基础。目前,利用稻田养殖扣蟹和成蟹,在盘锦、营口、丹东、庄河等水源充足,有一定水稻种植面积的地区比较普遍。通常在每年4月开始整理稻地,建设或维修暂养池;6月初购买大眼幼体,于暂养池中集中饲养至6月中下旬;待稻地施完"返青肥"后,将蟹苗放入稻地养殖至10月份。这期间需要进行防逃、进排水、投喂等一系列技术管理。因为化肥和农药对河蟹有一定毒性,所以放苗后稻地基本不再追肥或使用杀虫剂。水稻为蟹提供了遮蔽物,净化了水质,而蟹能够摄食一些稻田的害虫,为水稻提供了护卫。蟹-稻共生模式是生态养殖模式,符合生态农业的理念。但是这种模式也会影响水稻产量,因此纯正的蟹田大米的售价也要稍高。

扣蟹"养成过程中会出现性早熟现象,即6月放苗,养至10月份,有部分雌、雄蟹已长成与两年成蟹相似的形体,生产上称为"二龄蟹"。这些蟹的个体较小,通常只有20~50 g,雌蟹的腹部变圆,雄蟹螯肢上的绒毛浓密。性早熟扣蟹当年秋季于咸水中即可交配、产卵,但它们不会再蜕壳生长,所以不能用作第二年养成的蟹种。这些蟹通常在收获时会被挑出,低价卖给加工厂制作"醉蟹"、蟹黄酱或作为钓鱿鱼的饵料。性早熟蟹虽然没有再继续养殖的价值,但其肥得较早,性腺和肝胰腺(蟹黄)饱满,而且壳薄,如果能当年养成较大的个体,则会节省成本,在市场销售方面就会具有明显优势。然而,目前有关河蟹性早熟机理尚无定论,现有研究结果普遍认为是遗传和环境综合作用的结果。

成蟹养殖不仅利用稻田,河沟、荡塘、湖泊围网,以及水库等大水面等模式也因地制宜地得到了发展。盘锦、营口、丹东、庄河等水稻产区多以稻田养殖成蟹为主。成蟹养殖的基本操作与扣蟹养殖相似,但稻地水浅,温度、水质等环境因素变化剧烈,所以养蟹稻地周边往往要开挖环沟,供蟹栖息,并配合水稻种植的操作;另外,成蟹具有很强的逃跑能力,也需要更严格的防逃措施。辽宁省内还有很多中小型水库也进行河蟹养殖,尤其在一些水草丰富的水库,河蟹养殖效果更为理想。但同时也发现,随着养殖年份的增加,商品蟹的规格与数量都会下降。因此,水库等大水面养殖应进行合理的生产规划,优化养殖种类的搭配和放养密度。有条件者,可以采用围网的方式,将养蟹区隔离,并每年轮换区域,使水草及底栖生物得以交替恢复。

3)品种选育

生物的生长、发育受到遗传和环境的双重控制,致使个体大小、体型、体色等各种表型各有不同。养殖业的核心任务就是要通过人工调控营造最适合生物生长的环境,以提高产出,增加收益。做到了养殖环境的优化,影响生产的另一主要因素则是生物自身的遗传种质。因此,养殖业需要培育适合生产条件,具有高产、抗逆性状的良种。

生物的进化离不开遗传与变异。这里的变异通常是指遗传物质变异,可以分为两大类:一类是基因水平的变异,指染色体上某位点的核酸发生了改变;另一类是染色体水平的变异,包括染色体数目、形态和结构的改变。二者存在非常紧密的内在联系,基因变异能引发染色体形态和结构的改变;染色体变异往往又能导致基因表达的改变。无论哪种情况,遗传物质变异都有可能导致生物表型性状的改变,如果带有这种变异的个体能将其遗传给后代,便形成了新种。

自然界中,两性繁殖生物个体的遗传变异主要发生在雌、雄生殖细胞相遇,染色体重组的时刻,其子代会出现与亲本相近或异样的性状。而控制某些性状的遗传变异可以逐代积累,使其表现得更为明显。但这样的过程在自然情况下少有发生，因此通过人工选择亲本，定向组合让其交配，繁殖子代，这样经过多代重复，按照我们设定的性状筛选，就是我们通常所说的人工育种。

20世纪90年代以来，随着河蟹人工养殖规模的不断扩大，对苗种的需求逐年攀升。但业者忽略了种质资源的保护，许多养殖单位在利益的驱使下，大量选用小规格中华绒螯蟹用于苗种繁育，甚至无序引进外水系亲蟹或蟹苗用于苗种培育。辽河、长江等水系中华绒螯蟹种质混杂、退化情况严重。中华绒螯蟹遗传改良及良种培育工作开始引起关注。辽宁盘锦光合蟹业有限公司于2000年开始中华绒螯蟹"光合1号"良种选育工作，2011年通过了国家级良种审定委员会审定，并由农业部发布了建议在全国推广的新品种公告。南方则由江苏省淡水水产研究所、上海海洋大学等单位，进行了长江群体中华绒螯蟹的选育工作，获得了3个中华绒螯蟹新品种。大连海洋大学课题组与盘锦光合蟹业有限公司合作进行了红壳色河蟹的选育工作，已获得了遗传稳定的家系。该特殊体色河蟹就是通过人工选择亲本，定向组合交配，繁殖子代而得到的，将为虾、蟹类体色形成机理研究及人工育种提供参考。

4）稻田养蟹技术

（1）环境条件

养蟹稻田选择环境安静、水源充足、水质良好、无污染、进排水方便和保水性强的田块。土质肥沃，利于浮游生物的培育和增殖。水源通常为河水、水库蓄水或井水，盐度在2‰以下。

（2）田间工程

养蟹稻田根据地势和进排水条件，以10～20亩为一个养殖单元为宜，便于管理，并能够满足河蟹生长过程中的空间要求。养蟹稻田的田埂应加固夯实，顶宽50～80 cm，高60 cm，内坡比为1:1。养蟹稻田距田埂内侧50～60 cm处挖环沟，其上口宽100～300 cm，深60～120 cm。环沟尽量深挖，但面积严格控制在稻田面积的10%以下。没有环沟的稻田，可以选择邻近水源的稻田、沟渠，开挖暂养池，不超过种养面积的10%。暂养池水深一般为70～150 cm，四周设防逃塑料围格。暂养池与进水和排水沟渠有管道相通，管口可接软管（管带）替代阀门，并在进水口安装过滤网，在出水口安装防逃网，投放大眼幼体苗种时用40～60目筛绢网，投放扣蟹时用网目为1 cm以下的渔网。

每个养蟹地块在四周田埂上设置防逃塑料围格，材料通常为较厚的塑料膜（蟹膜），将膜埋入土中10～15 cm，剩余部分高出地面50～60 cm，其上端一般用订书针固定于尼龙绳上。每隔50 cm左右插一根竹竿作桩，将尼龙绳、防逃布拉紧，固定于竹竿上端，接头处避开拐角。拐角做成弧形，成蟹养殖时拐角塑料膜上方向内伸出上沿。

（3）稻田蟹种（扣蟹）培育

①蟹苗

蟹苗来源于有苗种生产许可证、苗种检疫合格、信誉好的蟹苗生产厂家。

蟹苗的质量生产上采用"三看一抽样"的方法来鉴别蟹苗质量优劣：一是看体色是否一致，优质蟹苗体色深浅一致呈金黄色，带有光泽，头胸部肝胰脏内食物色明显，附肢晶莹剔透。二是看群体规格是否均匀，同一批蟹苗大小规格必须整齐。三是看活动能力强弱，蟹苗沥干水后，用手抓一把轻轻一捏，再放在蟹苗箱内，视其活动情况，蟹苗能迅速向四面散开，则是优质苗；如互相黏成一团不易散开，则质量稍差。还有一种鉴别方法，抓少许蟹苗放入水盆中，看其迅速游开并呈现出规则游泳状态,则为健康苗,如果有一定比例黑苗或者活力差、沉底游泳速度缓慢的苗,则质量差些。四是抽样检验蟹苗规格,称 1~2 g 蟹苗计数,折算成每千克蟹苗数量,一般每千克大眼幼体在 14 万~16 万只为正常苗,过大或者过小都要追溯其形成的原因:育苗时培养密度低,饵料充足的育苗池培育出来的蟹苗规格大些,有的甚至在 12 万~13 万只/kg,虽然这样的苗种成活率有可能较高,但秋后回捕数量可能会降低。培养密度高且饵料不足的育苗池育出的蟹苗一般规格较小,甚至超过 18 万只/kg,这样的苗种有可能因为先天缺乏营养而导致成活率降低,但也有回捕数量较高的案例。

蟹苗用专用蟹苗箱运输。蟹苗装箱前要淋干水分,装箱后将其摊平,厚度以 2 cm 为宜,将最上面的箱体封死或用一空箱,把箱平稳放在运输车内;在运输途中,为保持湿度,可用水草、湿毛巾或湿麻袋盖在苗箱上方和四周;要防止风吹、雨淋和曝晒,若运输时间超过 1 h,还要向遮盖物适量喷水;运输途中温度要保持在 25 ℃ 以下,若运输时间超过 5 h,要采取降温措施,将温度保持在 10 ~15 ℃;长途运输可采用保温箱网袋装苗,加冰降温等方式。运苗最好争取在夜间或阴天进行。

②放苗

在辽宁地区插秧后可以直接将蟹苗(大眼幼体)放入稻田养殖,而有些地区则要将蟹苗先进行暂养。如以暂养池方式养殖,则在放苗前需要提前做好准备工作。进水前每亩按 200 kg 施入发酵好的鸡粪或猪粪,进水后耙地时翻压在底泥中,农家肥不但可以作为水稻生长的基肥,而且还可以孳生淡水中的桡足类和枝角类作为幼蟹的优质饵料。耙地两天后每亩施入 50 kg 生石灰清塘,注意暂养池和一般养殖池的区别是绝对不能投施除草剂,插秧后向暂养池内放入一些活的枝角类培养,作为蟹苗的基础饵料。有条件的地方最好移栽水草,有许多种类水草是河蟹良好的植物性饵料,如苦草、马来眼子菜、轮叶黑藻、金鱼藻、浮萍等,甚至刚毛藻对河蟹的栖息和觅食也有益处。水草多的地方,各种水生昆虫、小鱼虾、螺蚌蚬类及其他底栖动物的数量也较多,这些又是河蟹可口的动物性饵料。

蟹苗暂养时,密度以 2~3 kg/亩为宜;直接放入稻田,其放苗密度通常在 0.15~0.2 kg/亩。注意蟹苗温度和养殖池的水温差不能超过 2 ℃,特别是经过长途运输,且运输过程中采取降温措施的蟹苗,更应注意防止温度的骤变。放苗时,先将蟹苗箱放置在池塘埂上,淋洒池塘水,然后将箱放入水中,倾斜让蟹苗慢慢地自行散开,如果有抱团现象,用手轻轻撩水呈微流状,让苗散开。

③管理

a. 饵料投喂

蟹种养殖过程中,饵料种类有植物性饲料、动物性饲料和配合饲料。植物性饲料有豆饼、花生饼、玉米、小麦、地瓜、各种水草等;动物性饲料有浮游动物、鱼类、底栖线虫类、螺蛳等。配合饲料的质量,应符合 GB 13078—2017 和 NY 5072—2002 的规定。蟹苗入池后的前三天以池中浮游生物为饵料,若水体中天然饵料不足,可捞取枝角类等浮游生物投喂。蜕壳变 I 期仔蟹后,投喂新鲜的鱼糜、成体卤虫等,日投喂量为蟹苗重量的 100% 左右,日投饵 2~3 次,直到出现 III 期仔蟹为止。III 期仔蟹后日投饵量为体重的 50% 左右,日投饵 2 次。投喂方法全池泼洒。

放苗后 1 个月为促长阶段,饵料要求动物性饵料比重在 40% 以上,或投喂配合饵料。日投喂量以仔蟹总重量的 10%~15% 为宜,其中上午 8 点投 1/3,下午 6 点投 2/3。以蟹苗入池 60~

80 天计为蟹种生长控制阶段,一般每天下午 6 点投饵一次。前 20 天内,日投动物性饲料或配合饵料约占蟹种总重量的 7%,植物性饲料占蟹种总重量的 50%。以后改为日投动物性饲料或配合饵料约占蟹种总重量的 3%,植物性饲料占蟹种总重量的 30%。蟹苗入池 90 天以后为蟹种生长的催肥阶段,要强化育肥 15~20 天,需增加动物性饲料、配合饵料及植物性饲料中豆饼等精饲料的投喂量,投喂量约占蟹种总重量的 10%。

河蟹投饵量应根据摄食、天气、水质及脱壳情况等灵活掌握并调整,一般以观察上次投饵后残饵量为调整依据,稍有剩余则为适合;无残饵则需加量投喂;如残饵量较多,则须减小投喂量或者更换饵料种类来调整。

b. 水质调控

蟹苗入池后,视池水情况,逐步加入经过滤的新水,水深保持在 40 cm 以上。视水质情况每隔 5~7 天泼洒生石灰水上清液调节 pH 保持在 7.5~8。如在稻田养殖,其中水位一般在 10~20 cm,高温季节,在不影响水稻生长的情况下,可适当加深水位。养殖期间,如有条件,每 5~7 天换水一次,高温季节增加换水次数,换水时排出 1/3 后,注入新水。每 15 天左右向环沟中泼洒生石灰一次,用量为 15~20 g/m³。

c. 分苗与巡检

蟹苗在暂养池长至 Ⅲ~Ⅴ 期仔蟹,规格达到 4 000~10 000 只/kg 时,开始起捕,放入稻田进行扣蟹养殖。起捕采用进水口设置倒须网,流水刺激,利用仔蟹逆水上爬的特性,起网捕获。在投放仔蟹前,有条件的地方可将稻田中的水排干,用新水冲洗 1~2 遍注入新水后放苗,水深保持在 10 cm。仔蟹放养密度控制在 Ⅴ 期仔蟹 1.5 万~2.0 万只/亩。

仔蟹放养后进入蟹种培育阶段,从夏季天气多变阶段到秋季收获前夕,都是河蟹逃逸多发期,应加强管理,勤巡查,坚持每天早、中、晚巡田,主要观察防逃布和进排水口的拦网有无损坏,田埂有无漏水,特别是大风或者暴雨天气,易发生河蟹防逃墙遭到损坏,应特别注意。平时对河蟹活动、摄食(残饵情况)、生长(有无蜕壳)、水质变化,有无病情、敌害等情况做出细致观察,发现问题及时处理,并做好记录。

d. 起捕

稻田培育的蟹种一般在水稻收割前后进行捕捞。具体捕捞的方法有:一是利用河蟹晚上巡边上岸的习性,在池边挖坑放盆或桶;二是利用河蟹顶水的习性、采用流水法捕捞,即向稻田中灌水,边灌边排,在进水口装倒须网,在出水口设置袖网捕捞;三是放水捕蟹,即将田水放干,使扣蟹集聚到蟹沟中,然后用抄网捕捞,反复排灌 2~3 次,待水稻收割后,可在稻田中投放草帘等遮蔽物,每天清晨掀开,捕捉藏匿于其中的蟹种。采用多种捕捞方法相结合,直至起捕结束。

e. 冰下越冬

起捕后的蟹种可直接销售或放入越冬池中越冬。越冬有冰下池塘越冬和非封冰池塘越冬等方式,辽宁等北方稻田养殖成的蟹种一般采用冰下池塘越冬。

越冬池塘面积一般为 5~15 亩,水深保持在 1.8~3 m,池塘要求不渗漏,有补充水源,最好是连片池塘。越冬前清除池底淤泥,用生石灰消毒,用量 200 kg/亩。然后进水,一次进足水量达到越冬水位,然后用 80~100 g/m³ 有效氯为 28% 以上的漂白粉消毒。一般在 7~10 天后余氯即可消失,或者监测水中余氯达到 0.3 mg/L 以下时就可以使用了。越冬密度控制在 750~

1 000 kg/亩以内,蟹种投入越冬池的时机以水温降到 8 ℃以下时为好,如越冬池前,蟹种要经过 50 g/m³ 浓度的高锰酸钾溶液浸泡 3 min 后捞出放入池中。越冬管理工作有:监测溶解氧(DO),以 5~10 mg/L 浓度为正常值,低于此范围则检查水中浮游生物的种类和数量,用潜水泵套滤袋的方式抽滤水中浮游动物如枝角类和桡足类等,用挂袋施肥的方法增殖池水中的浮游植物。如果溶解氧低于此范围,则用凿冰扬水或者控制冰面上雪层厚度和覆盖面比例的方法调整冰下光照抑制浮游植物生长。结冰前后要注意观察,采取措施防止乌冰大面积覆盖。冰层能够承载人和扫雪机械后,可以在冰面上及时清除积雪,调整冰下光照强度。同时在冰面上凿开冰眼,观察水色、取样观察以及测量不同深度的温度变化和溶解氧浓度,以便及时采取措施。春季融冰前后要注意池塘表面和底层的溶解氧变化及分层,避免局部缺氧事故的发生。

（4）稻田成蟹养殖

①蟹种

蟹种应来源于苗种检疫合格、信誉好的蟹苗生产厂家。选择活力强、肢体完整、规格为100~200 只/kg、规格整齐、不携带病源、脱水时间短的蟹种。蟹种运输必须掌握低温(5~10 ℃)、通气、潮湿和防止蟹种活动四个技术关键。在北方,近距离运输直接用专用网袋运输,远距离的吊养后用泡沫箱、加冰运输。扣蟹运输以气温 5~10 ℃时运输为宜,并要保持通气、潮湿的环境,24 h 内运输成活率可达 95% 以上;而在南方,将蟹种放入浸湿的蒲包内,蟹背向上,一般每蒲包装蟹种 15 kg 左右,然后扎紧,放入大小相同的竹筐内运输。

经长途运输回来的蟹种,应先在水中浸泡 3 min,提出水面 10 min,如此反复几次再投入水中。蟹种放养时用 20 g/m³ 高锰酸钾浸浴 5~8 min 或用盐度 3%~5% 食盐水浸浴 5~10 min。

②蟹种暂养和管理

4 月 20 日以前,将蟹种放入暂养池暂养,一般暂养 2 个月左右也就是在水稻分蘖后将暂养后的蟹转入稻田中养殖。暂养池面积应占养蟹稻田总面积的 10%,在放蟹种前 7~10 天用生石灰消毒,用量为 75 kg/亩(含 10 cm 水)。暂养密度一般每亩不超过 5 000 只。

暂养期管理:做到早投饵,坚持"四定"原则,投饵量占河蟹总重量的 3%~5%,主要采用观察投喂的方法,同时注意观察天气、水温、水质状况,灵活掌握饵料品种。饵料品种一般以粗蛋白含量在 30% 的全价配合饲料为主。水质管理:7~10 天换水一次,换水后用 20 g/m³ 生石灰或用 0.1 g/m³ 二溴海因消毒水体,消毒后一周用生物制剂调节水质,预防病害。

③蟹种放养

在水稻秧苗缓青后,将蟹种放入养殖田,蟹种放养密度以 300~400 只/亩为宜,一种方法是将暂养池与稻田打通,让蟹自由爬入稻田。现在主要采用地笼网起捕的方法,陆续将体质健壮的蟹种起捕出来投入稻田,这样既可精准计数,又可进行规格分选。

④饲养管理:

a. 水质调节

养蟹稻田田面水深最好保持在 20 cm,最低不低于 10 cm。有换水条件的,每 7~10 天换水一次,并消毒调节水质;换水条件不好的,可以每 15~20 天消毒调节水质一次。7、8 月份高温季节,水温较高,水质变化大,易发病,要经常测定水的 pH 值、溶解氧、氨氮等,保证常换水、常加水,及时调节水质。

b. 饵料投喂

配合饵料、动物性饵料、植物性饵料符合 GB 13078—2017 和 NY 5072—2002 的规定。坚持"四定"原则投饵。投喂点设在田边浅水处,多点投喂,日投饵量占河蟹总重量的 5%~10%,主要采用观察投喂的方法,注意观察天气、水温、水质状况和河蟹摄食情况来灵活掌握投饵量。

养殖前期一般以投喂粗蛋白含量在 30% 以上的全价配合饲料为主,搭配投喂玉米、黄豆、豆粕等植物性饵料;养殖中期以玉米、黄豆、豆粕、水草等植物性饵料为主,搭配全价颗粒饲料,适当补充动物性饵料,做到荤素搭配、青精结合;养殖后期转入育肥的快速增重期,要多投喂动物性饲料和优质颗粒饲料,动物性饲料比例至少占 50%,同时搭配投喂高粱、玉米等谷物。

c. 日常巡检

日常管理要做到勤观察、勤巡逻。每天都要观察河蟹的活动情况,特别是高温闷热和阴雨天气,更要注意水质变化情况、河蟹摄食情况,以及有无死蟹、堤坝有无漏洞、防逃设施有无破损等情况,发现问题要及时处理。

d. 成蟹起捕

北方地区养殖的成蟹在 9 月中旬即可陆续起捕。稻田养成蟹的起捕主要以在稻田拐角处布设陷阱的方式,并结合夜间沿塑料围格巡边手捉。河蟹性成熟后,起捕相对容易,此时即可根据市场的需要有选择地捕捉出售,也可集中到网箱和池塘中暂养。捕蟹可一直延续到水稻收割,收割后每天捕捉田中和环沟中剩余河蟹,直至起捕结束。

2. 海水蟹类的养殖

我国北方地区海水养殖的主要蟹类仅有三疣梭子蟹一种,其食性广,生长快,适宜盐度范围广,省内黄、渤海均有分布。目前,三疣梭子蟹室内工厂化育苗技术已趋于成熟,且已建立起了低成本的土池生态育苗技术,苗种相对易获得,在我国浙江、江苏、山东、河北等沿海省区养殖较多。因为辽宁省自然气候原因,养殖梭子蟹与海捕梭子蟹集中在 9、10 月份上市,加之近年来的增殖放流,且自然资源有一定数量,导致市场价格较低,影响了养殖者的养蟹积极性。因此,辽宁省养殖三疣梭子蟹较少,在一些产地地区有业者收购捕捞野生蟹,再集中暂养育肥,错开上市高峰进行销售。利用隔离式单养系统养殖三疣梭子蟹能够有效地避免它们严重的相残行为,可以专一养殖价值较高的雌蟹,同时还可以生产"软壳蟹",这一模式已成功用于锯缘青蟹"软壳蟹"的养殖生产。三疣梭子蟹单养模式及工艺开发同样具有良好的应用价值与发展潜力。

大连海洋大学虾、蟹增养殖创新团队研究了当地另一种海水蟹类——日本蟳(Charybdis japonica)的繁育与养殖技术。日本蟳属梭子蟹科,蟳属,俗称"赤甲红",是一种大型海产食用蟹类。其适应能力强,耐低温,耐干露,食性广,在北方地区具有良好的增养殖潜力。日本蟳在辽宁省以暂养育肥为主,尚未开展人工养殖。日本蟳具有体色分化现象,即一种的头胸甲及附肢为暗红色,俗称"赤甲红";另一种的头胸甲及螯肢背部呈灰绿色,整个腹面为白色,俗称"花盖"。"赤甲红"个体大,螯肢粗壮,甲壳较厚。这两种体色的蟹为虾、蟹类体色形成机理及人工育种提供了良好的材料,应在日后加以深入研究。

虾、蟹类病害防控技术

虾、蟹类疾病的发生、发展规律与其他水产动物如鱼类疾病基本相似,可参见第二章相关内容。本节不再专门介绍前述理论内容,仅介绍具体的虾、蟹类病害的诊断与防控措施。

一、对虾白斑症病毒病

1. 病原

病原为白斑症病毒。病毒粒子为杆状,具囊膜,核酸为双链环状 DNA,不形成包涵体。平均大小为 350 nm×150 nm,核衣壳大小为 300 nm×100 nm 完整的病毒粒子,外观呈椭圆短杆状,横切面为圆形,一端有一尾状突出物,见图 3-24A。

2. 症状

病虾首先停止吃食,行动迟钝,弹跳无力,漫游于水面或伏于池边水底不动,很快死亡。典型的病虾在甲壳的内侧有白点,白点在头胸甲上特别清楚,肉眼可见,见图 3-24B,也有的病虾不出现明显白点,头胸甲与其下方的组织易剥离。白点在显微镜下呈花朵状,外围较透明,花纹清楚,中部不透明,见图 3-24C。病虾鳃、皮下组织、胃、心脏等组织中出现细胞核肥大、核仁偏位的病变核,见图 3-24D。

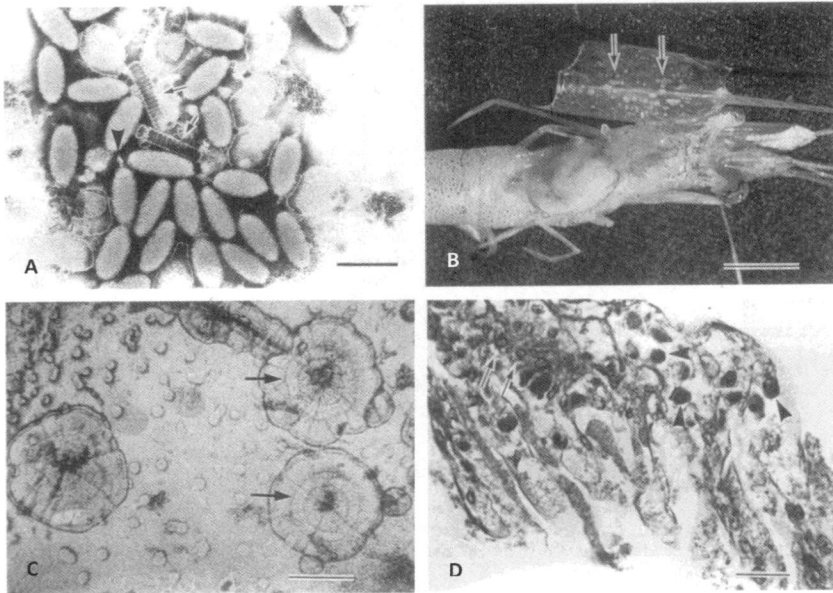

图 3-24 对虾白斑症病毒病

A—白斑症病毒粒子,示病毒颗粒为椭圆杆状,粗箭头示有囊膜病毒在一端有一尾,细箭头示无囊膜的核衣壳,bar= 300 nm;

B—患病对虾,箭头示头胸甲上的白斑,bar=1 cm;

C—病虾头胸甲上白斑显微观察,箭头示同心圆状的白斑,中心厚,边缘薄,bar=0.5 mm;

D—病虾鳃上皮组织切片,粗箭头示肥大的细胞核,细箭头示正常的细胞核,HE 染色,bar=20 μm

3.流行情况

本病在我国乃至东南亚对虾养殖地区普遍发生,是一种危害性极大的急性流行病。中国对虾、日本对虾、斑节对虾、长毛对虾和墨吉对虾等都是敏感宿主。传播方式主要是水平传播,通过蚕食感染的病、死虾而传播扩散,也可经卵垂直传播。

4.诊断方法

(1)病虾体表观察到典型的点状白斑即可做出初步诊断。

(2)镜检病虾的鳃、胃、淋巴器官、皮下组织中见到细胞核异常肥大的病变核可做出进一步诊断。

(3)取病虾的鳃、胃、淋巴器官、皮下组织等分离病毒负染观察或制备超薄切片观察病毒粒子进行确诊。

(4)也可根据病毒核酸序列,采用特异性 PCR 引物、DNA 探针等分子生物学方法或应用单克隆抗体、ELISA 等免疫学方法确诊。

5.防治方法

对虾的白斑症病毒病没有有效的治疗方法,主要应采取综合性的预防措施。以下为现有的经验和方法,供参考。此法也适用于后述的其他病毒病。

(1)虾池在养虾前彻底清淤和消毒处理,同时加固堤坝,防止渗漏。消毒前一般先进水 $10\sim30$ cm,然后用生石灰,每亩 $70\sim80$ kg 全池均匀泼洒,也可用漂白粉、漂粉精等含氯消毒剂,凡灌满水后能淹没的地方都要泼到。消毒后应曝晒 1 个星期左右,然后进水,并做好调水工作。

(2)培养健康无病的虾苗。选择体色正常、健壮活泼的虾作为亲虾,必要时抽取几尾做病毒检测,确保亲虾不带毒。亲虾入池前用浓度为 100×10^{-6} 福尔马林或浓度为 10×10^{-6} 高锰酸钾海水溶液浸洗 $3\sim5$ min,以杀灭体表携带的病原体。受精卵用 50×10^{-6} 碘附(聚乙烯吡咯烷酮碘)浸洗 30 s;或用过滤海水并经紫外线消毒后冲洗 5 min。育苗用水应过滤和消毒,育苗期间切忌温度过高和滥用药物,应经常检查,发现病后适当用药。

(3)放养密度要合理。对虾的养殖密度应根据当地水源、海域环境、虾池的结构和设施、生产技术、管理经验、虾苗的规格、饲料的质和量等条件而定。

(4)合理用水、培好水色、保持优良水质。应设立蓄水池,蓄水池第一级进水后用含氯消毒剂消毒并沉淀 3 天,再注入第二级培肥水色,使池水呈淡黄色、黄绿色为好,透明度为 $30\sim40$ cm,然后注入养虾池。这样一方面可防止进水时带入病原体,另一方面也可使虾池的环境不至于因大量进水而突然改变过大,降低对虾的抗病力。养虾池也应一直保持优良水色和水质,发现突然变清或水色过浓应及时换水。在养虾场附近有虾病流行时,停止从海区向蓄水池注水,应将虾池中的水与蓄水池中的水循环使用。保证水体溶解氧不低于 5 mg/L,注意减少应激。

(5)饲料要质优量适。饲料的所谓质优是指饲料的营养成分齐全,比例搭配适当,同时原料应新鲜,防止腐败变质,最好投喂优质的人工饲料。投饵量应适当,应根据虾的摄食量及时调整;每日的投饵量应分 $3\sim4$ 次投喂;尽量减少残饵,防止严重污染池底。

（6）及时检测病毒。一旦发现病毒,严格防止池间互相传染。每天到虾池观察,发现对虾体色、吃食和活动异常,就应进一步采捕病虾用显微镜检查,诊断或疑为病毒病时,应严禁排水,防止疾病蔓延。确诊后应将虾全部捕起,并彻底消毒池塘。病虾应销毁,勿乱丢。

（7）改变养殖模式,采用高位池养虾或小棚养虾,减少外来水源或其他途径引入病原的可能。

（8）根据养殖条件选用合适的鱼类。如草鱼、石斑鱼等进行生物防控,如欲养殖 20 万尾/亩的虾苗,可每亩投放虾苗 30 万尾和 1 kg 左右的草鱼 60 尾。

（9）投喂能提高对虾细胞免疫力的中草药,也有一定的预防作用。

二、对虾杆状病毒病

1. 病原

病原为对虾杆状病毒,是一种 A 型杆状病毒,具囊膜,核酸为双链 DNA。病毒粒子为棒状,大小为 74 nm×270 nm。病毒在肝胰腺及前中肠上皮细胞内增殖并形成金字塔形或角锥形的包涵体(见图 3-25)。

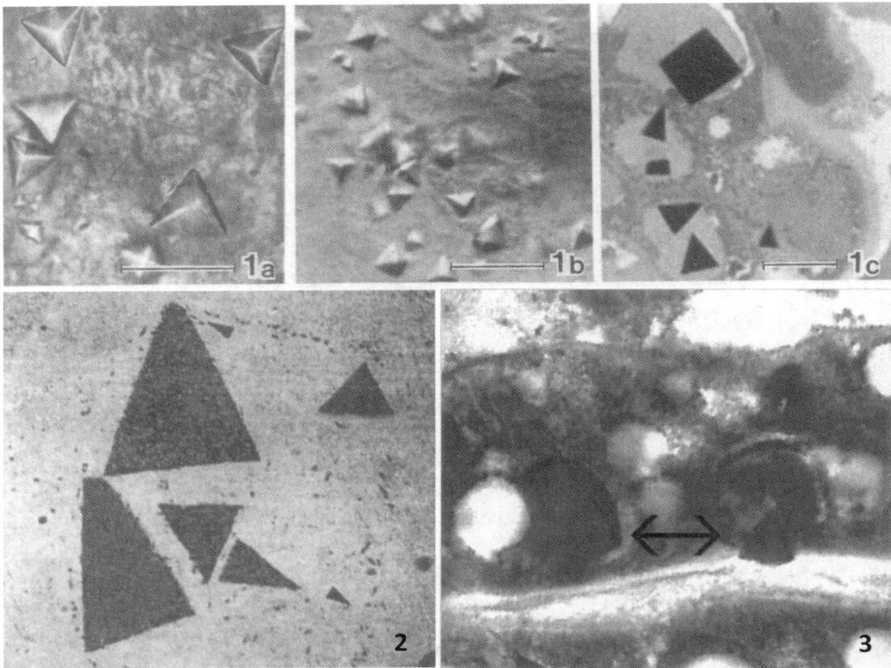

图 3-25　对虾杆状病毒包涵体形态

1a、1b—示南美白对虾粪便和组织压片中的四面体形 BP 的包涵体;

1c—示褐对虾肝胰腺组织切片中的 BP 的包涵体,bar=20 μm;

2—BP 三角形包涵体的电镜照片;

3—感染 BP 的南美白对虾苗的肝胰腺切片,箭头示多个嗜伊红的三角形包涵体

2. 症状

病虾的摄食和生长率降低,体表和鳃上常有共栖生物和污物附着。肝胰腺和中肠上皮细胞的细胞核肥大,内有 1 个或几个垂直高度为 8~10 μm 的角锥形包涵体,这是该病的典型的特征性病理变化。

3. 流行情况

本病主要在美国流行,中美洲和南美洲的太平洋沿岸地区也偶尔发生。桃红对虾、褐对虾、白对虾、万氏对虾和墨吉对虾等是该病的敏感宿主,成虾、幼体和仔虾都可发病。本病是孵化场万氏对虾幼体的严重疾病。

4. 诊断方法

取患病对虾的肝胰腺和中肠压片,显微镜下看到角锥形包涵体,即可做出初步诊断。取肝胰腺或中肠组织制作病理切片,用苏木精–曙红染色或用甲基绿派洛宁染色后观察到细胞核内包涵体可做出进一步诊断。确诊需用电子显微镜观察棒状的病毒粒子。

5. 防治方法

此病没有治疗方法。预防措施是对引进的亲虾或幼体要严格检疫。已受感染的对虾要销毁。已发过病的虾池应彻底消毒。

三、桃拉综合征病毒病

1. 病原

病原为桃拉综合征病毒(TSV)。它是单股正链 RNA 病毒,病毒粒子呈二十面体,无囊膜,直径为 31~32 nm,可形成包涵体。其主要感染南美白对虾的上皮细胞,引起对虾的大量死亡。该病因最早于 1992 年发生在厄瓜多尔的 Taura 河河口附近而得名。

2. 症状

本病在临床上可分为急性感染期、过渡期和恢复期三个阶段。

急性感染期主要发生在对虾蜕皮期,病虾食欲减退或废绝,游动缓慢无力,并伴有大量死亡,身体发红呈茶红色或灰红色,游泳足、须和尾扇发红尤为明显,故称"红尾病"。患病虾头胸甲易剥离,消化道空无食物。一般该病病程极短,出现症状后 4~6 天起,病虾停食并出现大量死亡。

到第 10 天左右,疾病进入过渡期,病虾死亡减缓,出现恢复现象,体表开始变黑,出现随机的、不规则的黑色沉着的斑点或坏死病灶,附肢缺损(见图 3-26)。如果病虾蜕壳成功,则进入慢性恢复期,病虾外观无明显异常,成为无症状的 TSV 携带者。

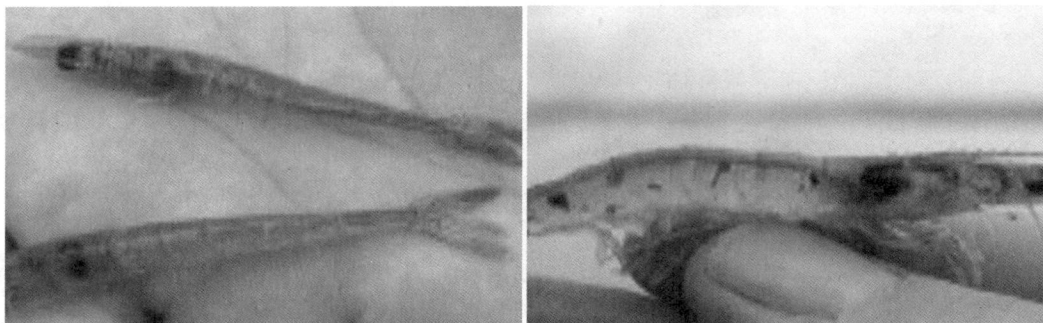

图 3-26　对虾桃拉综合征

左—病虾身体发红,尾扇尤为明显;右—病虾体表出现不规则的黑斑

3. 流行情况

本病自 1992 年起,自厄瓜多尔暴发并逐渐向世界各地蔓延,1999 年传入我国台湾省,随后在全国各对虾养殖区域广泛暴发。桃拉综合征病毒病是南美白对虾特有的病毒性疾病。主要传播途径是水平传播,大部分虾池在进水换水后发现对虾染病,感染后存活的对虾终生带毒。

本病的暴发有以下规律:(1)通常在气温剧变后 1~2 天,特别是水温升至 28 ℃ 以后易发病;(2)大小都可发病,以养殖时间在 30~60 天、体长 6~9 cm 的小稚虾更为敏感,受害严重,累计死亡率可达 95% 以上;(3)一般在低透明度、高氨氮及亚硝酸盐水体和底质老化的池塘条件下多发。

4. 诊断方法

(1)桃拉综合征病毒病有三个明显不同的阶段:急性期、过渡期和慢性期,各个阶段的症状明显不同。病虾由急性死亡、红体,过渡到慢性死亡、黑斑,蜕壳后无明显症状的特征性病程,即可做出初步诊断。

(2)取病虾皮下黑斑压片或制作组织病理切片,显微镜下观察,见上皮组织坏死解体。坏死细胞的细胞质碎片聚在急性感染的病灶处,染色后观察到独特的"胡椒粉状"或"散弹状"病灶,可进一步诊断。

(3)确诊需采用 RT-PCR 扩增进行病毒的分子鉴定。

5. 防治方法

采用综合防治的方法。

(1)调整虾池水质平衡及稳定,pH 维持在 8~8.8,氨氮 0.5 mg/L 以下,透明度维持在 30~60 cm。

(2)水体消毒:每 10~15 天(特别是在进水换水后)使用漂白粉等含氯消毒剂消毒。

(3)底质改良:在养殖过程中,特别是中后期,定期使用水质及底质改良剂。

(4)内服药物:平时饲料中添加一些维生素、大蒜泥、聚维酮碘等进行预防,同时在饲料中添加生物活性物质以增强免疫功能。

四、黄头病

1. 病原

病原为黄头病毒。核酸为单链 RNA，病毒粒子为杆状，有囊膜，大小为（150~200）nm×（40~50）nm。完整的病毒粒子具高电子密度的核衣壳，直径为 20~30 nm。该病毒主要感染肝胰腺、淋巴器官、造血组织、结缔组织和鳃丝神经管等组织。病毒粒子存在于病虾的细胞质中，通过宿主细胞的细胞膜出芽而释放出来。

2. 症状

肝胰腺肿大发黄变软，尾扇变成橘黄色是本病的典型症状，与健康对虾褐色肝胰腺和黄色尾扇相比格外明显（见图 3-27）。病虾发病初期摄食量增加，然后突然停止吃食，在 2~4 天内会出现临床症状并死亡。濒死的虾聚集在池塘角落的水面附近，其头胸甲因里面的肝胰腺发黄而变成黄色，体色发白，鳃呈棕色或变白。

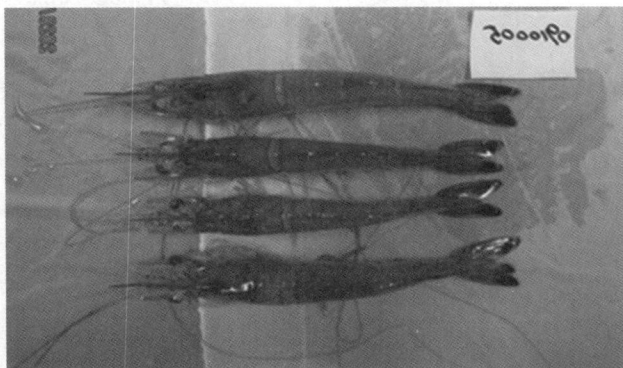

图 3-27　中国对虾黄头病，病虾肝胰腺发黄，尾扇橘黄色

3. 流行情况

黄头病主要感染斑节对虾，南美白对虾、中国对虾、日本对虾、墨吉对虾、南美蓝对虾、刀额新对虾、糠虾、磷虾等也易感。黄头病毒普遍存在于斑节对虾中，15 日龄以上斑节对虾仔虾易感，其他品种幼虾在 50~70 日龄易感，感染后的 3~5 天，对虾累积发病率高达 100%，死亡率达 80%~90%。

黄头病毒的传播方式有水平传播和垂直传播两种。本病常与对虾白斑症病毒病混合感染。

4. 诊断方法

（1）观察到患病对虾肝胰腺和鳃变黄、尾扇呈橘黄色的典型特征，即可做出初步诊断。

（2）取病虾鳃组织制作病理切片，观察到均匀染色的球形强嗜碱性细胞质包涵体可做进一步诊断。

（3）采用分子生物学方法，例如 DNA 探针、RT-PCR 和免疫诊断方法。

5. 防治方法

（1）本病尚无有效控制方法，可以参照对虾白斑症病毒病的预防措施，尤其应注意苗种生产的规范和严格检疫。

（2）苗种繁育场内 YHV 检疫阳性的亲虾和苗种应全部扑杀；病毒阳性的种用和商品用养殖虾必须进行无害化处理，禁止用于繁殖育苗、放流或作为水产饵料使用。

五、传染性肌坏死病

1. 病原

病原为传染性肌坏死病毒。它是双链 RNA 病毒，病毒粒子直径为 40 nm，呈二十面体，无囊膜。病毒主要感染虾横纹肌（包括骨骼肌、心肌）、结缔组织和血淋巴细胞等，在横纹肌内形成圆形、椭圆形或无定形的嗜碱性包涵体，造成肌纤维断裂、坏死。

2. 症状

肌肉坏死发白是本病的典型症状。发病初期，病虾尾扇前端第六腹节肌肉组织出现白色的点状或条状坏死区，逐渐向身体前端扩散直至全身发白（见图 3-28）。剥去甲壳可见白色不透明的肌肉组织，部分病虾尾扇发红，淋巴器官显著增大至原来的 3~4 倍。病虾往往表现为肠道充盈，反应迟钝，在池边聚集，受到投料、水温或盐度骤变应激后死亡率会明显增加。

图 3-28 南美白对虾患传染性肌坏死病

3. 发病规律

南美白对虾、太平洋对虾、太平洋蓝对虾、斑节对虾等都对传染性肌坏死病毒易感。本病是工厂化养殖南美白对虾的常见病，60~80 天的南美白对虾幼虾对本病最易感。最适发病温度在 30 ℃ 左右，疾病发生通常呈慢性，短期死亡率不高，但患病对虾会持续死亡，累计死亡率可达 70%~85%。

本病可通过对虾摄食病虾残体或污染的粪便、水体等途径进行水平传播，也可通过亲虾传给仔虾的方式垂直传播。

4. 诊断方法

（1）观察到患病虾出现白色或条块状坏死，坏死部位由尾扇朝身体前段逐渐扩散即可做出初步诊断。

（2）取病虾肌肉组织，制作组织病理切片，显微镜下观察无定形的包涵体，可进一步诊断。

5. 防治方法

本病的防治方法同对虾白斑综合征。发病后，应保证水质良好而稳定，溶解氧充足，可减缓发病速度。

六、肝胰腺细小病毒病

1. 病原

病原为肝胰腺细小病毒。它是单链线性 DNA 病毒，病毒粒子很小，直径为 22~24 nm，呈二十面体对称，多数为球形，少数为多角形，无囊膜。

病毒主要感染幼虾或成虾的肝胰腺和鳃等组织的上皮细胞，在上皮细胞内形成椭圆形嗜酸性包涵体。

2. 症状

患病虾肝胰腺发红肿大，肠道发红变宽，游泳足发红，养殖户称之为"粉虾"（见图 3-29）。感染严重时肝胰腺萎缩坏死，与健康对虾褐色肝胰腺相比格外明显。组织病理检查可见嗜酸性的椭圆形核内包涵体（见图 3-30）。患病后对虾离群独游，摄食量减少或不摄食，同时甲壳变软易剥离，并伴有肠炎、烂鳃和空肠、空胃的现象。病虾生长缓慢，虾体瘦弱，最终致死，死亡率达到 50%。存活个体也不能长到正常规格，导致对虾严重减产。

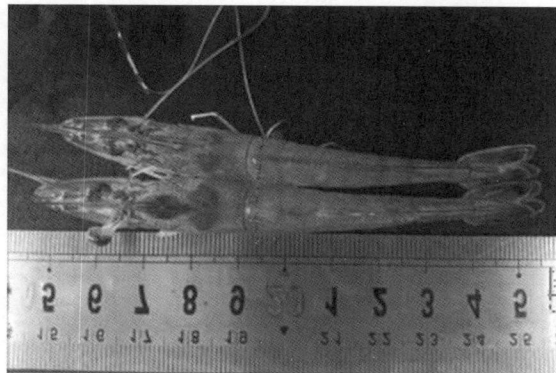

图 3-29　对虾肝胰腺细小病毒病

上—病虾肝胰腺发红，肠道发红，体色发红；下—健康对虾

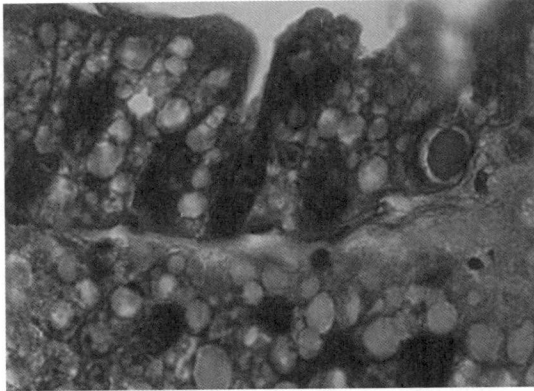

图 3-30　对虾肝胰腺细小病毒病,示上皮细胞中的包涵体

3. 流行情况

虾类肝胰腺细小病毒病的易感物种包括中国对虾、墨吉对虾、短沟对虾、斑节对虾等,特别易感对虾幼体,感染后的幼虾在 4~8 周内死亡率可达 50%~100%。感染 HPV 的幼虾生长到半成虾(6~7 cm)便停止生长,造成较大经济损失。

本病的传播途径以水平传播为主。对虾摄食了带病毒的饲料或者病虾残体、池塘水体受到病毒污染、亲虾从肠道排出病毒感染虾苗等,都可导致疾病的传播。

4. 诊断方法

(1)观察到病虾肝胰腺、鳃、肠道和游泳足发红,严重时肝胰腺萎缩坏死即可做出初步诊断。

(2)取病虾肝胰腺,制作病理切片后,显微镜下观察见到上皮细胞中的包涵体可进一步诊断。

(3)采用透射电镜观察核内包涵体中的病毒粒子可确诊。

5. 防治方法

除一般的预防措施外,没有有效治疗方法。

七、红腿病

1. 病原

已见报道的病原有副溶血弧菌、鳗弧菌、溶藻弧菌、气单胞菌和假单胞菌等多种细菌。

2. 症状

主要症状是附肢变红色,特别是游泳足最为明显;头胸甲的鳃区呈淡黄色或浅红色。病虾在池边缓慢游动或潜伏于岸边,行动呆滞,不能控制行动方向,在水中旋转活动或上下垂直游动,停止吃食,不久便死亡。

解剖可见头胸甲鳃区呈淡黄色。血淋巴变稀薄，不易凝固。血淋巴、肝胰腺、心脏、鳃丝等器官组织内均可看到细菌。

3. 流行情况

全国养虾地区都有病例，发生在中国对虾、长毛对虾、斑节对虾、南美白对虾上，发病率和死亡率可达90%以上，是对虾养成期危害较大的一种病。流行季节为6—10月，8—9月最常发生，可持续到11月。此病的流行与池底污染和水质不良有密切关系。

4. 诊断方法

一般靠外观症状就可初诊。但对虾在环境条件不利时，例如拥挤、缺氧等，附肢也会暂时变红色，但鳃区不变黄色，并且在条件改善后很快就可恢复原状。确诊必须在显微镜下检查到血淋巴中有细菌活动或用血清学方法检测。

5. 防治方法

预防措施：

清除池底淤泥，用生石灰或漂粉精、漂白粉或其他含氯消毒剂消毒；夏秋高温季节，定期泼撒生石灰，根据底质和水质情况每亩可用5~15 kg等。

治疗方法：

（1）诺氟沙星按0.05%~0.1%比例或土霉素按0.2%比例混入饲料中，制成药饵，连续投喂5天左右。或大蒜按饲料重量的1%~2%，去皮捣烂，加入少量清水搅匀拌入饲料中，待药液完全吸入后投喂，连喂3~5天。

（2）同时使用下列含氯消毒剂之一全池泼洒，以消灭池水和虾体表上的病菌，效果更好：①漂粉精0.3×10^{-6}~0.5×10^{-6}浓度；②三氯异氰尿酸（TCCA）0.2×10^{-6}浓度；③漂白粉（含氯30%以上）1×10^{-6}~2×10^{-6}浓度；④溴氯海因或二溴海因0.3×10^{-6}~0.5×10^{-6}浓度。

八、幼体弧菌病

1. 病原

已见报道的病原有鳗弧菌、海弧菌、溶藻酸弧菌、副溶血弧菌和假单胞菌、气单胞菌。因为弧菌最为常见，统称为弧菌病。

2. 症状

患病幼体游动不活泼，趋光性差，病情严重者在静水中下沉于水底，不久就死亡，血淋巴中有大量细菌。有些幼体体表和附肢上黏附着许多单细胞藻类、原生动物和有机碎屑等污物（见图3-31）。

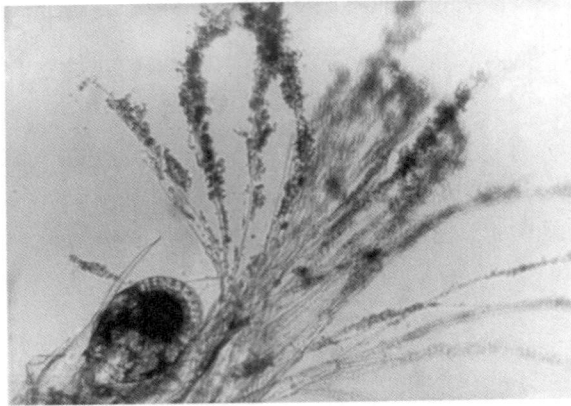

图 3-31　患弧菌病的对虾溞状幼体附肢上附着的污物

3. 流行情况

对虾幼体弧菌病是世界性的,我国各地对虾育苗场都有发生。从无节幼体到仔虾都经常发生流行,但以溞状幼体 Ⅱ 期以后发病率最高。这与喂人工饲料,残饵污染水体,滋生细菌有关。

对虾幼体的弧菌病一般是急性型的,发现疾病后 1~2 天就可使几百万的幼体死亡,甚至使全池幼体死灭,造成重大经济损失。

4. 诊断方法

根据临床症状即可做出初步诊断。确诊需取患病幼体置于载玻片上,加 1 滴清洁海水和盖玻片,在 400 倍显微镜下观察到血淋巴中有大量细菌,在身体比较透明的地方最容易看到。

5. 防治方法

预防措施:

(1)育苗池在放卵以前应充分洗刷干净并用药物彻底消毒,特别是曾经发生过弧菌病的池塘更应严格消毒。消毒药物可用浓的高锰酸钾溶液或漂白粉溶液。

(2)育苗用水最好经过砂滤,保持水质清洁,并在池水中接种有益的单细胞藻类,例如金藻和角毛藻等。

(3)不在同一池塘中产卵和育苗,以免亲虾将病原体带入育苗池,以及卵液污染水质。

(4)放养密度不要太高。

(5)应每天换水,特别在开始投喂人工饵料以后,更应加强换水,保持水质清洁。

(6)投饵要适量,将每天的投饵量分为多次(一般为 8 次)投喂,防止过多的剩饵沉于水底,腐烂分解,污染水质,滋生细菌。

(7)每天早、中、晚各到池塘观察一次幼体活动情况、吃食和发育情况。一般先将幼体舀在烧杯内肉眼观察即可,如果发现游泳不活泼,有下沉现象,或体表有污物,应立即用显微镜检查。

(8)在流行病的高峰时期可适当用药物进行预防。但要防止滥用药物或施药的时间、剂量和方法不当,引起病菌的抗药性。

(9)发病池塘所使用的工具,应专池使用。病后幸存的幼体如果数量不多,宁可放弃,也不要合并到其他池内,除非两池的幼体患同一种病。

治疗方法:关键是早发现,早治疗。

(1)可用抗菌素按照使用说明全池泼洒。用药方法是先换水 1/4~1/2,然后将所需药物加水搅拌后,均匀泼洒全池,隔 24 h 后再换水,再泼药,连泼 3~4 次。

(2)病情较重者,特别是对虾幼体消化道内有大量细菌时,应在全池泼药的同时将药物混合于饵料中投喂。可用诺氟沙星按 0.05%~0.1%的比例或用复方新诺明按 0.1%~0.2%的比例混入饲料中投喂。

(3)把丁香、金银花等中药粉碎至 100 目,使用前开水浸泡,并加适量黏合剂,按比例喷洒于对虾颗粒饵料上。此法用于预防弧菌病,可明显改变对虾机体的免疫水平。

九、急性肝胰腺坏死病

1. 病原

病原为一些携带特定毒力基因 pirAVp 和 pirBVp 的弧菌(V_{AHPND}),常见病原弧菌有副溶血弧菌、哈维氏弧菌、鳗弧菌和欧文斯氏弧菌、坎氏弧菌等。

V_{AHPND} 主要感染幼虾的肝胰腺、胃、肠、鳃等器官,造成肝胰腺上皮细胞的细胞核膨大,肝胰腺盲管上皮细胞坏死脱落。

2. 症状

病虾摄食减少或不摄食,反应迟钝,常有软壳、红须、红尾和断须等表现。肝胰腺颜色变浅或发白,肝胰腺萎缩,出现黑点或黑带,空肠空胃,腹节肌肉浑浊(见图 3-32)。严重感染时病虾肠道发红,肠壁变薄,几天后陆续死亡。

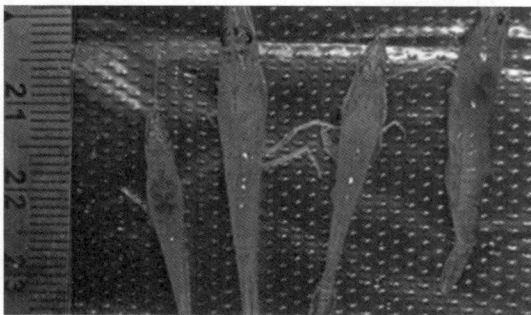

图 3-32　南美白对虾急性肝胰腺坏死病

3. 发病规律

虾类急性肝胰腺坏死病的易感物种包括南美白对虾、斑节对虾、中国对虾、日本囊对虾等。虾苗放养 7~35 天内发生,10~30 天为高发期,常引起急性死亡,死亡率高达 100%,因此该病最早也被称为"早期死亡综合征"。4—7月是该病的高发期。

V_{AHPND}传播途径分为水平传播和垂直传播两种。水平传播方式主要是经口感染。垂直传播主要由亲虾传给子虾。

病原菌可能是由与外界水体直接接触的鳃进入虾体内,感染虾肝胰腺、胃、肠等消化器官,或在肠道定殖后,将毒素释放到肝胰腺。

4. 诊断方法

(1)观察到肝胰腺颜色变浅、发白,或萎缩、出现黑点,空肠空胃等急性肝胰腺坏死症的典型特征,可做出初步诊断。

(2)从病虾肝胰腺进行划线分离,可在 TCBS 平板形成大量绿色或黄色菌落,可进一步诊断。

(3)确诊需分离病原,采用分子生物学的方法检测 pirAVp 和 pirBVp 毒力基因的情况。

5. 防治方法

虾急性肝胰腺坏死病应该以预防为主。

(1)在放养前做好池塘准备和水质处理。对于体质健壮、活力好的虾苗,注意检查虾苗肝胰腺的脂肪油滴和弧菌数量。

(2)做好水体消毒,可以使用高浓度的次氯酸钙或其他消毒剂对水体进行彻底的杀菌消毒,通过砂滤和过滤的方法阻断水源中的病原携带生物进入。

(3)养殖过程中 pH 值保持在 8 左右,每 10 天用聚维酮碘溶液对池水泼洒消毒一次。

(4)投喂优质饵料,防止过量投喂,以免肝脏负担过重,造成肝脏损伤,残饵粪便过多致使水质恶化,弧菌大量增殖。

(5)发病后,减少投喂,可在饲料中添加有益菌,以有助于降低疾病的发生率。确诊的病、死虾禁止流通和交易,需进行无害化处理。

十、对虾卵和幼体的真菌病

1. 病原

病原为链壶菌属、离壶菌属和海壶菌属的真菌。菌丝有不规则的分支,不分隔,有许多弯曲,直径为 7.5~40 μm(见图 3-33)。感染后发育很快即可充满宿主体内。

2. 症状

链壶菌、离壶菌和海壶菌都可寄生在虾卵和各期幼体内,引起基本相同的症状和病理变化。受感染的对虾幼体,开始时游泳不活泼,以后下沉于水底,不动,仅附肢或消化道偶然动一下。受感染的卵很快就停止发育。一般在发现疾病后 24 h 以内,卵和幼体就大批死亡,并在已死的宿主体内充满了菌丝(见图 3-33)。

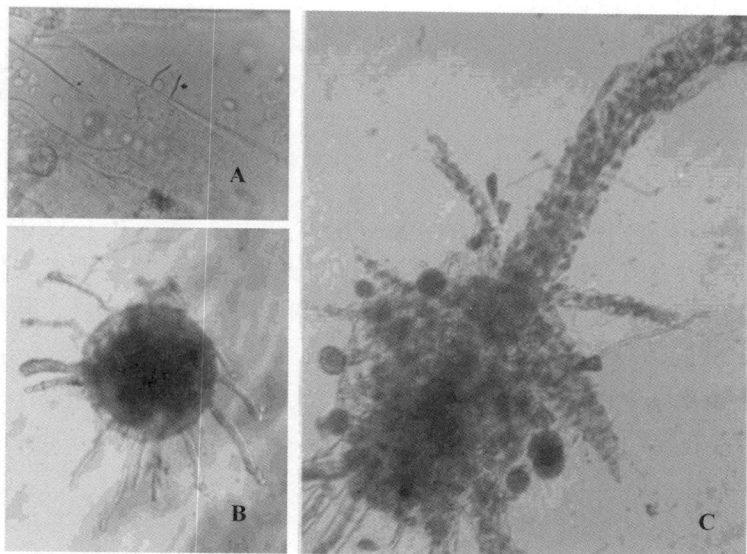

图 3-33　对虾卵和幼体的真菌病

A—对虾溞状幼体内的离壶菌菌丝及其伸出体外的排放管,菌丝内有许多圆球形游动孢子;B—感染真菌的对虾卵;C—感染真菌对虾溞状幼体

3. 流行情况

链壶菌、离壶菌和海壶菌在世界各地都发生,养殖的各种虾、蟹类和其他甲壳类的卵和幼体上都可发现。成体本身并不发病,但可作为带菌者,可将真菌传播给卵和幼体。

对虾的卵和各期幼体都可被感染,但最容易受害的是溞状幼体和糠虾幼体,感染率高达100%,受感染的卵和幼体都不能存活。在育苗池中发生疾病后如果不及时治疗,在 24~72 h 内,可使全池幼体死亡。

4. 诊断方法

将卵或游动不活泼的幼体做成水浸片,用显微镜检查幼体尤其是头胸甲的边缘和附肢等比较透明的地方,看到明显的菌丝就可以做出初步诊断。确诊需用显微镜观察孢子的形成方法和排放管的形态,以鉴定真菌的属名和种名。

5. 防治方法

预防措施:

(1)育苗前池塘应彻底消毒,特别是已经发生过真菌病的育苗池,再次使用前更应严格消毒。

(2)亲虾在产卵前先用亚甲基蓝$(2\sim3)\times10^{-6}$浓度浸洗 24 h。

(3)进入育苗池的水应先进行砂滤。

(4)发病池塘使用过的工具必须消毒以后才能再用于其他池塘。

治疗方法:用制霉菌素 60×10^{-6} 浓度全池泼洒。

十一、镰刀菌病

1. 病原

病原为镰刀菌。中国对虾上鉴定出的有腐皮镰刀菌、尖孢镰刀菌、三线镰刀菌、禾谷镰刀菌。菌丝呈分支状，有分隔，因分生孢子呈镰刀形而得名。生殖方法是形成大分生孢子（呈镰刀形，有 1~7 个隔壁）、小分生孢子（椭圆形或圆形）和厚膜孢子（圆形或长圆形，只在条件不良时产生）（见图 3-34）。

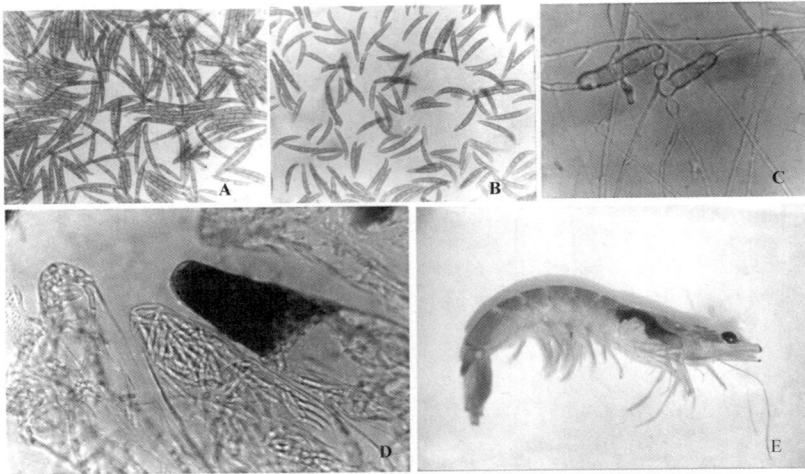

图 3-34　对虾镰刀菌病

A—禾谷镰刀菌大分生孢子；B—三线镰刀菌大分生孢子；C—镰刀菌的厚膜孢子；
D—中国对虾感染镰刀菌的鳃丝，部分鳃丝变黑；E—中国对虾镰刀菌病，鳃区甲壳坏死脱落

2. 症状

镰刀菌寄生在鳃、头胸甲、附肢、体壁和眼球等处的组织内，寄生处有黑色素沉淀而呈黑色。病虾呼吸困难，常浮出水面，行动缓慢，伏在岸边不动，最终导致死亡。病虾鳃部由微红色变成褐色后变为黑色，鳃丝发黑、坏死，因此也称对虾黑鳃病。显微镜下观察鳃丝内外全部被菌丝附着形成大量黑斑。部分患病虾类头胸甲、游泳足基部、体节甲壳、尾扇基部出现大量黑斑，严重者黑斑布满全身。

3. 流行情况

镰刀菌是甲壳类的重要病原，其宿主的种类和分布的地区很广，在海水和淡水中都存在。此病是一种慢性病，主要发现于越冬亲虾上。

加州对虾对此病最敏感，感染率有时高达 100%，死亡率有时高达 90%。蓝对虾、万氏对虾、日本对虾和中国对虾等都有发病报道。

镰刀菌为一种典型的机会病原，创伤、摩擦、化学物质或其他生物的伤害、水质恶化等是此

病发生的重要条件和诱因。

4. 诊断方法

观察到体表黑斑或黑鳃等症状时,可以做出初步诊断。镰刀菌病的症状有时与褐斑病相近,引起对虾黑鳃症状的原因也有多种,因此确诊必须从病灶处取受损害的组织做成水浸片,在显微镜下检查观察到镰刀形的大分生孢子。

5. 防治方法

(1)虾苗放养前要对池塘、水体进行消毒。池塘消毒可用生石灰 $5\sim6$ kg/亩,水体消毒可用漂白粉 $0.1\sim0.3$ mg/L。

(2)亲虾入池前消毒,注意避免虾体受伤。池水经砂滤过滤后方可引入。

(3)此病尚无有效治疗方法,在感染初期,按 200 万单位/米³ 水体使用制霉菌素全池泼洒,可抑制真菌生长,降低死亡率。

十二、二尖梅奇酵母病

1. 病原

病原为二尖梅奇酵母。菌体呈椭圆形,大小为 $(0.1\sim1.6)$ μm×$(1.6\sim3.0)$ μm,不能运动,以多边芽殖的方式繁殖(见图 3-35)。二尖梅奇酵母具有较强的环境适应能力,在温度为 $5\sim37$ ℃、盐度为 0‰~60‰和 pH 为 2~10 的条件下均可以生长,在普通营养琼脂培养基和虎红培养基上生长良好,形成圆形、边缘光滑、中间隆起的白色菌落。

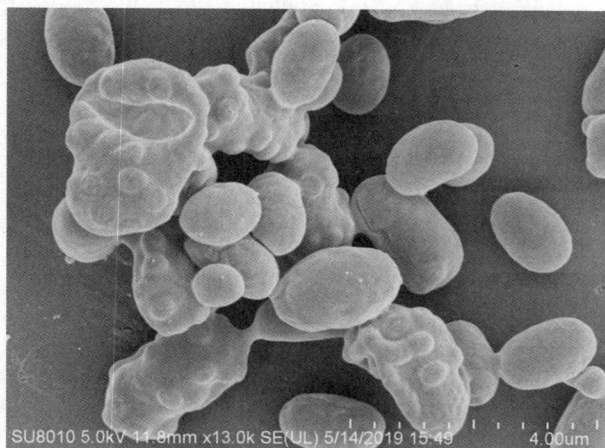

图 3-35　二尖梅奇酵母扫描电镜下形态,示多边芽殖

2. 症状

感染二尖梅奇酵母后,病蟹头胸甲中蓄积大量牛奶状液体,故称"牛奶病"。感染初期,河蟹无肉眼可见的临床症状,但可从胸甲腔积液或附近组织中用显微镜检查或分离到酵母。随

着病情的发展,河蟹头胸甲腔内出现少量肉眼可见的牛奶状液体,但此时河蟹仍无明显临床症状。随后,见头胸甲腔中的牛奶状液体增多,鳃组织浑浊、变白,肌肉组织及肝胰腺组织浑浊、乳化甚至完液化解体,头胸甲腔内充满牛奶状液体(见图3-36)。随着体内液体的蓄积增多,病蟹活力减弱,摄食减少,出现爬草头等现象,最后极度衰弱、死亡。

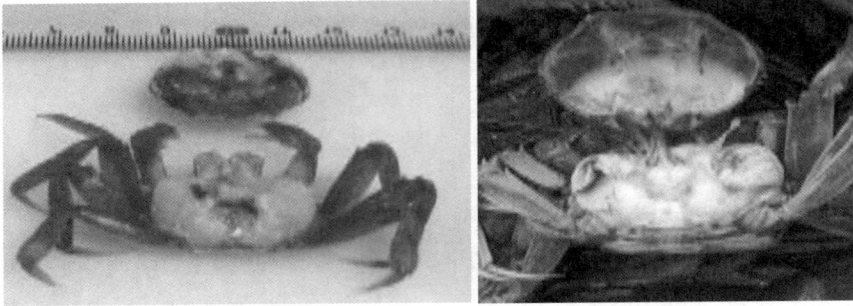

图 3-36　河蟹二尖梅奇酵母病

左—患病初期,头胸甲腔中开始出现牛奶状液体;右—末期,头胸甲腔中蓄积大量液体

3. 发病规律

河蟹"牛奶病"最早见于2018年秋盘锦地区的扣蟹和成蟹,2019年开始呈暴发性流行,目前已成为我国北方地区河蟹养殖最常见、最重要、造成损失最大的疾病。此病传染性很强,感染率可达30%左右;病死率很高,严重时可达100%。目前,此病正向南方河蟹养殖区扩散,江苏和安徽部分河蟹养殖地区2022年已有此病发生。

病、死蟹和污染的底泥、水体是此病重要的传染源。河蟹规格大小与此病发生关系不大,扣蟹、成蟹皆可感染发病。此病主要流行于秋冬低水温期,一般在秋季扣蟹冬储开始时可见到病蟹,越冬后病蟹显著增多。冬储收购和分蟹操作损伤,以及越冬期营养不足致抵抗力下降可能是此病传播和扩散的重要诱因。

4. 诊断方法

牛奶状液体蓄积为此病主要特征,确诊需要进行病原分离和鉴定,临床诊断要点如下:

(1)检查病蟹头胸甲腔中出现牛奶状液体蓄积即可初步诊断。

(2)取病蟹头胸甲腔中蓄积的液体,制作水封片,显微镜下检查见大量椭圆形,有出芽现象的菌体即可确诊。必要时可分离真菌进行鉴定。

5. 防治方法

目前尚无有效的治疗方法。

(1)放养前彻底清淤、用生石灰彻底消毒,减少环境中的病原。

(2)加强苗种检查,不放养带病苗种。

(3)扣蟹收购和冬储规范操作以减少损伤,越冬前强化投饵,缩短越冬期有助于预防此病的发生。

(4)目前尚无药物可用于治疗。发病后应及时捞出病蟹和死蟹,减缓疾病的扩散和传播。

十三、微孢子虫病

1. 病原

病原为寄生在对虾上的微孢子虫,主要是微粒子虫、匹里虫和八孢虫的一些种类;生在海蟹中的微孢子虫,主要是微粒子虫和匹里虫的一些种类。微孢子虫大多呈椭圆形或卵圆形,体积较小,大小(虫体轴长)一般在 1~10 μm。

2. 症状

大多数微孢子虫主要感染对虾横纹肌,使肌肉变白色、混浊不透明、失去弹性,也称乳白虾或棉花虾。对虾八孢虫主要感染卵巢,使卵巢肿胀、变白色、混浊不透明,在鳃和皮下组织中出现许多白色瘤状肿块。墨吉对虾感染八孢虫后头胸部内的卵巢呈橘红色。对虾感染匹里虫后表皮呈蓝黑色。

患微孢子虫病的海蟹不能正常洄游,在环境不良时容易死亡。被感染处的肌肉变白色,混浊不透明。因蟹类的甲壳较厚,隔着甲壳不易看清内部肌肉的颜色,但在附肢关节处的肌肉变混浊白色,比较容易看到。

3. 流行情况

微孢子虫病在我国已在山东、广东和广西发现,养殖和野生对虾都有发生。池塘养殖的墨吉对虾和长毛对虾常患八孢虫病,但往往为慢性型,病虾逐渐消瘦、死亡。

此病的传播途径还不很清楚,一般认为健康虾或蟹捕食了病虾、蟹而受感染。各种海蟹都可能发生微孢子虫感染。

4. 诊断方法

从上述的外观症状可以初诊。但病毒性疾病、细菌性疾病和肌肉坏死病等,也可使对虾肌肉变白。确诊时必须取变白的组织做成涂片或水浸片,在高倍显微镜下能看到孢子及其孢子母细胞,就可确诊。

5. 防治方法

此病尚无治疗方法,主要应加强预防,发现受感染的虾或已病死的虾时,应立即捞出并销毁,防止被健康的虾吞食,或死虾腐败后微孢子虫的孢子散落在水中,扩大传播。养虾池在放养前应彻底清淤,并用含氯消毒剂或生石灰彻底消毒,对有发病史的池塘更应严格消毒。

十四、肝肠孢虫病

1. 病原

病原为肝肠胞虫。孢子呈椭圆形、梨形、棍棒形、球形,大小为 0.9 μm×1.8 μm。成熟孢子具有孢壁、吸盘、极管、极体、细胞核、后极泡等结构。当环境条件恶化时，能形成由几丁质和蛋白组成的厚壁休眠孢子，一般药物无法杀死。虾肝肠孢虫易感染幼虾或成虾的肝胰腺、鳃、肠、心脏、肌肉、血淋巴等。

2. 症状

患病对虾生长缓慢或停滞，但不会直接导致死亡。由于感染程度不同，对虾个体大小差异显著，体长差异2倍以上，体重差异可达到3倍左右。对病虾剖检检查，可发现肝胰腺萎缩、发软，颜色变深，肌肉失去弹性，呈浑浊不透明的棉絮状，鳃丝肿大发黄（见图3-37）。

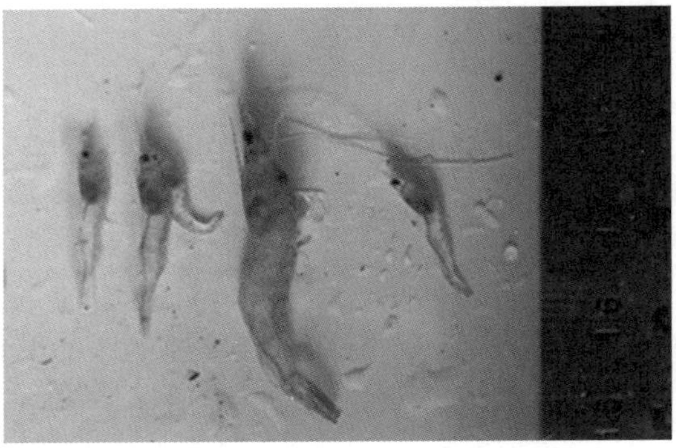

图3-37 南美白对虾肝肠胞虫病

3. 流行特点

肝肠孢虫的易感物种包括南美白对虾、斑节对虾等。不同规格大小的虾都可被感染而发病。此病的感染与水温有关，水温24~31 ℃时感染率最高。

传播途径分为水平传播和垂直传播两种。水平传播方式主要通过携带该病原的对虾粪便污染养殖水体、对虾饲料（饵料），使该病原在对虾群体中快速传播，也可以由亲虾垂直传播给子虾。

4. 诊断方法

在临床上见到病虾个体大小不一，肝胰腺萎缩，肌肉呈不透明白浊状时，可做出初步诊断。确诊需采集疑似病虾，使用特异性引物进行分子生物学诊断。

5. 防治方法

肝肠孢虫病应该以预防为主。

（1）彻底清塘、清淤，对养殖池、工具、设施等进行严格消毒处理。

（2）选用健康苗种，放养前进行肝肠胞虫检测，避免带病养虾。

（3）养殖池塘可通过投喂排放管理，及时排污清除虾粪便、设置"虾厕"等方式分离虾类粪便，降低粪便污染对虾饲料和水体的风险。

（4）发病后，加强虾粪便清除管理，可以每日多次排污补水。病死虾禁止用于生产、流通和交易，要进行无害化处理。

十五、固着类纤毛虫病

1. 病原

病原为单缩虫、聚缩虫、累枝虫和钟虫等。虫体构造大致相同,都呈倒钟罩形,前端有口盘,口盘的边缘有纤毛,后端有柄。体内有1个带状大核,大核旁边有1个球形小核。有1个伸缩泡,一般位于虫体前部。有些种类的柄呈树枝状分支;有些种类的柄内有柄肌,使柄能伸缩,无柄肌的种类,其柄不能伸缩(见图3-38)。虫体利用柄的基部附着在虾、蟹的卵、体表、附肢等部位,可降低虾、蟹卵的孵化率和成活率,造成虾、蟹蜕壳困难而死亡。

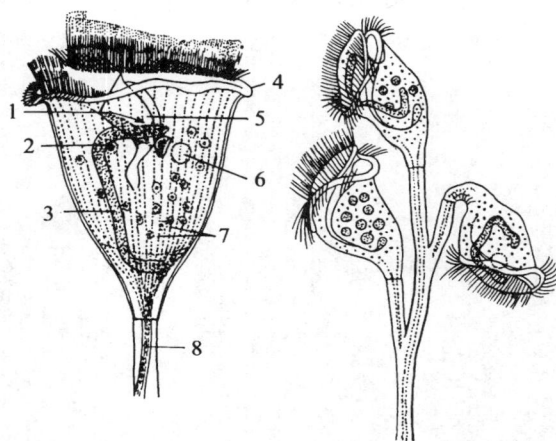

图3-38 固着类纤毛虫的基本构造

左—钟虫;右—单缩虫

1—前庭;2—小核;3—大核;4—口盘边缘;5—波动膜;6—伸缩泡;7—原纤维;8—柄肌

2. 症状

固着类纤毛虫以宿主的体表和鳃作为生活的基地,但并不直接侵入宿主的器官或组织,因此不是寄生虫而是共栖动物。数量不多时,危害也不严重,可在宿主蜕皮时就随之蜕掉,但数量很多时,危害就非常严重了。

对虾的体表和附肢的甲壳上,以及成虾的鳃甚至眼睛上都可被附生,在体表大量被附生时,肉眼看出有一层灰黑色绒毛状物(见图3-39)。感染严重时,鳃部变黑,易发生窒息死亡。患病的成虾或幼体,游动缓慢,摄食能力降低,生长发育停止,不能蜕皮,引起宿主的大批死亡。

附生数量较多时,河蟹体表包裹一层薄的絮状物,运动、摄食、呼吸和蜕壳都受到影响。严重时整个河蟹完全被絮状物包裹,似长毛一般,故名"长毛蟹"(见图3-40)。病蟹呼吸困难,行动迟缓无力,生长发育迟缓,运动和摄食困难,不能蜕壳,最终死亡。

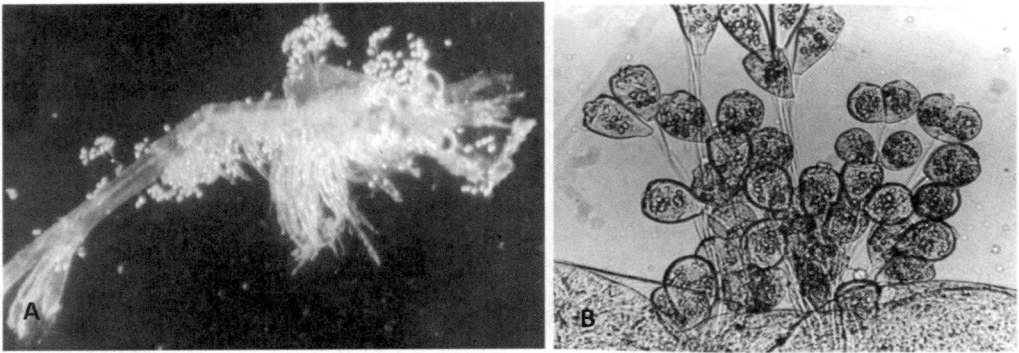

图 3-39　对虾聚缩虫病

A—体表布满聚缩虫的糠虾幼体呈绒毛状;B—对虾体表聚集的聚缩虫

图 3-40　河蟹聚缩虫病,体表呈绒毛状

3. 流行情况

固着类纤毛虫的分布是世界性的,在我国沿海各地区的对虾养殖场和育苗场都经常发生,不同大小规格都可发病,对幼体危害严重。在受伤、应激等条件下,虾特别易感。

固着类纤毛虫类可随产卵亲虾或进水进入产卵池和育苗池,也可能在投喂卤虫卵时被带入育苗池。在盐度较低的池水中容易大量繁殖,在池底污泥多、投饵量过大、水体交换不良、水中有机质含量多时极易暴发。

4. 诊断方法

从外观症状基本可以初诊,但确诊必须剪取一点鳃丝或从身体刮取一些附着物做成水浸片,在显微镜下看到虫体。患病幼体可用整体做水浸片进行镜检。

5. 防治方法

预防措施:

(1)保持水质清洁是最有效的预防措施。在放养以前尽量清除池底污物,并彻底消毒;放养后经常换水;适量投饵,尽可能避免过多的残饵沉积在水底。

(2)育苗用水除采用严格的砂滤和网滤外,可用 $10\times10^{-6}\sim20\times10^{-6}$ 浓度的漂白粉处理,处理一天后即可正常使用。

(3)卤虫卵用 300×10^{-6} 浓度的漂白粉,消毒处理 1 h,冲洗干净后入池孵化。育苗期投喂卤虫幼虫时,可先镜检,发现有固着类纤毛虫附生时,可用 $50\sim60$ ℃的热水将卤虫浸泡 5 min 左右,杀死纤毛虫后再投喂。

(4)投喂的饲料要营养丰富,数量适宜;尽量创造优良的环境条件,例如经常换水、改善水质、控制适宜的水温等,以加速虾、蟹的生长发育,促使其及时蜕皮。

治疗方法:

如果虾、蟹或其幼体上共栖的纤毛虫数量不多时,按上述预防措施促使其生长发育和蜕皮就会自然痊愈。如果固着类纤毛虫数量很多,就应及时治疗。

(1)养成期疾病的治疗:可用茶粕(茶籽饼)全池泼洒,浓度为 $10\times10^{-6}\sim15\times10^{-6}$。茶粕中含有 10% 的皂角苷,可以促进虾、蟹蜕皮。待虾、蟹蜕皮后,大量换水。此法效果较好。

(2)亲虾越冬期疾病的治疗:可用福尔马林 25×10^{-6} 的浓度浸洗病虾 24 h。

(3)对于虾、蟹幼体的固着类纤毛虫病,除了改善饵料、加大换水量、调整好适宜水温促进幼体蜕皮外,尚无理想的治疗方法。

十六、拟阿脑虫病

1. 病原

病原为拟阿脑虫。虫体呈葵花籽形,前端尖,后端钝圆,最宽在后 1/3 处。虫体大小与营养有密切关系,平均大小为 $46.9\ \mu m\times14.0\ \mu m$。全身具 $11\sim12$ 条纤毛线,具均匀一致的纤毛,后端正中有 1 条较长的尾毛,尾毛基部附近有 1 个伸缩泡。大核呈椭圆形,位于体中部。小核呈球形,位于大核左下方或嵌入大核内(见图 3-41)。

拟阿脑虫对环境的适应力很强,但不耐高温,生活水温为 $0\sim25$ ℃,最适繁殖温度为 10 ℃左右;生长繁殖的盐度为 0.006‰~0.05‰,pH 值为 $5\sim11$。它以二分裂和接合生殖方式进行繁殖。

2. 症状

病虾外观无特有症状,仅额剑、第二触角及其鳞片的前缘、尾扇的后缘、尾节末端和其他附肢等处均有不同程度的创伤。在疾病的晚期,血淋巴中充满了大量虫体,使血淋巴呈浑浊的淡白色,失去凝固性,最终造成病虾呼吸困难,窒息死亡。

3. 流行情况

拟阿脑虫目前仅发现在越冬亲虾上,并成为越冬亲虾危害最严重的一种疾病。发病期一般从 12 月上旬开始,一直延续至 3 月亲虾产卵前。感染率和死亡率均可高达 100%,死亡高峰在 1 月份。

拟阿脑虫最初从伤口侵入虾体,达到血淋巴后迅速大量繁殖,并随着血淋巴的循环,到达全身各器官组织。此虫传入越冬池的途径可能是随水源、鲜活饵料和亲虾带入。

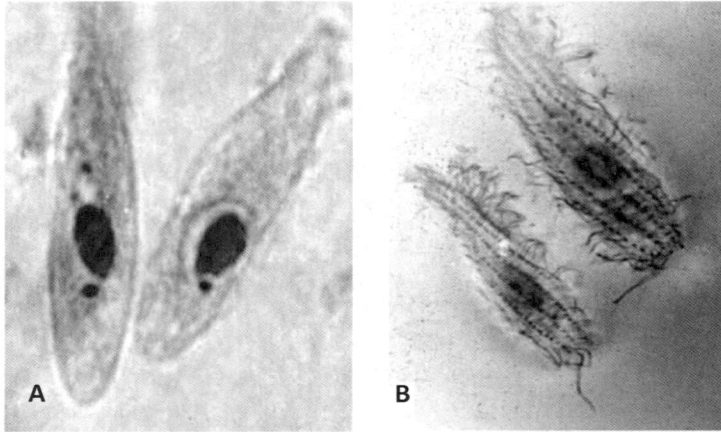

图3-41　对虾拟阿脑虫病

A—弗尔根染色显示大核、小核;B—蛋白银染色显示体表纤毛及尾毛

4. 诊断方法

感染初期的病虾诊断时,要从伤口刮取溃烂的组织在显微镜下找到虫体,不过应注意伤口内的纤毛虫可能有几种,应仔细鉴别。在感染的中、后期,从头胸甲后缘与腹部连接处吸取血淋巴在显微镜下观察,看到大量拟阿脑虫在血淋巴中游动即可确诊。

5. 防治方法

预防措施:

(1)亲虾在放入越冬池前,先用淡水浸洗3～5 min,或用$300×10^{-6}$的福尔马林浸洗3 min。

(2)在亲虾的捕捉、选择和运送的过程中要细心操作,严防亲虾受伤。亲虾入池后要注意遮光,防止亲虾见光后跳跃受伤。

(3)越冬池进水时应严格过滤;鲜活饵料应先放入淡水中浸洗10 min再投喂。

(4)病死的或濒死的虾应立即捞出,防止虫体从死虾逸出,扩大感染。

(5)应每天清除池底残饵。

治疗方法:

在疾病的初期,即虫体仅存在于伤口浅处时尚可治愈;当寄生虫已在血淋巴中大量繁殖时,则无有效治疗方法。

(1)用淡水浸洗病虾3～5 min。

(2)用福尔马林($25×10^{-6}$浓度)全池泼洒,12 h后换水。

十七、虾疣虫病

1. 病原

病原为等足目中的一些寄生种类,俗称为"虾疣虫"或"鳃虱"。雌雄异体,雌体略呈椭圆形或圆形(见图 3-42);雄体呈长柱状,较雌体小得多,附着于雌体腹部,共同寄生于虾的鳃腔中。

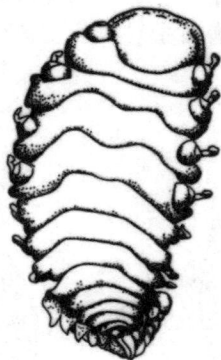

图 3-42 虾疣虫(♀)

2. 症状

从外表可看到对虾头胸甲一侧鳃区或两侧鼓起,形成膨大的"疣肿","疣肿"的直径在 10 mm 以上,高度为 3~5 mm。虫体的寄生可使虾鳃受到挤压和损伤,影响对虾的呼吸。有的可引起生殖腺发育不良,甚至完全萎缩,使虾体失去繁殖能力。

3. 流行情况

广西、广东沿海的野生和养殖短沟对虾、新对虾和辽宁地区养殖的中华小长臂虾中都有发现该类寄生虫,感染率在 2% 左右。养殖的中国对虾中未发现此病。

4. 诊断方法

发现虾的鳃区隆起时,将甲壳掀起,如看到虾疣虫,即可诊断之。

5. 防治方法

未进行研究。

十八、蟹奴病

1. 病原

病原为网纹蟹奴、寄居蟹蟹奴等种类。蟹奴的形态高度特化,完全失去了甲壳类的特征。

蟹奴为雌雄同体。露在宿主体外的部分呈囊状，以小柄系于宿主蟹腹部基部的腹面，所以也叫作蟹荷包。其体内充满了雌雄两性生殖器官。其他器官包括体外的所有附肢均已完全退化。伸入宿主体内的部分为分支状突起，遍布于宿主全身各器官组织，包括附肢末端都有分布。蟹奴就用这些突起吸收宿主体内的营养。

蟹奴的生活史与其他甲壳类颇相似。成虫产的卵孵化出无节幼体，经 4 次蜕皮后到第五幼虫期，与自由生活的介虫相似，故称介虫幼虫。介虫幼虫遇到适宜的宿主蟹时就用第一触角附着上去。游泳足和肌肉从两瓣的背甲之间脱落，仅剩下一团未分化的细胞，形成一个注射器样结构的独特幼虫，叫作藤壶幼虫。藤壶幼虫用其尖细的前端从宿主刚毛的基部或其他角质层薄而脆弱的地方穿入，将体内的细胞团注射入宿主体内，逐渐生长形成遍布宿主全身各器官组织的分支状突起（见图 3-43）。

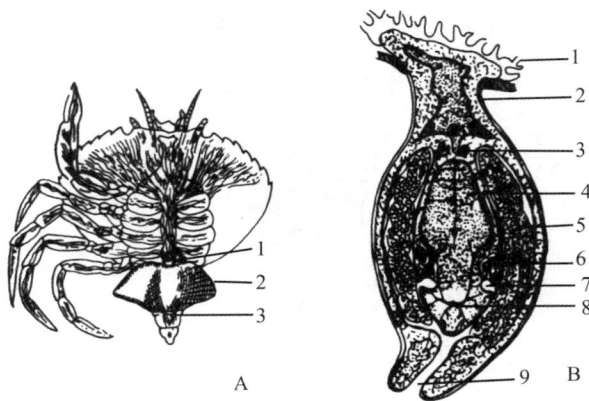

图 3-43　蟹奴

A. 感染蟹奴的黄道蟹：1—蟹奴的柄；2—蟹奴；3—外套腔开口
B. 蟹奴最宽处的切面：1—根状突起的基部；2—柄；3—精巢；4—卵巢；5—外套腔中的卵
6—黏液腺（开口于腔内）；7—输卵管腔；8—神经节；9—外套腔的开孔

2. 症状

蟹奴病的外部症状主要是附着在腹部腹面的囊状部分。蟹奴的囊状部分外露以后，宿主就不能再蜕皮，严重阻碍了宿主蟹的生长发育。病蟹生殖腺发育缓慢或完全萎缩，雄性感染后表现雌性化，雌雄蟹的第二性征区别不明显。

3. 流行情况

蟹奴类在世界上分布的地区很广泛，种类也多，能侵害许多种蟹类，有时感染率比较高，但都是危害天然种群。在养殖的蟹中尚未见到报告。

4. 诊断方法

掀开蟹的腹部，肉眼就可看到蟹奴。

5. 防治方法

未进行研究。

十九、维生素 C 缺乏

1. 病因

饲料中维生素 C(抗坏血酸)缺乏或不足。虾不能在体内自行合成维生素 C,必须从食物中获得。维生素 C 性质极不稳定,易受水分、空气、光热以及化学药物的破坏,在饲料的加工和贮藏过程中很容易损耗,导致维生素 C 缺乏。池水内没有任何藻类时,易发生此病。

2. 症状

缺乏维生素 C 的病虾在腹部、头胸甲和附肢的几丁质层下面,尤其在关节处或关节附近、鳃以及前肠和后肠的壁上出现黑斑(见图 3-44)。病虾通常厌食,且腹部肌肉不透明。一般在晚期继发性感染细菌性败血症。

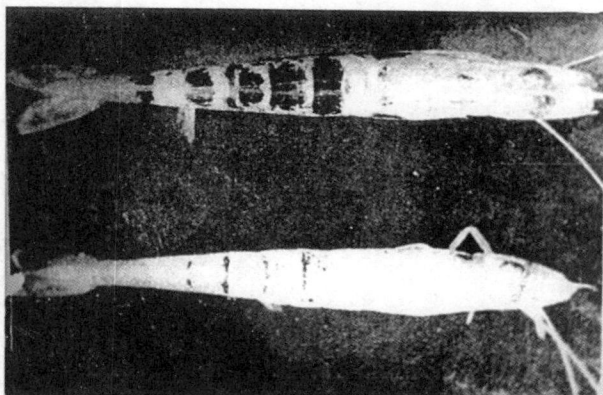

图 3-44　维生素 C 缺乏,示患病对虾(上)与正常对虾(下)

3. 流行情况

长期投喂维生素 C 缺乏或含量不足的人工配合饲料,养虾池中又没有藻类存在时,各种对虾都有可能发生此病。加州对虾、褐对虾、日本对虾和蓝对虾的幼体易发生此病。

4. 诊断方法

根据虾体表症状可做初步诊断,但确诊时还应了解投喂的饲料情况,并做组织检查,特别应检查关节附近的表皮、前肠和后肠的肠壁、眼柄和鳃。

5. 防治方法

(1)人工配合饲料中应含有 0.1%~0.2% 的维生素 C,可以防止此病的发生和发展,对轻病可以治疗,但症状已很明显的虾不能恢复。

维生素 C 添加于饲料中的方法一般是在每 100 mL 水中溶解 4 mL 维生素 C,再均匀喷洒入定量的饲料中,阴干 0.5 h 左右。然后每 100 kg 饲料喷洒植物油(豆油、花生油等)1~2 kg,

等油被吸入后就可投喂。喷洒植物油的作用一方面是在饲料表面形成一层油膜,保护维生素C不溶于水;另一方面是可补充饲料中的固醇类和不饱和脂肪酸的含量。

(2)适当投喂一些新鲜藻类。因为新鲜藻类含有较多的维生素C。但要防止藻类在养虾池中大量繁殖,形成危害。

二十、浮头与泛池

1. 病因

浮头和泛池的定义及发生的原因与鱼类的浮头和泛池相同。对虾对于最低溶解氧的忍受限度与虾的健康状况有关,健康对虾一般水中溶解氧的忍受限度为 $1×10^{-6}$,但是患聚缩虫病的虾在水中溶解氧为 $2.6×10^{-6}～3×10^{-6}$ 时就可窒息而死。

2. 症状

对虾浮头和鱼类一样,浮在水面,但不像鱼类浮头时那样明显地张口吐气。急性缺氧时,对虾会在水面剧烈跳动,很快死亡,沉于池底。

3. 流行情况

对虾的浮头和泛池主要发生在8—9月,因为这时水温较高,虾池中残饵和粪便等有机物质沉积较多。在天气闷热无风、水体交换不良、对虾放养密度过高时易发生。一般在半夜至天亮以前的时间内多见。

4. 诊断方法

发现大批的虾浮于水面,基本就可断定是缺氧浮头,必要时可测定池水溶解氧量。

5. 防治方法

预防措施:我国的养虾池面积一般都很大,一旦发生浮头和泛池后,抢救十分困难。因此应以预防为重点。主要措施如下:

(1)放养前应彻底清除池底淤泥,最好在清淤后再加翻耕曝晒,促进有机质的分解。

(2)放养密度切勿过高。

(3)投饵要适宜,尽量避免过多的残饵沉积在池底。

(4)定期适量换水,保持优良的水色,在7月下旬至9月期间应增加换水量,并缩短换水的间隔时间。

(5)每天傍晚测氧,发现溶解氧量降至 2 mg/L 以下时,就应加注新水或换水。

(6)设立增氧机,定时开机增加池水溶解氧量。

(7)定期巡视虾池,发现浮头现象时立即抢救。

治疗方法:发现浮头后最好的急救办法是灌注新水。要注意避免搅起池底。因为在浮头时表层的水中溶解氧还可勉强维持虾的生存,越向下层溶解氧越缺,此时如果操作不当,将底层水搅起与表层水混合,将促使对虾更快死亡。

参考文献

[1] BOSTOCK J, MCANDREW B, RICHARDS R, et al. Aquaculture: Global status and trends[J]. Philosophical Transactions of the Royal Society: Biological Sciences, 2010, 365(1554): 2897-2912.

[2] 丁君,韩泠姝,常亚青.水产动物种质创制新技术及在海参、海胆遗传育种中的应用[J].渔业科学进展,2021,42(03):1-16.

[3] 陈国宏,张勤.动物遗传原理与育种方法[M].北京:中国农业出版社,2009.

[4] 丁君,常亚青.经济棘皮动物种质资源保护与利用研究进展[J].大连海洋大学学报,2020,35(05):645-656.

[5] 张素萍.中国海洋贝类图鉴[M].北京:海洋出版社,2008.

[6] 王小刚,骆剑,尹绍武,等.鱼类种质保存研究进展[J].海洋渔业,2012,34(2):222-230.

[7] 李思发,吕国庆,周碧云.长江天鹅洲故道"四大家鱼"种质资源天然生态库建库可行性研究[J].水产学报,1995,19(3):193-202.

[8] 刘建华.长江天鹅洲故道水生和湿地生物多样性保护[J].淡水渔业,1996,26(2):31-32.

[9] 柳凌.鱼类、水生生物配子及胚胎低温冷冻保存研究进展[J].淡水渔业,1997,27(3):13-17.

[10] 张岩,陈四清,于东祥,等.海洋贝类配子及胚胎的低温冷冻保存[J].海洋水产研究,2004,25(6):73-78.

[11] 陈松林.鱼类配子和胚胎冷冻保存研究进展及前景展望[J].水产学报,2002,26(2):161-167.

[12] 张全胜,罗世菊.海带种质保存技术的研究现状和发展前景[J].水产科技情报,2006,33(2):61-63.

[13] 张轩杰.鱼类精液超低温冷冻保存研究进展[J].水产学报,1987,9(3):259-267.

[14] 陈松林,刘宪亭.鱼类精液超低温冷冻保存的基本原理、研究现状及应用前景[J].淡水渔业,1991(5):43-46.

[15] 于海涛,张秀梅,陈超.鱼类精液超低温冷冻保存的研究展望[J].海洋湖沼通报,2004(2):66-72.

[16] 陈松林,刘宪亭,鲁大椿,等.鲢、鲤、团头鲂和草鱼精液冷冻保存的研究[J].动物学报,1992,38(4):413-424.

[17] 丁建姿,姚艳艳,常丽荣,等.皱纹盘鲍腹足营养成分分析[J].食品工业科技,2020,41(16):297-303,307.

[18] 农业农村部渔业渔政管理局,全国水产技术推广总站,中国水产学会.2019 中国渔业统计年鉴[M].北京:中国农业出版社,2019.

[19] 管士成.北方养殖鱼类的主要品种[J].养殖技术顾问,2013(09):233.

[20] 李红艳.我国水产养殖病害防控存在的问题及对策[J].乡村科技,2020,11(36):109-110.

[21] 胡金有,王靖杰,张小栓,等.水产养殖信息化关键技术研究现状与趋势[J].农业机械学报,2015(7):104-108.

[22] 王桂青.试论我国水产品质量控制技术[J].农业与技术,2015(5):122-126.

[23] 郭建江,张荣标,杨宁,等.基于磁控分离的水产致病菌微流控检测方法[J].农业机械学报,2015(4):71-75.

[24] 李立华.我国水产养殖病害控制技术现状与发展趋势[J].黑龙江科技信息,2016(08):274.

[25] 殷守仁.北京市水产品饲料业的行业状况及发展趋势[J].北京农业,2009(33):61-67.

[26] 杨明举,吴丹,赵飞,等.天然饵料等 3 种水产养殖饲料的选择及注意事项[J].农技服务,2019,36(11):80-82.

[27] 袁勇超.胭脂鱼适宜蛋白能量水平、投喂水平和磷需要量及对植物蛋白源的利用研究[D].武汉:华中农业大学,2011.

[28] 孙立梅.高比例棉粕饲料中添加蛋氨酸及其替代物对中华绒螯蟹摄食和生长的影响[D].上海:华东师范大学,2013.

[29] 王小博,王雅玲,王润东,等.中国南粤地区霉变水产饲料真菌毒素污染现状及毒性评价[J].浙江农业学报,2016,28(6):951-958.

[30] 刘乐丹,赵永锋.我国水产饲料的发展及新型蛋白质源研究进展[J].科学养鱼,2021(12):20-23.